西部富水弱胶结地层红庆河煤矿深大立井建设技术

张振金　刘阳军　宋朝阳

宁方波　王红松　王业征　著

中国矿业大学出版社

·徐州·

内 容 提 要

随着中国煤炭工业的发展,"十三五"期间全国煤炭开发总体布局是压缩东部、限制中部和东北、优化西部,同时采煤技术和机械化水平不断提升,大型矿井陆续投产,煤矿采煤工作面单产不断提高。内蒙古伊泰广联煤化有限责任公司红庆河煤矿设计生产能力 1 500 万 t/a,属超大型现代化矿井,是现行标准规范规定的最大矿井设计生产能力。本书综合研判了红庆河井田地质条件,确定了煤矿立井开拓方式;系统分析了红庆河超大型矿井提升、通风和排水系统及其机电设备选型与布置;研究了红庆河煤矿弱胶结地层冻结壁设计与钻孔质量控制技术,建立了冻结井壁信息化监测系统;研究了冻结井筒内外壁间水压变化规律及其防治水技术,进行了冻结井筒与相关硐室围岩稳定性分析,并进行相关支护技术开发,形成了特厚松软岩层条件下超大型煤矿建设成套技术体系。

本书为该地区后续矿井建设提供了成熟的技术、丰富的经验和可借鉴的参考数据,同时,本书可供国内外研究机构以及从事地下空间开发、矿井建设、安全工程及其相关专业的本科生、研究生和现场工程技术人员参考与使用。

图书在版编目(C I P)数据

西部富水弱胶结地层红庆河煤矿深大立井建设技术 / 张振金等著. 一徐州:中国矿业大学出版社,2022.2

ISBN 978 - 7 - 5646 - 5310 - 1

Ⅰ. ①西… Ⅱ. ①张… Ⅲ. ①煤矿—胶结结构—竖井井筒—矿井提升系统—研究—伊金霍洛旗 Ⅳ. ①TD53

中国版本图书馆 CIP 数据核字(2022)第 032990 号

书　　名	西部富水弱胶结地层红庆河煤矿深大立井建设技术
著　　者	张振金　刘阳军　宋朝阳　宁方波　王红松　王业征
责任编辑	吴学兵
出版发行	中国矿业大学出版社有限责任公司
	(江苏省徐州市解放南路　邮编 221008)
营销热线	(0516)83884103　83885105
出版服务	(0516)83995789　83884920
网　　址	http://www.cumtp.com　E-mail:cumtpvip@cumtp.com
印　　刷	徐州中矿大印发科技有限公司
开　　本	787 mm×1092 mm　1/16　**印张** 21.25　**字数** 584 千字
版次印次	2022 年 2 月第 1 版　2022 年 2 月第 1 次印刷
定　　价	98.00 元

(图书出现印装质量问题,本社负责调换)

前　言

随着国家宏观经济结构转型和供给侧结构性改革的政策调控,中部和东部地区的煤炭资源开采由浅部地层逐渐向深部地层延深,同时煤炭资源开发战略目标也已向西部转移。依据国家发展和改革委员会、国家能源局印发的《煤炭工业发展"十三五"规划》,全国煤炭开发总体布局是压缩东部、限制中部和东北、优化西部。我国东部地区煤炭资源枯竭,开采条件复杂,生产成本显著提高;中部和东北地区现有开发强度大,接续资源多在深部,投资效益较低;西部地区具有丰富的资源,新疆、陕北、神东、宁东等亿吨级煤炭基地产能巨大,我国煤炭产业将持续不断向西部迁移,西部地区煤炭产量在全国煤炭总产量中的比重不断增加,已然成为我国煤炭产业先进生产力的代表。

我国西部矿区的煤炭资源多赋存于成岩年代晚、成熟度较低的白垩纪和侏罗纪地层,在埋深 2 000 m 以内,侏罗纪地层中煤炭资源占比约为 65.5%,白垩纪地层中占比约为 5.5%;在埋深 1 000 m 以上,侏罗纪地层中煤炭储量占比约为 62.9%,白垩纪地层中占比约为 11.4%。在西部矿区十几年的开发过程中,煤矿井筒建设初期曾试图采用普通法施工,但由于地层富水、松散等地质因素导致出水、溃沙、井壁坍塌等灾害而难以进行,后改用冻结特殊凿井的方法进行施工。冻结法凿井技术自 1955 年在林西风井成功应用以来,相继在河北、山西、辽宁、安徽、山东、江苏、河南、黑龙江、内蒙古、江西、宁夏、陕西、甘肃、新疆、吉林等 15 个省(区)推广应用,逐步发展成为我国立井通过深厚冲积层、双深厚地层、含水松软基岩凿井的首选施工方案。截至目前,我国在深厚冲积层冻结方面,掌握了超高围压下地层冻土物理力学特性、深厚冲积层冻结壁设计、多圈孔冻结工艺、机械化施工与信息化监控、深厚冲积层井壁结构设计及高性能混凝土浇筑等关键技术与施工工艺,创造了冻结表土层深度 754 m 的世界纪录。此外,新巨龙煤矿东副井凿井已落底正在进行井筒装备,冻结深度 958 m(表土深度 646 m)。通过对西部富水弱胶结地层冻结规律的研究,掌握了白垩纪及侏罗纪岩层的物理力学特性、冻结壁发展规律、单圈孔冻结工艺、控温冻结等关键技术,实现了西部弱胶结地层千米深井围岩控制冻结,其中,西部典型的冻结法凿井工程有:华能庆阳煤电有限责任公司核桃峪煤矿已建成的副井井筒,基岩冻结深度达 950 m;陕西高家堡煤矿西区进风井基岩冻结深度达 990 m,是目前国内冻结深度最深的落底井筒。红庆河煤矿副井净直径为 10.5 m,井深 718 m,

采用冻结法特殊凿井技术和工艺,是目前我国净直径最大的竖井。因此,为满足矿产资源需求量的持续供给,井筒建设数量和深度不断增加,经过我国建井工程人员与科技人员的不断努力,采用冻结法凿井解决了我国东部深厚含水不稳定冲积层和西部富水弱胶结地层凿井过程中井下涌水和围岩稳定控制等难题,使得我国冻结凿井理论与技术处于国际领先地位。

内蒙古伊泰广联煤化有限责任公司(以下简称伊泰集团)红庆河煤矿位于东胜煤田红庆河区乃马岱井田,伊泰集团与中煤科工集团南京设计研究院有限公司主要技术人员针对井田建井条件、主采煤层开采条件、立井井上下提升设备及箕斗容器技术发展等主要环节进行国内外调查研究,同时,在国家发展和改革委员会批复新街矿区总体规划红庆河井田生产规模 1 500 万 t/a,2010 年国家能源局同意该项目按 1 500 万 t/a 规模开展前期工作的行业政策允许条件下,为使红庆河项目投资效益最佳,充分发挥资源优势,双方认为红庆河项目具备按 1 500 万 t/a 设计生产能力进行设计的条件。矿井设计可采储量为233 830.1 万 t,生产能力 1 500 万 t/a,服务年限为 111.3 a,其中一水平服务年限为 37.4 a,采用立井开拓方式,工业广场布置一个主井、一个副井、两个风井,主井净径 9.5 m,副井净径 10.5 m,1 号风井净径 7.6 m,2 号风井净径 9.5 m。因此,依据《煤炭工业矿井设计规范》(GB 50215)的规定,红庆河煤矿属特大型矿井,也是现行标准规范规定的最大设计生产能力的矿井。因此,本书以解决红庆河特大型煤矿特厚松软岩层立井开拓建设过程中大断面井筒冻结与支护、立井施工安全控制、采动对巷道与大型硐室支护的影响、软岩巷道硐室支护技术等诸多关键技术难题为目标,开展了特厚松软岩层条件下红庆河特大型煤矿建设关键技术研究,实现该矿井的安全快速建设,获得蒙西地区特厚松软岩层立井开拓大型矿井快速、安全、高效建设的成套技术,为伊泰集团以及西部地区类似矿井建设提供了成熟的技术经验。

本书共 8 章,第 1 章介绍了红庆河矿井整体概况,分析了区域与井田地质条件,确定了井口位置与井筒开拓方式,分析了井筒穿越地层的地质及水文地质,研究了井筒施工技术方法及工艺;第 2 章论述了井筒提升系统与设备选型、井筒通风系统与设备选型、井筒排水系统与设备选型,以及矿井压风设备和管网布置等;第 3 章研究了冻结软岩物理力学特性,基于冻结井壁温度场特征给出了冻结壁设计与冻结孔布置方案,提出了软岩地层冻结孔钻进质量控制技术,研究了井筒实测冻结壁温度场监测技术及其演化规律特征;第 4 章综合分析了冻结井壁信息化监测技术,建立了深井冻结井壁信息化监测系统,研究了冻结井壁压力、井壁混凝土钢筋应力、井壁混凝土应变等参数的演化规律;第 5 章研究了冻结井筒防治水技术,包括冻结孔环形空间封水技术、冻结双层井壁间水压传导规律、井壁混凝土温变特性及壁间注浆技术与注浆效果;第 6 章研究了矿区区域地质与地应力场特征,构建了矿区区域地质模型,建立了矿区多尺度数值计算模型;第7章研究了主井箕斗装载硐室围岩支护技术,建立了主井箕斗装载硐室矿压监测系统并分析了其演化特征;第8章分析了地应力对副井马头门围岩稳定性的影响,建立了井下硐室围岩与支护体系的自动化监测系统。

本项目研究和图书出版得到了伊泰集团、北京中煤矿山工程有限公司、中煤科工集团南京设计研究院有限公司、北京科技大学、河北工程大学等单位的大力支持;洪伯潜院士、刘志强研究员、纪洪广教授、李靖峰、高岗荣研究员、仲松、杨春满研究员、张云利研究员、孙利辉教授等专家在本项目研究过程中给予了无私的指导,王桦、武亚峰、张月征、梁智鹏、李学斌、韩博、邵方源等在项目研究过程中展开了紧密合作并做出了不懈努力,在此一并表示衷心的感谢。

期盼特厚松软岩层条件下红庆河特大型煤矿建设关键技术研究,对西部弱胶结地层中特大型煤矿建设技术的发展能起到推动作用,由于时间仓促和作者认识上的局限性,本书疏漏和不当之处在所难免,敬请读者批评指正。

作者

2022 年 1 月于北京

目　录

1　红庆河井田地质条件与矿井开拓方式研究

1.1　井田概况

1.1.1　井田境界

　　根据国土资源部"国土资矿划字〔2008〕061号"对内蒙古伊泰广联煤化有限责任公司红庆河煤矿矿区范围的批复,井田长13～19 km、宽约8.7 km、面积140.759 km^2,开采标高+1 004～+500 m;2011年10月17日国土资源部以国土资矿划字〔2011〕058号文件出具了划定矿区范围预留期的函,预留期延续至2013年11月5日。根据上述文件确定该划定范围(140.759 km^2)为井田的开采境界,如图1-1所示。

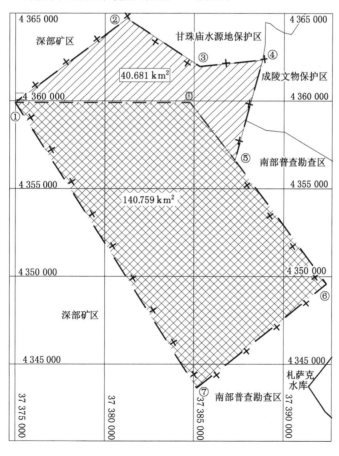

图1-1　井田的开采境界

另据发改能源〔2010〕1911号对《内蒙古自治区鄂尔多斯新街矿区总体规划》的批复,红庆河井田南、西以探矿权为界,北以甘珠庙水源地保护区为界,东以探矿权界和成陵文物保护区为界,为一规则多边形,南北长约19 km,东西宽8.6～13 km,面积约为181.44 km²,拐点坐标见表1-1(1980年西安坐标系、中央子午线111°、1985年国家高程基准、3度带);该范围在国土资源部划定矿区范围基础上,增加东部以成陵文物保护区煤柱、北部以甘珠庙水源地保护区保护煤柱为界的40.681 km²区域面积,由于该范围尚未取得国土资源部矿区范围的划定批复,因此设计将此范围作为矿井后备开发区,如图1-1所示。井田东、南、西部均为新街矿区总体规划的普查勘查区,相邻暂未规划井田,无互相压茬关系,也无生产煤矿及小窑。

表1-1 划定矿区范围拐点坐标

序号	纬度(X)/m	经度(Y)/m	序号	纬度(X)/m	经度(Y)/m
1	4 359 908.37	37 374 987.06	5	4 364 700.00	37 381 243.00
2	4 359 911.48	37 384 781.03	6	4 361 966.00	37 385 327.00
3	4 349 499.04	37 392 443.43	7	4 362 340.00	37 388 811.00
4	4 343 556.64	37 385 163.20	8	4 356 628.00	37 387 273.00

1.1.2 交通位置

红庆河井田位于内蒙古自治区鄂尔多斯市伊金霍洛旗境内,行政区划隶属札萨克镇(原新街镇、红庆河镇)管辖。其地理坐标为:东经109°32′58″～109°45′13″,北纬39°13′05″～39°21′25″。矿井工业场地距伊金霍洛旗府(阿镇)约35 km,距东胜区60 km。井田对外交通运输十分便捷,为煤炭的外运及物资运输提供了便利条件,简述如下:

(1)铁路方面:包西铁路由北向南从井田东部10 km处穿过并于2010年底竣工,在井田东部设有新街站;该线规划仅煤炭货流密度包头至东胜西段近期(2018年)上行5 100万t,东胜西至大保当段近期上行1 200万t,下行2 000万t。已建成新(街)恩(格阿娄)线,接轨于包西线新街站,在井田南部专为本矿井设有新街西接轨站,根据鄂尔多斯南部铁路有限责任公司鄂南铁函〔2009〕62号《关于红庆河煤矿铁路专用线在新恩线新街西站接轨意见的复函》,同意专用线接轨新街西站,矿井铁路专用线长6 km。铁路运输方便,向北可直抵包头,向南可至天津黄骅港。

(2)公路方面:井田北部有乌阿公路(624县道),包茂高速及210国道从井田东部边界约9 km通过,井田内各村之间均有沙石公路相通。矿井进场公路引自乌阿柏油公路,进场公路长5.976 km。

(3)航空方面:鄂尔多斯机场位于井田北30 km,每天有航班与北京、上海等城市通航。

1.1.3 地形地貌

井田位于鄂尔多斯高原的东部,区内植被较少,属沙漠～半沙漠地区。地形呈西北高、东南低的斜坡状,最高点位于兰家圪卜四队东北处,海拔标高为+1 516.8 m;最低点位于勘探区东南部边缘喇嘛庙河东渠内,海拔标高为+1 298.9 m;最大地形高差217.9 m。

井田属高原侵蚀性低中山地貌特征,井田中南部发育大小不等的冲沟,沟深5～20 m。由于受毛乌素沙漠的影响,地面多被风积沙覆盖,基岩志丹群(K₁zh)只在区内中～南部沟谷中出露,地形较复杂。

1.1.4 地面水系

井田区内植被稀少,无湖泊,水系亦不发育,只在区内沟谷中见有基岩渗出水的溪流,水量在雨季略有增加,汇流于东侧丁当庙河和西侧喇嘛庙河西渠、东渠等,属季节性河流,流向自北、北西向东南汇入札萨克水库和红碱淖,其水量受大气降水控制,夏秋大,冬春小。

1.1.5 气象特征

井田区域属沙漠～半沙漠高原大陆性气候,阳光辐射强烈,日照丰富,日温差大。具冬季寒冷、夏季炎热、春秋季干燥多风的特点。

据东胜区气象局历年资料,最高气温＋36.6 ℃,最低气温－27.9 ℃,平均气温＋7.0 ℃。年降水量194.7～531.6 mm,平均为396.0 mm,且多集中于7、8、9三个月内。年蒸发量2 297.4～2 833.0 mm,平均为2 534.2 mm,为年降水量的5～11倍。平均风速2.2～5.2 m/s,最大风速14 m/s,以西北风为主。冻结期从10月份开始,次年4月份解冻,最大冻土深度1.71 m。最大沙尘暴日为每年40 d。

1.1.6 矿井资源量

井田范围(140.759 km²)内共获资源/储量398 308万 t,其中:探明的内蕴经济资源量177 616万 t,控制的内蕴经济资源量72 354万 t,推断的内蕴经济资源量148 338万 t。井田资源/储量汇总表如表1-2所示。

表1-2　井田资源/储量汇总表

单位:万 t

煤层	探明的内蕴经济资源量	控制的内蕴经济资源量	推断的内蕴经济资源量	合计
3-1上煤	—	—	6 988	6 988
3-1煤	33 105	23 202	52 457	108 764
4-1煤	27 709	18 824	10 046	56 579
4-2煤	18 230	7 085	5 746	31 061
5-1煤	79 044	3 243	6 569	88 856
5-2煤	2 696	2 248	9 467	14 411
6-1煤	14 533	10 086	23 910	48 529
6-2煤	—	—	5 498	5 498
6-3煤	2 299	7 666	19 387	29 352
6-4煤	—	—	8 270	8 270
合计	177 616	72 354	148 338	398 308

1.2　井田地质条件与煤层赋存条件分析

1.2.1　井田区域地层

井田区域地层区划属华北地层区鄂尔多斯分区,具体位置处于高头窑小区、乌审旗小区和准格尔—临县小区的交界地带。对于东胜煤田乃至整个鄂尔多斯盆地,无论是从盆地成因还是盆地现存状态来说,被第四系所覆盖,三叠系上统延长组(T₃y)是侏罗纪聚煤盆地和含煤地层的沉积基底。井田区域地层如表 1-3 所示。

表 1-3　区域地层表

界	系	统	组	厚度(最小～最大)/m	岩性描述
新生界	第四系	全新统	(Q₄)	0～25	为湖泊相沉积层、冲洪积层和风积层
		上更新统	马兰组 (Q₃m)	0～40	浅黄色含砂黄土,含钙质结核,具柱状节理。角度不整合于一切老地层之上
	新近系	上新统	(N₂)	0～100	上部为红色、土黄色黏土及其胶结疏松的砂岩;下部为灰黄、棕红、绿黄色砂岩、砾岩,夹有砂岩透镜体。角度不整合于一切老地层之上
中生界	白垩系	下统	志丹群 (K₁zh)	40～250	浅灰、灰紫、灰黄、黄、紫红色泥岩、粉砂岩、细粒砂岩、砂砾岩、泥岩、砂岩互层,夹薄层泥质灰岩,交错层理较发育,顶部常见一层黄色中粗粒砂岩,含砾,呈厚层状
				30～250	浅灰、灰绿、棕红、灰紫色泥岩、粉砂岩、砂质泥岩、细粒砂岩、中粒砂岩、粗粒砂岩、细砾岩,中夹薄层钙质细粒砂岩。斜层理发育,下部常见大型斜层理。与下伏地层呈角度不整合接触
	侏罗系	中统	安定组 (J₂a)	10～100	浅灰、灰绿、黄紫褐色泥岩、砂质泥岩、中粒砂岩,含钙质结核,与下伏地层呈整合接触
			直罗组 (J₂z)	1～278	灰白、灰黄、灰绿、紫红色泥岩、砂质泥岩、细粒砂岩、中粒砂岩、粗粒砂岩,下部夹薄煤层或油页岩含 1 号煤组。与下伏地层呈整合接触
		中下统	延安组 (J₁₋₂y)	78～320	灰～灰白色砂岩,深灰色、灰黑色砂质泥岩,泥岩和煤。含 2、3、4、5、6 号煤组,与下伏地层呈平行不整合接触
			富县组 (J₁f)	0～110	上部为浅黄、灰绿、紫红色泥岩,夹砂岩;下部以砂岩为主,局部为砂岩与泥岩互层,含 7 号煤组;底部为浅黄色砾岩。与下伏地层呈平行不整合接触
	三叠系	上统	延长组 (T₃y)	35～312	黄、灰绿、紫、灰黑色块状中～粗粒砂岩,夹灰黑、灰绿色泥岩和煤线。与下伏地层呈平行不整合接触
		中统	二马营组(T₂er)	87～367	以灰绿色含砂砾岩、砾岩、紫色泥岩、粉砂岩为主

根据区内主检孔、副检孔、风检孔、地应力测试钻孔以及勘探阶段施工的钻孔资料,将区内地层层序划分为:第四系(Q)、白垩系(K)、侏罗系(J)、三叠系(T)。现由老至新简述如下:

(1)三叠系上统延长组(T₃y)

该组为煤系地层的沉积基底,且本区无出露。本次施工的钻孔也仅揭露其上部岩层,岩性为一套灰绿色中～粗粒砂岩,局部含砾,夹绿色薄层状砂质泥岩和粉砂岩。砂岩成分以石英、长石为主,含有暗色矿物。普遍发育大型板状、槽状交错层理,是典型的曲流河沉积体系沉积物,钻孔揭露厚度 7.30 m。

（2）侏罗系中下统延安组（$J_{1-2}y$）

延安组为本区主要含煤地层。岩性主要由泥岩、砂质泥岩、砂岩和煤层组成,该组地层含植物化石较丰富,但多为不完整的植物茎叶化石,未见完整的植物化石,难辨其属种。在区内该地层含煤性较好,含 2、3、4、5、6 五个煤组,其中 3-1、4-1、4-2、6-1 煤层厚度较大,层位较稳定。在延安组地层中有一层石英砂岩,岩性特征明显,其石英含量较高,且分布范围较广,可作为地层划分的区域性对比标志,一般称其为"延安砂岩"。该组地层在区内分布广泛,按本次设计要求井检孔未将其全部揭露,钻孔揭露厚度 237.04～237.75 m。与下伏地层延长组呈平行不整合接触。

（3）侏罗系中统直罗组（J_2z）

岩性组合上部为灰绿色泥岩与砂质泥岩、细～中粒砂岩呈互层产出;下部为浅灰色、灰白色中～粗粒砂岩夹粉砂岩、砂质泥岩。砂岩中含炭屑及煤的条纹、条带。底部往往有砾岩层,砾石成分一般为石英、燧石,砾石圆度好,砾径大小从 2～150 mm 不等,据钻孔揭露本组厚度 129.70～149.33 m,平均 138.35 m。与下伏延安地层呈整合接触。

（4）侏罗系中统安定组（J_2a）

岩性组合为紫红色细、中、粗粒砂岩夹薄层紫红色、灰绿色泥岩、砂质泥岩,地层厚度 12.28～18.78 m,平均 14.97 m。与下伏直罗组地层呈整合接触。

（5）白垩系下统志丹群（K_1zh）

岩性上部为紫红色含砾粗砂岩、粗砂岩、中砂岩、细砂岩与泥岩、砂质泥岩互层;下部为紫红色、紫色、杂色砾岩、含砾粗砂岩、粗砂岩、中砂岩、细砂岩与泥岩、砂质泥岩互层。具大型斜层理和交错层理。地层厚度 505.51～594.39 m,平均 534.23 m。与下伏侏罗系中统地层呈角度不整合接触。

（6）第四系（Q）

岩性以灰黄色、褐黄色细砂、粉细砂为主,次为粉质黏土、亚砂土。根据井检区 6 个钻孔统计厚度为 8.17～14.80 m,平均厚度 10.78 m。角度不整合于一切老地层之上。

1.2.2　地质构造

1.2.2.1　地震情况

井田位于鄂尔多斯台向斜东北缘,是中国现存最完整、最稳定的构造单元。据"中国地震烈度区划图"划分,本区地震烈度小于Ⅵ度,地震动峰值加速度为 0.05g,属弱震区。本区历史上从未发生过较大的破坏性地震,亦无泥石流、滑坡及塌陷等地质灾害现象发生。

1.2.2.2　区域地质构造

东胜煤田地层划分属于华北地层区鄂尔多斯分区,具体位置处于高头窑小区（Ⅰ）、乌审旗小区（Ⅱ）和准格尔—临县小区（Ⅲ）的交界地带。本区处于乌审旗小区的东北部,如图 1-2 所示。

井田位于东胜煤田的中东部,其构造形态与区域含煤地层构造形态一致,总体为一向西倾斜的单斜构造,倾角一般 1°～3°,地层产状沿走向及倾向均有一定变化,但变化不大。发育有宽缓的波状起伏,区内未发现褶皱构造,亦无岩浆岩侵入。三维地震勘探区内共解释断层 12 条,最大落差 15 m。

井田区内含煤地层及各煤层发育情况,亦是受区域构造影响所致。燕山初期东胜隆起

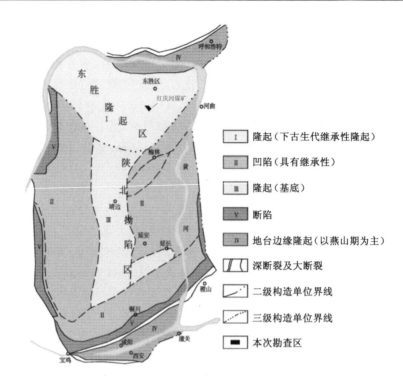

图 1-2   井田大地构造位置示意图

区的相对隆起,造成区内含煤地层基底的不平,燕山早期"填平补齐"的结果,形成了区内 6 煤层的增厚、变薄、尖灭。以后盆地稳定发展,沉积了 6 煤以上地层,而至燕山期末盆地整体抬升,上部非煤系地层遭受强烈剥蚀作用,含煤地层保存完整,形成了如今井田内地层的赋存特征。

综上所述,井田构造属简单类型。

1.2.3   井田水文地质类型分析

本井田直接充水含水岩组以孔隙、裂隙含水层为主,直接充水含水岩组的富水性弱,补给条件差,径流条件不良,以贫乏的大气降水为主要补给源;非煤系地层志丹群(第Ⅰ含水岩组)单位涌水量 $q > 0.1$ L/(s·m),属富水性中等的含水岩组;煤矿床直接充水含水岩组(第Ⅱ、Ⅲ含水岩组)的单位涌水量 $q < 0.1$ L/(s·m),属富水性弱的含水岩组;区内地形有利于自然排水,不利于大气降水的渗入补给;井田内无大的地表水体,水文地质边界简单。因此,井田内直接充水含水层以孔隙、裂隙含水层为主的水文地质条件中等类型,即一类~二类二型。根据 2009 年版《煤矿防治水规定》,本矿井水文地质类型应为复杂类型。

1.2.3.1   含水层水文地质特征

根据本井田勘探报告及本次井检勘探资料,以区内地下水的水力性质及赋存条件的不同,可将含水层划分为松散岩类孔隙潜水含水岩组及碎屑岩类孔隙、裂隙承压水含水岩组。现叙述如下:

(1)第四系(Q)松散层潜水含水层

岩性为灰黄色黄土、褐黄色残坡积砂土、冲洪积砂砾石等,区内分布广泛。黄土、残坡积物与风积沙主要分布在梁、峁及山坡上,地形不利于积水。冲洪积物分布于丁当庙河西渠,喇嘛庙河东渠沟谷中,构成松散层潜水的主要含水层。根据乃马岱井田勘探水文地质测绘时水井调查资料,地下水位埋深 5.96~10.60 m,水化学类型为 HCO_3-Ca·Mg 型。含水层富水性弱。因大气降水的补给量较小,所以补给条件较差。该含水层是下部志丹群(K_1zh)碎屑岩类含水岩组的直接补给来源。

第四系地层厚度变化较大,据勘探阶段钻孔资料一般在 0.00~33.72 m 范围内,平均厚度为 7.73 m;角度不整合于一切老地层之上。井检孔勘探区内第四系厚度为 8.17~14.80 m,平均厚度 10.78 m,岩性以细砂、粉细砂为主,次为粉质黏土,为透水不含水层。

(2)第 I 含水岩组(白垩系下统志丹群碎屑岩类孔隙、裂隙潜水、承压水含水层)

含水岩性以细粒砂岩、粗粒砂岩、含砾粗砂岩为主,根据本区主检孔、副检孔、风检孔钻孔抽水试验资料,含水岩组厚度 440.08~452.11 m,平均 447.24 m,地下水位埋深 9.44~10.55 m,水位标高 1 346.118~1 352.057 m,水位降深 $S=12.19~14.96$ m,涌水量 $Q=1.325~2.807$ L/s,单位涌水量 $q=0.101~0.187$ L/(s·m),渗透系数 $K=0.027~4~0.837$ m/d,pH 值为 6.9~7.5,水化学类型为 HCO_3-Ca 型。该含水岩组地下水富水性中等。

主检孔第 I 含水岩组流量测井成果,如表 1-4 所示。现将主检孔钻孔抽水试验叙述如下:该岩组各类岩石裂隙均不甚发育,含水岩性为细粒砂岩、中粒砂岩、粗粒砂岩、含砾粗砂岩。该含水岩组厚度 452.11 m,地下水位埋深 10.55 m,水位标高 1 352.057 m,水位降深 $S=13.20$ m,涌水量 $Q=1.325$ L/s,单位涌水量 $q=0.101$ L/(s·m),渗透系数 $K=0.027~4$ m/d,pH 值为 7.1,水化学类型为 HCO_3-Ca 型。

该含水岩组进行了 3 次降深的抽水试验,风检孔作为主检孔的观测孔进行了同步水位观测(降深 0.04 m,主检孔与风检孔直线距离 473 m)。

依据流量测井曲线、扩散法测井曲线并结合抽水试验资料综合分析,该含水岩组共有19 个涌水层段。含水层主要涌水部位集中在七大段,第一段在 26.92~63.23 m 之间(厚度36.31 m,$Q=0.478$ L/s);第二段在 65.73~90.93 m 之间(厚度 25.20 m,$Q=0.146$ L/s);第三段在 133.10~223.58 m 之间(厚度 90.48 m,$Q=0.132$ L/s);第四段在 300.51~320.44 m 之间(厚度 19.93 m,$Q=0.106$ L/s);第五段在 321.34~411.95 m 之间(厚度90.61 m,$Q=0.404$ L/s);第六段在 417.78~453.09 m 之间(厚度 35.31 m,$Q=0.181$ L/s);第七段在 491.03~531.39 m 之间(厚度 40.36 m,$Q=0.244$ L/s);其他含水岩层涌水量较小。

该含水岩组抽水试验时,存在一个含水层层间补给的关系,从表 1-4 中可以看出,在孔深 94.81~237.87 m 之间的含水层接受上部含水层的补给。

(3)第 II 含水岩组(侏罗系中统直罗组底至 3 煤组底承压水含水层)

岩性以灰白色粗粒砂岩、中粒砂岩、细粒砂岩为主,夹灰色、浅灰色砂质泥岩、粉砂岩及煤层,厚度 143.54~161.61 m,平均 153.32 m,厚度相对稳定。

主检孔第 II 含水岩组流量测井成果,如表 1-5 所示。下面将主检孔抽水试验叙述如下:

根据主检孔钻孔抽水试验资料,含水岩性以粗粒砂岩、中粒砂岩、细粒砂岩为主,含水层厚度 109.33 m,地下水位埋深 16.17 m,水位标高 1 346.437 m,水位降深 $S=27.17$ m,涌水量 $Q=0.656$ L/s,单位涌水量 $q=0.024~1$ L/(s·m),渗透系数 $K=0.029~1$ m/d,pH 值为 7.4,水化学类型为 HCO_3·SO_4-Ca 型。该含水岩组富水性弱,其含水岩组为矿床直接充水含水层。

表 1-4 主检孔第Ⅰ含水岩组流量测井成果表

层位	底板深度/m	含水层厚度/m	井径/mm	含水层静水位/m	混合水位1 $H_1=19.56$ m $Q_1=1.961$ L/s				混合动水位2 $H_2=13.18$ m $Q_2=1.296$ L/s				混合动水位3 $H_3=6.86$ m $Q_3=0.717$ L/s			
					层流量/(L/s)	单位流量/[L/(s·m)]	渗透系数K/(m/d)	影响半径R/m	层流量/(L/s)	单位流量/[L/(s·m)]	渗透系数K/(m/d)	影响半径R/m	层流量/(L/s)	单位流量/[L/(s·m)]	渗透系数K/(m·d)	影响半径R/m
1	63.23	36.31	233	9.35	0.478 33	0.023 0	0.045 8	44.41	0.365 37	0.025 4	0.047 1	31.20	0.256 63	0.031 8	0.052 7	18.50
2	90.93	25.20	239	16.45	0.145 86	0.010 7	0.026 4	22.19	0.085 72	0.011 8	0.024 9	11.48	0.015 99	0.016 7	0.014 2	1.15
3	96.01	1.20	242	20.10	0.006 19	0.000 6	0.030 3	17.41	0.002 48	0.000 7	0.024 6	5.70	−0.001 9	0.000 7	0.022 8	4.06
4	132.45	33.27	191	23.30	0.042 10	0.006 2	0.009 0	6.46	0.002 93	0.006 8	0.000 1	0.05	−0.042 2	0.007 2	0.010 2	5.94
5	223.58	90.48	147	23.40	0.131 98	0.019 7	0.011 6	7.24	0.007 16	0.021 7	0.000 1	0.03	−0.142 7	0.023 8	0.014 0	7.09
6	231.28	2.45	146	21.80	0.002 34	0.000 3	0.006 0	6.41	0.000 60	0.000 3	0.003 6	1.16	−0.002 0	0.000 5	0.008 5	4.05
7	234.03	2.25	150	21.50	0.001 94	0.000 2	0.005 1	6.15	0.000 55	0.000 5	0.003 2	1.27	−0.001 2	0.000 3	0.005 4	3.01
8	237.87	1.74	152	19.60	0.007 09	0.000 7	0.025 0	16.62	0.003 07	0.006 8	0.021 7	6.08	−0.001 9	0.000 8	0.020 0	3.10
9	267.78	20.81	150	14.55	0.096 19	0.006 2	0.020 4	22.22	0.062 58	0.006 8	0.020 1	13.01	0.029 95	0.010 5	0.023 3	4.37
10	269.48	1.30	159	13.85	0.005 48	0.000 3	0.017 5	21.50	0.003 67	0.000 4	0.017 3	12.99	0.002 03	0.000 6	0.021 0	5.16
11	270.78	0.50	167	12.70	0.001 96	0.000 1	0.015 0	21.31	0.001 37	0.000 1	0.015 0	13.49	0.000 87	0.000 2	0.018 6	6.42
12	276.71	2.71	159	11.95	0.010 21	0.000 6	0.014 0	21.46	0.007 30	0.000 6	0.014 1	13.96	0.026 37	0.004 8	0.116 6	18.64
13	278.31	0.70	170	11.55	0.002 61	0.000 1	0.013 3	21.43	0.001 89	0.000 2	0.013 4	14.11	0.001 83	0.000 3	0.024 4	9.15
14	299.71	21.00	161	11.30	0.084 57	0.004 5	0.014 5	22.69	0.061 63	0.005 0	0.014 7	15.08	0.045 68	0.007 5	0.019 4	8.51
15	320.44	19.93	154	11.30	0.105 71	0.005 6	0.020 0	26.57	0.077 03	0.006 2	0.020 3	17.70	0.058 28	0.009 5	0.027 5	10.14
16	411.95	90.61	172	11.20	0.403 83	0.021 4	0.016 0	23.90	0.295 07	0.023 5	0.016 2	15.93	0.220 75	0.035 5	0.021 4	9.08
17	453.09	35.31	165	11.20	0.180 66	0.009 6	0.018 8	25.93	0.132 01	0.010 5	0.019 1	17.31	0.099 84	0.016 1	0.025 6	9.95
18	531.39	40.36	200	11.20	0.244 42	0.012 9	0.021 7	27.87	0.178 60	0.014 3	0.022 0	18.58	0.145 41	0.023 4	0.032 0	11.11
19	533.29	1.60	165	11.20	0.009 56	0.000 5	0.022 3	28.26	0.006 99	0.000 6	0.022 7	18.88	0.005 22	0.000 8	0.030 2	10.79

表 1-5 主检孔第Ⅱ含水岩组流量测井成果表

层位	底板深度/m	含水层厚度/m	井径/mm	含水层静水位/m	混合动水位1 $H_1=40.76$ m $Q_1=1.000$ L/s				混合动水位2 $H_2=27.25$ m $Q_2=0.644$ L/s				混合动水位3 $H_3=13.50$ m $Q_3=0.325$ L/s			
					层流量/(L/s)	单位流量/[L/(s·m)]	渗透系数K/(m/d)	影响半径R/m	层流量/(L/s)	单位流量/[L/(s·m)]	渗透系数K/(m/d)	影响半径R/m	层流量/(L/s)	单位流量/[L/(s·m)]	渗透系数K/(m/d)	影响半径R/m
1	553.51	1.25	154	14.35	0.003 8	0.000 1	0.005 2	30.69	0.002 5	0.000 1	0.004 6	19.69	0.001 4	0.000 1	0.004 2	9.91
2	605.62	31.42	159	15.95	0.294 5	0.007 2	0.018 4	55.58	0.190 3	0.006 9	0.016 3	35.12	0.097 0	0.007 1	0.014 3	16.42
3	673.13	67.51	172	16.15	0.635 1	0.015 6	0.018 3	55.13	0.409 3	0.015 0	0.016 2	34.71	0.207 0	0.015 3	0.014 1	16.07
4	683.37	6.90	172	16.25	0.023 1	0.000 6	0.005 9	31.19	0.014 9	0.000 5	0.005 2	19.53	0.007 5	0.000 6	0.004 4	8.89
5	700.88	1.93	161	16.55	0.010 9	0.000 3	0.010 7	41.72	0.007 0	0.000 3	0.009 4	26.10	0.003 5	0.000 3	0.008 2	11.85
6	704.78	2.62	161	16.60	0.015 7	0.000 4	0.011 4	43.07	0.010 1	0.000 4	0.010 1	26.97	0.005 0	0.000 4	0.008 7	12.17
7	725.58	10.64	155	21.80	0.016 8	0.000 5	0.003 0	19.15	0.010 0	0.000 5	0.002 5	10.89	0.003 7	0.000 5	0.001 9	3.41

该含水岩组进行了 3 次降深的抽水试验,依据扩散法测井曲线、流量测井曲线并结合抽水试验资料综合分析,该孔共有 7 个涌水层段,详见表 1-5。含水层主要涌水部位集中在两大段,第一段在 574.20～605.62 m 之间(厚度 31.42 m,$Q=0.295$ L/s);第二段在 605.62～673.13 m 之间(厚度 67.51 m,$Q=0.635$ L/s),其他含水层涌水量较小。

（4）第Ⅲ含水岩组（3 煤组底泥岩底界至 6 煤组含水层）

岩性以灰白色、灰色粗粒砂岩、中粒砂岩、细粒砂岩为主,夹灰色、浅灰色砂质泥岩、粉砂岩及煤层。含水岩性以粗粒砂岩、中粒砂岩、细粒砂岩为主。根据主检孔钻孔抽水试验资料,含水岩组厚度 46.40 m,地下水位埋深 38.80 m,水位标高 1 323.807 m,水位降深 $S=48.90$ m,涌水量 $Q=0.374$ L/s,单位涌水量 $q=0.007\,65$ L/(s·m),渗透系数 $K=0.021\,8$ m/d,pH 值为 8.0,水化学类型为 HCO_3-Ca 型。该含水层富水性弱,地下水流动缓慢,为矿床直接充水含水层。

该含水岩组由于单位涌水量小于 0.01 L/(s·m),故只进行了一次最大降深的抽水试验,依据流量测井曲线、扩散法测井曲线并结合抽水试验资料综合分析,该孔共有 11 个涌水层段,各含水层涌水量均小于 0.01 L/s。

1.2.3.2　隔水层

（1）白垩系下统志丹群隔水层

志丹群隔水层可分为两层:第一层深度在 61.69～65.73 m 之间,厚度为 2.50～8.54 m,岩性为紫红色泥岩、砂质泥岩;第二层深度在 244.47～252.46 m 之间,厚度为 2.10～6.70 m,岩性为紫红色泥岩、砂质泥岩。全区发育,隔水性能良好。

（2）侏罗系中统安定组～直罗组隔水层

该隔水层位于志丹群底部,深度在 505.51～575.70 m 之间,厚度为 42.81～60.30 m,平均 52.47 m,岩性为紫褐色、灰绿色泥岩、砂质泥岩互层,中夹薄层细粒砂岩。全区发育,厚度较大,变化较小,隔水性能良好。该隔水层隔断了第Ⅰ含水岩组与第Ⅱ含水岩组之间的水力联系。

（3）3 号煤底部隔水层

隔水层岩性为灰色砂质泥岩、泥岩互层,深度在 683.37～698.95 m 之间,厚度 13.25～15.84 m,平均 14.89 m,井田内全区发育,厚度较稳定,隔水性能较好。

1.2.3.3　各含水层之间的水力联系

区内第Ⅰ含水岩组为间接充水含水层,第Ⅱ、Ⅲ含水岩组为矿床的主要直接充水含水层。第四系松散层孔隙潜水含水层与志丹群上部孔隙潜水含水层有一定的水力联系。志丹群隔水层全区发育,层位稳定,隔水性能良好;侏罗系中统安定组～直罗组隔水层全区发育,层位稳定,隔水性能良好,因此在勘探区范围内隔断了煤系地层延安组（第Ⅱ、第Ⅲ含水岩组）与上部非煤系地层（第Ⅰ含水岩组）的水力联系;在煤系地层含水层中,由于 3 煤底部隔水层全区发育,厚度相对稳定,变化不大,隔水性能较好,基本隔断了第Ⅱ、第Ⅲ含水岩组之间的水力联系;第Ⅱ、第Ⅲ含水层富水性均较弱,对未来矿井充水不会产生大的影响。

1.2.3.4　地下水的补给、径流、排泄条件

（1）潜水

区内潜水主要赋存于梁峁区低洼处松散层中及白垩系志丹群上部地层中,大气降水是唯一的补给来源。由于本区降水量稀少,又无地表水体,所以潜水的补给量较小。由于受地

形地貌控制,当地补给,当地排泄(人工挖井开采排泄)、蒸发排泄以及向下部承压水的渗入排泄。

（2）承压水

区内承压水主要赋存于白垩系志丹群中、下部岩层,侏罗系中下统延安组各粒级砂岩中。大气降水通过上覆地层的直接渗入补给是承压水的补给源之一,区外承压水的侧向径流是另一补给来源。承压水一般沿地层倾向即西南方向径流。承压水以侧向径流排泄为主,次为人工开采排泄。

1.2.4 煤层赋存条件分析

井田含煤地层为侏罗系中下统延安组,含 2、3、4、5、6 五个煤组,含煤地层总厚度为 171.24～240.37 m,平均 208.80 m。区内共发育煤 16 层,煤层总厚度 12.85～28.75 m,平均 20.48 m,含煤系数为 9.8%,其中含可采煤层 10 层,可采煤层厚度 9.90～25.40 m,平均 17.75 m,可采含煤系数为 8.5%。各可采煤层特征见表 1-6。

表 1-6 煤层特征一览表

煤层号	煤层厚度/m 最小～最大 平均(点数)	可采厚度/m 最小～最大 平均(点数)	层间距/m 最小～最大 平均(点数)	赋存深度/m	可采面积/km²	可采程度	稳定程度
3-1 上	0.97～7.00 2.55(20)	0.97～6.35 2.55(20)	/	556.35～672.50	20.34	局部可采	不稳定
			0.80～27.75 12.42(20)				
3-1	0.50～10.05 6.23(256)	0.80～8.45 6.14(253)		583.55～861.90	181.06	全区可采	较稳定
			25.45～73.00 47.07(256)				
4-1	0.70～6.60 3.13(256)	1.20～6.30 2.98(255)		635.40～898.04	181.44	全区可采	稳定
			0.25～26.95 8.75(252)				
4-2	0.28～2.96 1.90(252)	0.80～2.87 1.89(249)		648.20～920.03	148.62	大部可采	稳定
			0.75～34.10 14.97(245)				
5-1	0.20～2.45 1.14(249)	0.80～2.15 1.25(163)		658.95～929.90	120.47	大部可采	较稳定
			1.45～25.72 10.05(247)				
5-2	0.20～4.80 1.01(254)	0.80～1.85 1.16(155)		664.35～942.98	129.34	大部可采	较稳定
			8.05～43.77 24.90(254)				
6-1	0.40～8.45 3.09(256)	0.80～7.10 2.82(250)		695.18～983.75	168.27	基本全区可采	较稳定
			0.80～14.97 4.57(172)				
6-2	0.25～1.93 0.77(172)	0.80～1.51 1.03(53)		701.85～965.48	45.47	局部可采	不稳定
			0.85～37.68 18.63(168)				
6-3	0.25～7.4 1.59(248)	0.80～7.15 1.84(165)		709.05～997.70	142.73	大部可采	较稳定
			0.80～15.66 7.10(180)				
6-4	0.15～3.15 0.82(185)	0.80～2.75 1.12(90)	—	725.31～1 003.07	83.29	局部可采	不稳定

1.2.5 其他开采技术条件分析

（1）矿井瓦斯

井田内施工的19个钻孔中采取了瓦斯样测定，CH_4含量0～0.06 mL/g$_{燃}$，自然瓦斯成分中CH_4含量0～8.30%，故无CH_4带；CO_2为0～11.78%，N_2为88.28%～99.66%，属二氧化碳-氮气带，即瓦斯风化带，瓦斯含量特低。井筒检查钻孔煤层瓦斯测试成分及含量结果，如表1-7所示。

表1-7 井筒检查钻孔煤层瓦斯测试成分及含量结果

煤层号	瓦斯含量/(mL/g$_{燃}$)		自然瓦斯成分/%			瓦斯分带
	CH_4	CO_2	CH_4	CO_2	N_2	
3-1	$\frac{0.00\sim0.01}{0.01(2)}$	$\frac{0.07\sim0.21}{0.14(2)}$	$\frac{0.15\sim0.16}{0.16(2)}$	$\frac{17.33\sim24.54}{20.94(2)}$	$\frac{75.31\sim82.50}{78.91(2)}$	二氧化碳-氮气带
4-1	$\frac{0.01}{(1)}$	$\frac{0.07}{(1)}$	$\frac{0.39}{(1)}$	$\frac{7.80}{(1)}$	$\frac{91.81}{(1)}$	二氧化碳-氮气带
4-2	$\frac{0.01}{(1)}$	$\frac{0.14}{(1)}$	$\frac{0.72}{(1)}$	$\frac{24.47}{(4)}$	$\frac{74.88}{(1)}$	二氧化碳-氮气带
6-1	$\frac{0.00}{(1)}$	$\frac{0.19}{(1)}$	$\frac{0.41}{(1)}$	$\frac{3.98}{(1)}$	$\frac{85.77}{(1)}$	二氧化碳-氮气带

矿井瓦斯涌出量按最大0.06 mL/g$_{燃}$含量进行预计，采煤工作面绝对瓦斯涌出量为0.35 m³/min，掘进工作面绝对瓦斯涌出量为0.131 m³/min，矿井相对瓦斯涌出量为0.053 m³/t，矿井绝对瓦斯涌出量为1.67 m³/min。采煤工作面绝对瓦斯涌出量小于5 m³/min、掘进工作面绝对瓦斯涌出量均小于3 m³/min、矿井绝对瓦斯涌出量小于40 m³/min，矿井相对瓦斯涌出量小于10 m³/t，因此，该矿井属瓦斯矿井。

（2）煤的自燃与煤尘爆炸性

各煤层均为容易自燃煤层，煤尘具有爆炸危险性。

（3）地温

本井田对14个钻孔进行了地温测量，地温梯度<3 ℃/100 m，井田为地温正常区；地温区间12.1～32.5 ℃，煤层埋深在900 m以浅，地温小于31 ℃，无高温区，煤层埋深在900 m以深存在一级高温区。

1.2.6 矿井开采条件综合分析

根据井田总体概况、地质条件和煤层赋存条件等因素，矿井开采条件综合分析结果如下：

（1）井田地质构造简单，首采3-1煤层厚度大，煤层倾角平缓，有利于井下工作面布置及正常开采。

（2）煤层对比可靠，标志层明显，对开采无影响，但由于3-1煤以下各煤层间距较近，煤层厚度相近，给下水平延深、开采施工时的煤层识别带来一定困难。

（3）勘探报告采用煤样多，煤质资料可靠。

（4）井田水文地质条件中等，根据分析含、隔水层厚度，当开采3-1煤层时底板个别钻孔隔水层厚度较小(5 m),受底板扰动影响第Ⅲ含水层水可能渗入采空区;但由于第Ⅲ含水层为弱含水层,只会加大矿井的涌水量,不会造成突水现象发生,设计矿井井下主排水泵房的正常排水能力时已经考虑第Ⅲ含水层的正常涌水量。

(5)井田瓦斯含量特低、煤层容易自燃、煤尘有爆炸性,地温梯度正常,与周边已生产矿井条件类似,结论可靠。

(6)井田勘探程度高,地质资源量可靠。

综上所述,井田外部建设条件优越,资源基础条件可靠,具备建设井型1 500万 t/a、安全高效矿井的基本条件。

1.3 矿井设计生产能力与服务年限

1.3.1 矿井设计生产能力分析

矿井设计生产能力是反映矿井面貌的综合性指标,为科学合理确定矿井设计生产能力,取得良好的投资效益,设计对确定矿井生产能力基础的井田构造、煤层赋存条件、地质储量等进行了详细分析;对采煤工作面和采区生产能力、不同井型的矿井服务年限、经济效益等指标论证,根据井田实际条件和邻近神东矿区状况进行分析比较。通过以上分析后认为:本井田主采煤层开采条件较好,储量丰富,地质构造简单,矿井瓦斯特别低,水文地质条件及其他开采技术条件中等,具备建设特大型矿井的条件。为此提出两个井型方案,分别是1 200万 t/a及1 500万 t/a,经综合技术、经济比较,推荐井型1 500万 t/a,主要理由如下:

(1)矿井资源条件分析

矿井主采煤层为3-1、4-1、4-2及6-1煤,其中3-1煤煤厚0.8～8.45 m,平均6.14 m;4-1煤煤厚1.20～6.30 m,平均2.98 m;4-2煤煤厚0.80～2.87 m,平均1.89 m;6-1煤煤厚0.80～7.10 m,平均2.82 m。井田资源/储量398 308万 t,可采储量233 830.1万 t(其中3-1煤占总资源量的32.1%,占可采储量的31.9%);井田内地质构造简单,煤层赋存近水平(1°左右),水文地质条件中等,低瓦斯,无热害。说明该井田具备了特大型矿井的建设基本条件。储量备用系数按1.4计,1 500万 t/a和1 200万 t/a井型所对应的矿井服务年限分别为111.3 a和139.2 a。由此看出,2个井型方案均满足规范要求。

(2)工作面单产分析

矿井煤层埋藏较深(均大于560 m),煤层条件好,首采3-1煤层,煤厚平均6.14 m,可装备先进的一次采全高综采设备,神东煤炭公司工作面装备全进口设备,工作面单产达到800万～1 000万 t/a,但考虑本矿井煤层埋藏较深且暂无6.2 m厚煤层一次采全高生产管理经验,同时为降低初期投资,提高矿井经济效益,工作面主要设备除支架国产外其他均为进口,具备了800万 t/a左右的生产能力,故矿井按1 500万 t/a的井型设计井下布置两个大采高综采工作面达到设计规模是合理可行的。

(3)主立井提升能力分析

① 提升设备可靠性。矿井采用立井开拓方式,根据计算主井需装备两对50 t箕斗,选用5×6塔式多绳摩擦轮提升机两台,配套9 000 kW、58 r/min低频交流同步电动机单机拖动及交-直-交变频提升机成套电控设备。生产大型摩擦轮提升机的国外制造厂商主要为

SIEMAG 和 ABB 公司,国内主要为中信重型机械有限责任公司和上海冶金矿山机械厂。从国内外大型提升设备的使用情况及设备可靠性方面综合考虑,本矿井提升机、电机、电控、闸控系统选用进口设备,有利于矿井安全生产,减少维护工作量,提高矿井现代化生产水平。SIEMAG 公司生产的提升机最大直径为 8 m、钢丝绳根数最多为 6 根、单台电动机最大功率为 7 500 kW,ABB 公司生产的提升机最大直径为 6.75 m、钢丝绳根数最多为 8 根、单台电动机最大功率为 9 400 kW;国外公司现用提升机规格及电机单机容量均大于本矿井选用设备,因此本矿井所选提升设备是成熟可靠的。

② 箕斗装卸载休止时间。《煤炭工业矿井设计规范》(GB 50215—2015)第 8.1.11 条规定:"12~30 t 箕斗,可按每吨 1 s 计算;30 t 以上的箕斗,宜按有关设备部件环节联动时间计算确定,在缺乏计算数据或实测数据时,每增加 1 t 可按 0.5~0.8 s 计算"。为此,为了落实红庆河矿井大型箕斗提升装、卸载休止时间问题,项目相关单位先后调研了国投新集能源股份有限公司的刘庄煤矿,淮南矿业集团的张集煤矿、顾桥煤矿,兖矿集团的济宁三号煤矿的在用大型箕斗的实际运行情况:刘庄煤矿配置两对 40 t 箕斗,箕斗卸载时间约 27 s,装载时间约 28 s,装卸载休止时间 30 s;张集煤矿中央区主井装备一对 40 t 箕斗,箕斗卸载时间 22.8 s,装载时间 27.8 s,装卸载休止时间 28 s;顾桥煤矿主井装备两套提升系统,配置两对 32 t 箕斗,箕斗卸载时间 12.8 s(含爬行段 3 s),装载时间 17.7 s,装卸载休止时间 18 s;济宁三号煤矿主井装备两对 22 t 箕斗,卸载时间 15.7 s,装载时间 20.3 s,装卸载休止时间 21 s。通过此次调研可以得出,大型箕斗装、卸载休止时间选取中,井下装载时间是其决定因素,井下装载时间主要由箕斗停稳至定量斗闸门动作时间、定量斗闸门开启时间、定量斗闸门动作至装完煤时间、定量斗闸门关闭时间等几个主要环节构成,通过对这些动作环节时间的分析和计算,红庆河矿井 50 t 箕斗计算卸载时间为 23.6 s,计算装载时间为 27.4 s,考虑不确定因素本矿井 50 t 箕斗装载时间取 33 s。目前我国大型箕斗及其装卸载设备的设计制造技术已达到世界先进水平,同时积累了丰富的管理使用经验,因而选取 50 t 箕斗装卸载休止时间 35 s 是可靠、富裕的。

③ 提升能力。根据选择的进口提升设备、两对 50 t 提煤箕斗,采用定重装载、外动力卸载方式,最大提升速度 15.18 m/s,采用三阶段速度图运行方式、35 s 箕斗装卸载休止时间,按每年 330 d、每天 16 h 工作制度,据此计算一个主井两套提升系统年提升能力为 1 650 万 t。

综上三方面分析,一个主井两套提升系统能力满足现行《煤炭工业矿井设计规范》富裕系数要求,因此一个主立井能满足 1 500 万 t/a 井型要求。

(4)国家政策支持

本矿井是国家"十二五"规划期间 2011 年开工建设项目,国家发展和改革委员会批复矿区总体规划的矿井能力为 1 500 万 t/a,因此特大型矿井的建设符合国家煤炭行业规划政策。

(5)外部建设条件分析

该矿产品主要供华东、华南电厂用煤,通过包西铁路北运至包头。包西铁路(伊泰集团占有 12.87%股份)于 2010 年年底竣工,该线规划仅煤炭货流密度包头方向近期(2018 年)5 100 万 t,铁路运量满足矿井产量要求;进场公路接乌阿公路,可直接上包茂高速,北距鄂尔多斯市东胜区 60 km,交通方便;水源取地表水,电源一回路电源引自乌兰木伦 220 kV 变电站,另一回路电源引自康巴什 220 kV 变电站。由此可看出外部条件满足建设特大型矿井要求。

（6）经济效益分析

设计时分别对 1 200 万 t/a、1 500 万 t/a 井型投资及财务进行评价分析,得出 1 500 万 t/a 井型各项指标均好于 1 200 万 t/a 井型,因此优先推荐 1 500 万 t/a 井型。

（7）符合项目核准批复意见

国家发展和改革委员会发改能源〔2013〕314 号《关于内蒙古新街矿区红庆河煤矿项目核准的批复》,批复建设规模 1 500 万 t/a。

综上所述,从生产能力、资源储量潜力、提升能力和投资收益等多方面分析,设计推荐矿井设计生产能力为 1 500 万 t/a。

1.3.2　矿井设计服务年限确定

矿井服务年限计算如下:

$$T=Z_\mathrm{m}/(A \cdot K) \tag{1-1}$$

式中　T——设计计算服务年限,a;

　　　Z_m——可采储量,取 212 426.9 万 t;

　　　A——年产量,取 1 500 万 t/a;

　　　K——储量备用系数,根据规范取 1.4。

经计算,矿井生产能力 1 500 万 t/a,矿井服务年限为 101.1 a。矿井第一水平服务年限为 35.2 a。另外井田后备区尚有资源储量 104 444 万 t,设计可采储量 21 403.2 万 t,可进一步延长矿井服务年限为 10.2 a。因此矿井总服务年限为 111.3 a。

1.4　井筒赋存地质及水文地质分析

1.4.1　井筒地质

1.4.1.1　井筒检查钻孔自上而下穿过的地层分析

（1）第四系(Q):厚度 9.80～14.80 m。呈角度不整合于一切老地层之上。

（2）白垩系下统志丹群(K_1zh):地层厚度 495.71～521.39 m。与下伏侏罗系中统(J_2z)地层呈角度不整合接触。

（3）侏罗系中统安定组(J_2a):地层厚度 16.49～19.43 m。与下伏直罗组地层为整合接触。

（4）侏罗系中统直罗组(J_2z):地层厚度 34.88～136.03 m。与下伏延安组地层呈整合接触。

（5）侏罗系中下统延安组($J_{1-2}y$):延安组为本区主要含煤地层。各井筒检查钻孔均未将其全部揭露,揭露厚度 50.16～165.55 m。与下伏地层延长组呈平行不整合接触。

1.4.1.2　各井筒检查钻孔地层结构分析

各井筒检查钻孔穿过的地层情况见表 1-8。

表 1-8　井筒检查钻孔穿过地层情况表

地层		主井		副井		风井	
		厚度/m	底板深度/m	厚度/m	底板深度/m	厚度/m	底板深度/m
第四系		14.80	14.80	10.35	10.35	9.80	9.80
白垩系		503.94	518.74	511.04	521.39	495.71	505.51
侏罗系	安定组	16.49	535.23	19.43	540.82	18.78	524.29
	直罗组	124.47	659.70	34.88	575.70	136.03	660.32
	延安组	150.38	810.08	165.55	741.25	50.16	710.46
	小计	291.34	—	219.86	—	204.97	—
合计		810.08	—	741.25	—	710.48	—

（1）主井检查钻孔

主井检查钻孔孔深 810.08 m，共见岩层 188 层，砾岩、砂岩类岩层 130 层，占 69%；泥岩类岩层 58 层，占 31%。其中揭穿志丹群地层 531.39 m，见岩层 115 层，砂岩类岩层 86 层，占 75%；泥岩类 29 层，占 25%。

（2）副井检查钻孔

副井检查钻孔孔深 741.25 m，共见岩层 179 层，砾岩、砂岩类岩层 131 层，占 73%；泥岩类岩层 48 层，占 27%。其中揭穿志丹群地层 521.49 m，共见岩层 129 层，其中砾岩、砂岩类 80 层，占 62%；泥岩类 49 层，占 38%。

（3）风井检查钻孔

风井检查钻孔孔深 710.48 m，共见岩层 147 层，砾岩、砂岩类岩层 106 层，占 72%；泥岩类岩层 41 层，占 28%。其中揭穿志丹群地层 505.51 m，见岩层 116 层，其中砾岩、砂岩类 89 层，占 77%；泥岩类 27 层，占 23%。

1.4.1.3　检查钻孔所揭露地层厚度及其岩性分析

各检查钻孔所揭露地层厚度及其岩性情况见表 1-9。

表 1-9　检查钻孔柱状图分析表

序号	检查钻孔名称	揭露地层		岩(土)层		
		地层名称	厚度/m	岩(土)层名称	层数/层	占本地层岩(土)层总数百分比/%
1	主井检查钻孔	第四系	14.80	以细砂、粉细砂为主	1	100
		白垩系	503.94	粉、细、中、粗粒砂岩	54	47.0
				砾岩、含砾中、粗砂岩	32	27.8
				砂质泥岩、泥岩	29	25.2
		侏罗系	291.34	粉、细、中、粗粒砂岩	36	44.4
				砾岩、含砾中、粗砂岩	4	4.9
				砂质泥岩、泥岩	35	43.2
				煤	6	7.4

表 1-9(续)

序号	检查钻孔名称	揭露地层		岩(土)层		
		地层名称	厚度/m	岩(土)层名称	层数/层	占本地层岩(土)层总数百分比/%
2	副井检查钻孔	第四系	10.35	以细砂、粉砂为主	1	100
		白垩系	511.04	粉、细、中、粗粒砂岩	52	47.7
				砾岩,含砾、粗砂岩	28	25.7
				砂质泥岩、泥岩	29	26.6
		侏罗系	219.86	粉、细、中、粗粒砂岩	25	45.5
				砾岩,含砾中、粗砂岩	5	9.1
				砂质泥岩、泥岩	20	36.4
				煤	5	9.1
3	风井检查钻孔	第四系	9.80	以细砂、粉砂为主	1	100
		白垩系	495.71	粉、细、中、粗粒砂岩	57	49.1
				砾岩,含砾中、粗砂岩	32	27.6
				砂质泥岩、泥岩	27	23.3
		侏罗系	204.97	粉、细、中、粗粒砂岩	19	52.8
				砾岩,含砾中、粗砂岩	1	2.8
				砂质泥岩、泥岩	14	38.9
				煤	2	5.6

砾岩以杂色、紫红色为主,少量为灰绿色,砾石成分以石英、花岗岩为主,次棱角状,分选差,砾径 3～60 mm,个别大于岩芯直径,为孔隙式砂泥质胶结,大部分胶结疏松。

含砾粗砂岩以紫红色为主,局部为紫褐色夹灰绿色,成分以石英为主,长石次之,次棱角状,分选差,含少量岩屑,砂泥质胶结,胶结较疏松。

含砾中砂岩为紫红色,成分以石英为主,长石次之,次棱角状,分选较差,含少量岩屑,个别岩层具明显的斜层理,砂泥质胶结,胶结较疏松。

粗粒砂岩为紫红色、棕色及灰绿色,成分以石英为主,长石次之,含少量岩屑,次圆状,分选差,砂泥质胶结,个别岩层具微斜层理,较疏松。

中粒砂岩为紫红色、紫色,成分以石英为主,长石次之,含有暗色矿物,分选性中等,以泥质胶结为主。

细粒砂岩为紫色夹浅灰色条带,成分以石英为主,长石次之,含暗色矿物及云母碎片,分选性较好,泥质胶结,较坚硬。

粉砂岩为紫红色、灰绿色,成分不清,含有暗色矿物及少量云母碎片,泥质胶结,致密,交错层理发育。

砂质泥岩以紫红色为主,块状、参差状～贝壳状断口,质地较软。

泥岩以紫红色为主,局部夹灰绿色斑块,块状、平坦状断口,质地较软,遇水膨胀,失水易干裂破碎。

砾岩及各粒级的砂岩均为孔隙式砂泥质胶结,胶结较疏松。

1.4.1.4　地层岩石力学强度分析

根据本区井筒检查孔揭露地层的岩性,结合岩石力学测试结果,以各地层(白垩系下统志丹群、侏罗系中统安定组、侏罗系中统直罗组、侏罗系中下统延安组)岩石单轴抗压强度为依据,将井筒岩体工程地质分为两大岩类,即软弱岩类、半坚硬岩类。

志丹群、安定组、直罗组岩石抗压强度较低,均小于 30 MPa(尤其是砾岩、含砾粗砂岩、粗粒砂岩岩石抗压强度值大部分小于 20 MPa);自然状态下岩石的节理裂隙不甚发育,岩芯完整性一般,岩石质量指标(RQD 值)为 0～95%(砂岩类 RQD 值小于 50%的占 59%,岩石质量等级为Ⅲ～Ⅴ级,岩石质量中等～极劣,岩体完整性中等～破碎;泥岩类 RQD 值小于50%的占 65%,岩石质量等级为Ⅲ～Ⅴ级,岩石质量中等～劣,岩体完整性中等～差);岩体完整性从差～较完整,均属软弱岩层。

延安组岩石强度为软弱岩类～半坚硬岩类。尽管在半坚硬岩层中有部分软弱岩层,但岩石抗压强度值也在 20～29 MPa 之间,其岩体完整性为较完整;延安组自然状态下岩石的节理裂隙不甚发育,岩芯完整性中等～较完整,RQD 值为 22%～95%(砂岩类 RQD 值小于50%的占 28%,岩石质量等级为Ⅱ～Ⅲ级,岩石质量好～中等,岩体完整性良～中等;泥岩类 RQD 值小于 50%的占 55%,岩石质量等级为Ⅲ～Ⅴ级,岩石质量中等～劣,岩体完整性中等～差);岩芯完整性中等～较完整。

综上分析,本区地层随着钻孔深度加深,各类岩石抗压强度值、抗剪强度值也随之增高;志丹群、安定组、直罗组岩石为软弱岩类;延安组岩石为软弱岩类～半坚硬岩类,且以半坚硬岩类为主。

志丹群岩层顶部 5 m 范围内的岩石(细粒砂岩、粗粒砂岩)为强风化带,裂隙发育,含水性较好;5～15 m 范围内的岩石(细粒砂岩、粗粒砂岩)为弱风化带,裂隙比较发育,含水性较上部弱;侏罗系地层上部无风氧化带。

主井检查钻孔全孔进行了岩样采取和岩石物理、力学性质试验,试验结果表明各地层各种岩层的单轴抗压强度(由大而小)的一般排列顺序为:

① 白垩系:细砂岩→粉砂岩→中砂岩→粗砂岩→含砾砂岩→砾岩→泥岩→砂质泥岩;

② 侏罗系安定组:细砂岩→砂质泥岩→粉砂岩→中砂岩;

③ 侏罗系直罗组:砂质泥岩→粉砂岩→细砂岩→中砂岩→含砾砂岩→粗砂岩→泥岩;

④ 侏罗系延安组:泥岩→砂质泥岩→粉砂岩→中砂岩→细砂岩→粗砂岩→含砾砂岩。

1.4.1.5　煤层及其顶板岩层冲击倾向性分析

(1)取样地点及岩石类型

本次试验煤岩层取样遵照国家标准《煤和岩石物理力学性质测定方法　第 1 部分:采样一般规定》(GB/T 23561.1)执行,所采的块状煤、岩样规格大体 30 cm×30 cm×30 cm,其高度方位垂直于煤、岩层的层理面。实验室取芯为直径 50 mm、高 100 mm 的标准圆柱体。现场取样分别为地表以下 395～400 m 的白垩系粗砂岩,地表以下 580～630 m 的侏罗系粉砂岩、粗砂岩、中砂岩,地表以下 670 m 的泥岩,地表以下 680 m 的 3-1 煤。

(2)试件加工与试样制备

取样期间现场施工井筒,不方便钻取岩芯,采用在现场取岩石石块后,在实验室内加工成标准试样。首先将煤、岩块夹持在钻石机的加工平台上,用金刚石钻头垂直于煤、岩块的层理面钻取直径为 50 mm 的煤、岩试样。然后用锯石机将煤、岩试样锯成高 100 mm、

50 mm和25 mm的圆柱体。钻和锯煤、岩试件时用水冷却。最后在磨平机上将煤、岩试件两端磨平,研磨时要求试件两端面不平行度不得大于0.01 mm,上、下端直径的偏差不得大于0.2 mm,并用乳化液冷却。

试件尺寸及数量,根据合同规定的测定指标,按煤、岩性质及测定方法的规定执行。试件尺寸分别为 ϕ50 mm×100 mm 和 ϕ50 mm×25 mm,共加工煤岩样试件85块。图1-3为加工完成后的部分煤岩标准试件。

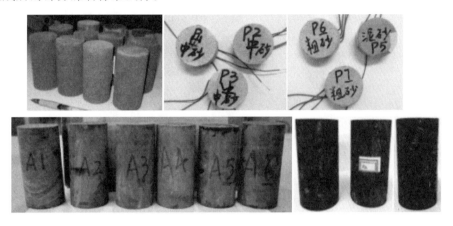

图1-3 加工后的部分煤岩标准试件

（3）试验设备与仪器

岩石抗压试验设备采用 GAW 伺服试验机,岩石劈裂试验的加载设备为 WEP-600 液压式屏显万能试验机,如图1-4所示。测试设备有采集速度为毫秒级的高速计算机数据采集处理系统、动态电阻应变仪、引伸计、声发射试验系统及配套的荷载和位移传感器。

图1-4 煤岩力学试验系统

（4）试验方案与依据

依据中华人民共和国国家标准《煤和岩石物理力学性质测定方法》(GB/T 23561)和《冲

击地压测定、监测与防治方法》(GB/T 25217)开展,具体包括:

①《煤和岩石物理力学性质测定方法 第1部分:采样一般规定》(GB/T 23561.1)。

②《煤和岩石物理力学性质测定方法 第3部分:煤和岩石块体密度测定方法》(GB/T 23561.3)。

③《煤和岩石物理力学性质测定方法 第7部分:单轴抗压强度测定及软化系数计算方法》(GB/T 23561.7)。

④《煤和岩石物理力学性质测定方法 第8部分:煤和岩石变形参数测定方法》(GB/T 23561.8)。

⑤《煤和岩石物理力学性质测定方法 第10部分:煤和岩石抗拉强度测定方法》(GB/T 23561.10)。

⑥《煤和岩石物理力学性质测定方法 第11部分:煤和岩石抗剪强度测定方法》(GB/T 23561.11)。

⑦《冲击地压测定、监测与防治方法 第1部分:顶板岩层冲击倾向性分类及指数的测定方法》(GB/T 25217.1)。

⑧《冲击地压测定、监测与防治方法 第2部分:煤的冲击倾向性分类及指数的测定方法》(GB/T 25217.2)。

此次红庆河煤矿3-1煤及其顶、底板岩层的物理力学性质及冲击倾向性试验如下:

① 煤的物理、力学性质。分别测试3-1煤试样单轴抗压强度、抗拉强度、弹性模量和泊松比。

② 岩层的物理、力学性质。分别测试覆岩岩层的单轴抗压强度、抗拉强度、弹性模量和泊松比。

③ 煤、岩冲击倾向性。分别测试3-1煤和覆岩岩石试样的动态破坏时间和冲击能量指数,并结合单轴抗压强度判定煤的冲击倾向性。

当 D_T、K_E 的测定值发生矛盾时,应增加试件数量,其分类可采用模糊综合评判的方法或概率统计的方法。表1-10是判定煤的冲击倾向性类别的依据。表1-11是判定岩层冲击倾向性类别的依据。

表 1-10   煤的冲击倾向性类别、名称及指数

类别		Ⅰ类	Ⅱ类	Ⅲ类
名称		无冲击倾向	弱冲击倾向	强冲击倾向
指数	动态破坏时间/ms	$D_T > 500$	$50 < D_T \leqslant 500$	$D_T \leqslant 50$
	冲击能量指数	$K_E < 1.5$	$1.5 \leqslant K_E < 5$	$K_E \geqslant 5$

表 1-11   顶板岩层冲击倾向性类别、名称及指数

类别	Ⅰ类	Ⅱ类	Ⅲ类
名称	无冲击倾向	弱冲击倾向	强冲击倾向
弯曲能量/kJ	$U_{WQ} \leqslant 15$	$15 < U_{WQ} \leqslant 120$	$U_{WQ} > 120$
动态破坏时间/ms	$D_T > 500$	$50 < D_T \leqslant 500$	$D_T \leqslant 50$

(5)煤-岩物理力学性质

红庆河煤矿 3-1 煤试样的力学性质测试结果如表 1-12 所示。图 1-5 是红庆河煤矿 3-1 煤试样的应力-应变曲线图。红庆河煤矿 3-1 煤覆岩试样的力学性质测试结果见表 1-13。

表 1-12　红庆河煤矿 3-1 煤试样的力学性质测试结果

煤样编号		单向抗压强度/MPa	单向抗拉强度/MPa	弹性模量/GPa	泊松比
3-1 煤	1	9.12	1.56	1.48	0.35
	2	10.54	2.25	1.64	0.33
	3	8.59	1.67	2.39	0.37
	平均值	9.42	1.83	1.84	0.35

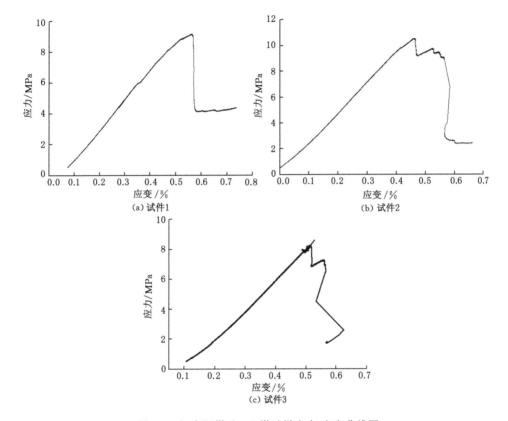

图 1-5　红庆河煤矿 3-1 煤试样应力-应变曲线图

表 1-13　红庆河煤矿 3-1 煤覆岩试样力学性质测试结果

岩类		单向抗压强度/MPa	单向抗拉强度/MPa	弹性模量/GPa	泊松比
粗砂岩	1	27.25	3.10	10.0	0.13
	2	22.35	1.88	13.0	0.20
	3	25.10	1.56	10.3	0.17
	平均值	24.90	2.18	11.1	0.17

表 1-13（续）

岩类		单向抗压强度/MPa	单向抗拉强度/MPa	弹性模量/GPa	泊松比
中砂岩	1	38.20	1.30	11.2	0.14
	2	33.36	1.70	10.2	0.18
	3	32.30	1.50	10.5	0.19
	平均值	34.62	1.50	10.6	0.17
泥岩	1	35.13	3.10	8.3	0.20
	2	20.48	1.80	6.8	0.12
	3	37.89	2.00	9.1	0.15
	平均值	31.17	2.30	8.1	0.16
粉砂岩	1	33.69	1.80	13.0	0.18
	2	39.99	3.00	10.0	0.20
	3	43.56	2.40	13.0	0.11
	平均值	39.08	2.40	12.0	0.16
粗砂岩（白垩系）	1	13.53	0.74	7.20	0.12
	2	11.58	0.93	6.91	0.11
	3	13.40	0.71	6.85	0.13
	平均值	12.84	0.79	6.99	0.12

（6）煤-岩冲击倾向性分析

红庆河煤矿 3-1 煤试样动态破坏时间、冲击能量指数测定结果如表 1-14 所示。图 1-6、图 1-7 是部分岩石试样的应力-应变曲线图。

表 1-14　红庆河煤矿 3-1 煤试样冲击倾向性指数测定结果

煤样编号		动态破坏时间 D_T/ms	冲击能量指数 K_E
3-1 煤	1	680	0.33
	2	1 010	0.50
	3	1 112	0.25
	平均值	934	0.36
	冲击倾向性判定	无	无
综合判定		无	

3-1 煤试样的动态破坏时间平均值为 934 ms，大于 500 ms；3-1 煤试样的冲击能量指数平均值为 0.36，小于 1.5；另外，对 3-1 煤顶板中的粗砂岩、泥岩、中砂岩、粉砂岩进行了岩石动态破坏时间测试，结果表明上述岩石动态破坏时间均大于 500 ms。按照国家标准 GB/T 25217，可以判断 3-1 煤与顶板岩样均无冲击倾向性。

表 1-15 为红庆河煤矿 3-1 煤顶板岩层弯曲能量计算结果，根据标准可用抗拉强度代替抗弯强度。根据红庆河煤矿钻孔柱状图，3-1 煤顶板岩层基本顶大多为泥岩和中砂岩，通过计算泥岩和中砂岩弯曲能量指数为 2.748 kJ 和 13.8 kJ，小于 15 kJ，按国家标准

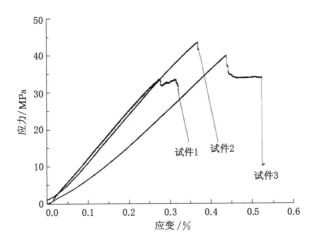

图 1-6 粉砂岩试样应力-应变曲线图

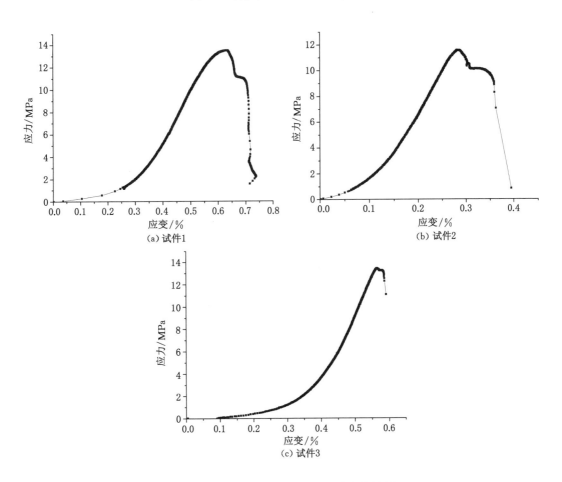

图 1-7 白垩系粗砂岩试样应力-应变曲线图

GB/T 25217.1的规定,该煤层顶板岩层应属Ⅰ类,为无冲击倾向性的顶板岩层。

表 1-15　红庆河煤矿 3-1 煤顶板岩层弯曲能量

岩类	荷载/MPa	弹性模量/GPa	抗拉强度/MPa	弯曲能量指数/kJ
基本顶泥岩	0.813	8.04	2.3	2.748
基本顶中砂岩	1.12	10.6	1.5	13.8

综上所述,根据现场采集的井底车场 3-1 煤煤样的试验数据,依据国家标准 GB/T 25217.2,判断红庆河煤矿 3-1 煤属于Ⅰ类,为无冲击倾向性的煤层。根据现场采集的 3-1 煤覆岩岩样的试验数据,依据国家标准 GB/T 25217.1,判断红庆河煤矿 3-1 煤的顶板岩层属于Ⅰ类,为无冲击倾向性的顶板岩层(本次试验结果仅是针对红庆河煤矿现阶段建井期间采集的煤、岩试样,在现阶段井巷掘进条件下做出的有关煤层及其顶板本身是否具有冲击倾向性的分析)。

在工作面开采过程中,煤、岩层是否发生冲击还同其开采条件、开采模式,及其围岩应力集中情况、区域构造等因素有关,具体问题的分析存在以下几方面需要思考:

(1) 目前,国家标准 GB/T 25217.1 和 GB/T 25217.2,主要是针对我国中东部石炭-二叠系地层中坚硬的、厚度较大的岩层以及煤层制定的煤岩冲击倾向性鉴定标准,而我国西部及西北矿区目前正在建设和开采的大多数矿井开采的是侏罗系煤层,该类地层大多表现为强度低、胶结性差、易风化、遇水弱化等特性,那么采用该标准鉴定是否合理有待商榷。

(2) 国家标准 GB/T 25217.1 中采用的公式,是认为工作面覆岩中的关键岩层能够形成砌体梁结构的前提下,将岩层视为梁结构提出的计算方法,而西部覆岩岩层强度普遍偏低,有文献已经报道工作面覆岩中形不成梁式结构,那么再采用该公式计算强度偏低的岩层冲击倾向性误差较大。

(3) 我们采集的西部弱胶结地层矿井(红庆河煤矿、上海庙煤矿)的岩样在实验室加工过程中就发现能够加工成标准的试件难度很大,进一步说明了该类岩石强度低的特性。

(4) 国家标准中对于煤岩冲击倾向性鉴定的指标参数,在西部弱胶结煤岩层冲击倾向性的鉴定时,需要对指标值的范围进行调整,才能更有针对性地反映该类煤岩的冲击倾向性,但这需要大量的试验和现场实测,故建议红庆河煤矿增加现场矿压数据的积累,将实验室试验结果与现场矿压监测结果相结合,分析煤岩动力发生机理。

(5) 我国煤矿发生的冲击地压机理包括岩性组合引起的冲击、采动诱发区域构造应力场导致的冲击等,冲击地压发生的机理比较复杂,矿区之间的差别较大,因此,红庆河煤矿工作面开采过程中是否具有冲击危险,需要在开采阶段开展进一步的研究工作。

1.4.2　井筒水文地质

根据抽水试验、流量测井成果及其他相关资料,井筒检查钻孔所穿过地层共划分为 4 个相对含水层组和 2 个相对隔水层组。井筒检查钻孔穿过地层中主要含、隔水层(组)划分情况,如表 1-16 所示。

表 1-16　主要含、隔水层(组)划分及含水层抽水情况表　　　　　　单位:m

含隔水层			主井检查钻孔		副井检查钻孔		风井检查钻孔	
			底板深度	厚度	底板深度	厚度	底板深度	厚度
第四系	含水层		14.80	14.80	10.35	10.35	9.80	9.80
白垩系	白垩系(Ⅰ含)		518.74	503.94	521.39	511.04	505.51	445.17
	白垩系分段	上段含水层	—	—	57.09	50.61	—	—
		第1隔水层	—	—	61.69	4.60	—	—
		中段含水层	—	—	238.03	161.60	—	—
		第2隔水层	—	—	244.66	6.63	—	—
		下段含水层	—	—	521.39	254.00	—	—
侏罗系	安定组～直罗组隔水层		574.20	55.46	—	—	563.39	39.10
	Ⅱ含		687.22	113.02	—	—	693.63	120.48
	3煤底部隔水层		698.95	11.73	—	—	—	—
	Ⅲ含		801.85	46.40	—	—	—	—

(1)第四系(Q)松散层潜水含水层。白垩系第Ⅰ含水岩组[白垩系下统志丹群(K_1zh)碎屑岩类孔隙、裂隙承压水含水层]岩性以细粒砂岩、粗粒砂岩、含砾粗砂岩为主。地层中存在2层隔水层,第一层深度在61.69～65.73 m之间,厚度为2.50～8.54 m,岩性为紫红色泥岩、砂质泥岩;第二层深度在244.47～252.46 m之间,厚度为2.10～6.70 m,岩性为紫红色泥岩、砂质泥岩。全区发育,隔水性能良好;2层隔水层将白垩系第Ⅰ含水岩组分成上、中、下3个含水岩段。

(2)侏罗系中统安定组～直罗组隔水层。第Ⅱ含水岩组[侏罗系中统直罗组(J_2z)底至3煤层底承压水含水层];志丹群个别粗粒砂岩在室内浸泡3～5 h以后变为散沙状(即遇水沙化)。

(3)3号煤底部隔水层;第Ⅲ含水岩组(3煤底泥岩底界至6煤组含水层)。

根据抽水试验以及流量测井成果资料,各井筒预计涌水量如表1-17所示。各井筒检查钻孔所预计的井筒涌水量有较大差异,说明地层富水性不均一;3个主要含水岩组中,第Ⅰ含水岩组预计井筒涌水量远大于第Ⅱ、Ⅲ含水岩组;在第Ⅰ含水岩组中,水量主要集中在上、中、下3段中的上、中2段。

表 1-17　预计井筒涌水量表　　　　　　单位:m³/d

序号	含水层名称		抽水试验涌水量			流量测井涌水量		
			主井	副井	风井	主井	副井	风井
1	第Ⅰ含水岩组(全段)		227	189	281	520	539	618
2	第Ⅰ含水岩组(分段)	上段	—	735	—	—	640	—
		中段	—	199	—	—	573	—
		下段	—	111	—	—	245	—
		小计	—	1 045	—	—	1 458	—
3	第Ⅱ含水岩组		101	125	139	97	128	131

表 1-17（续）

序号	含水层名称	抽水试验涌水量			流量测井涌水量		
		主井	副井	风井	主井	副井	风井
4	第Ⅲ含水岩组	58	—	—	84	—	—
合计	（第Ⅰ含水岩组不分段）	386	314	420	701	667	749
	（第Ⅰ含水岩组分段）	—	1 170	—	—	1 586	—

备注:推荐流量测井结果为井筒开凿时的预计涌水量。

1.4.3 井筒赋存地质地温

本次井筒勘探钻孔均进行了简易测温工作,主井检查钻孔井温成果表如表 1-18 所示,副井检查钻孔井温成果表如表 1-19 所示,风井检查钻孔井温成果表如表 1-20 所示。测温结果表明:主井检查钻孔孔深 800 m 最高温度为 26.73 ℃,达不到 31 ℃,属地温正常区,本区无地热危害。

表 1-18　主井检查钻孔井温成果表

孔深/m	温度/℃	孔深/m	温度/℃	孔深/m	温度/℃
1.9	14.72	300	17.75	600	22.18
50	14.28	350	18.52	650	22.94
100	14.14	400	19.25	700	24.51
150	14.41	450	19.81	750	25.61
200	15.09	500	20.41	800	26.73
250	16.05	550	21.60		

表 1-19　副井检查钻孔井温成果表

孔深/m	温度/℃	孔深/m	温度/℃	孔深/m	温度/℃
2.1	15.29	300	18.49	600	23.55
50	15.14	350	18.97	650	24.83
100	15.33	400	19.48	700	25.52
150	15.79	450	20.27	741	26.73
200	16.33	500	21.51		
250	17.75	550	22.65		

表 1-20　风井检查钻孔井温成果表

孔深/m	温度/℃	孔深/m	温度/℃	孔深/m	温度/℃
1.90	14.82	250	15.98	500	20.31
50	14.18	300	17.75	550	21.50
100	14.04	350	18.46	600	22.08
150	14.36	400	19.15	650	22.97
200	15.05	450	19.75	700	24.40

1.5   井筒开拓与施工方法分析

1.5.1   井筒位置及工业场地选择

1.5.1.1   影响井口和工业场地位置选择的主要因素

（1）开拓因素

井田范围基本为一规则多边形，东西宽 8.7 km，南北长 13～19 km，面积140.759 km²，井田面积大，生产能力大（1 500 万 t/a），煤层埋藏较深（560～1 000 m），井筒位置的选择应充分考虑井下生产期间的通风、运输、排水、供电等运营费。从节省生产期间运营费考虑井口位置宜选择在井田的储量中心。

（2）地形因素及煤层埋深因素

井田内地形总体北高南低，最高点位于中北部，海拔标高为＋1 516.8 m，最低点位于东南部喇嘛庙东渠内，海拔标高为＋1 298.9 m，最大地形高差 217.9 m，属高原侵蚀性低中山地貌特征，沙漠～半沙漠地区。井田内地形由南向北沿煤层走向可分为 3 个区域：① 第一区域，南边界起向北约5.5 km长范围内，标高一般在＋1 300～＋1 360 m 之间，地形相对平坦，具备布置大型矿井工业场地的条件；② 第二区域，在第一区域北约 6.5 km 长范围内，标高一般在＋1 370～＋1 500 m 之间，冲沟特别发育，地形复杂，不具备布置工业场地条件；③ 第三区域，第二区域以北部分，标高一般多在＋1 400～＋1 510 m 之间，地形相对平坦，具备布置大型矿井工业场地的条件。

井田内为一向西倾斜的单斜构造，倾角一般在 1°左右，无岩浆岩侵入，构造简单。主采 3-1 煤层底板标高＋600～＋740 m，结合地形条件，主采 3-1 煤层埋深为 560～840 m 之间，最浅埋深在东南部，最深埋深在西北部，煤层从南至北埋深基本上逐渐加大。根据煤层埋深等值线图，3-1 煤约有 35％的煤层在 800 m 以深，4-1 煤有 56％的煤层在 800 m 以深。一般来说，煤层埋深超过 800 m，就属于深井的范畴，深井的开采主要有两个难题：一是地温，二是地压。本区地温梯度小，平均地温梯度 2 ℃/100 m，在埋深 800 m 实测地温最高为30.6 ℃，预计地温对本矿井的影响较小；地压危害增加巷道支护费用、降低巷道施工速度，直接影响矿井建设工期。因此，从先易后难角度考虑，设计认为井口位置适宜选择在浅（南）部。

（3）煤炭流向及铁路运输因素

从矿方提供的多份与用户签订的中长期煤炭供货协议分析，矿井产品直接用户是上海、江苏等华东地区电力发电企业，交货地点均为秦皇岛港、天津港及京唐港。

井田东部的包西铁路从距本井田东边界约 7 km 处南北方向贯穿新街矿区，在井田附近设有新街站；距井田南部边界约 1 km 处通过新（街）恩（格阿娄）线（接轨于包西线新街站），在附近专为本矿井铁路专用线接轨设有新街西站。矿井铁路专用线接轨新街西站已经得到鄂尔多斯南部铁路有限责任公司的同意。

（4）基本农田因素

根据内蒙古自治区伊金霍洛旗国土局土地管理要求，矿井工业场地尽可能不征用基本农田保护区和林地，最好选用无植被沙丘地。因此井口位置的选择尽量避开基本农田和林地。

（5）煤层因素

井田范围内可采和局部可采煤层 10 层，其中稳定及较稳定主要可采煤层 5 层，次要可采煤层2层,局部可采煤层3层。矿井初期开采3-1厚煤层,厚度0.80~8.45 m,平均6.14 m,资源量占总资源量的32.1%,在3-1煤层中布置2个大采高综采工作面,即可保证矿井产量。因此,井口和工业场地的选择要有利于3-1煤层的开采,达到少投入、多产出、见效快、效益好的目的。

(6)勘探区域因素

井田内精查区面积为140.759 km²,高级别储量主要集中在井田中部第10勘探线至第24勘探线之间;井田北部扩大区40.681 km²达到普查勘探程度,尚未取得矿权,因此井口位置及首采区的选择尽量位于高级别储量范围内。

1.5.1.2 井口位置方案与比较

(1)井口位置方案

经多次现场踏探,全井田范围搜索分析,在矿井可行性研究报告相关内容分析及其评审意见的基础上,本次重点提出了3个井口位置及工业场地方案进行分析,详见井位方案图,如图1-8所示。3种井口位置方案简述如下:

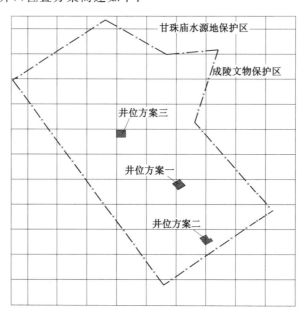

图 1-8 井位方案图

① 方案一:中部偏南场地

井口及工业场地设在17-16钻孔和18-17钻孔处、丁当庙西河以西、开阔的沙漠化荒地内,地面标高+1 360 m左右,该处3-1煤层埋深680 m;采用立井开拓方式,分3个水平开拓,一水平标高+677 m,二水平标高+620 m,三水平标高+540 m;后期在北部4-5钻孔西1 500 m处,增加一对进、回风井。铁路专用线接轨新街西站;进场公路接至乌阿柏油公路。

② 方案二:南部场地

井口及工业场地设在靠近井田南边界28-3孔以西,地面标高+1 315 m,该处3-1煤层埋深595 m,立井开拓方式,分3个水平开拓,一水平标高+690 m,二水平标高+640 m,三水平标高+590 m。中期在14-1孔附近增加一对进、回风井;后期在4-5钻孔西1 600 m处再增加一对进、回风井。铁路专用线接轨新街西站,进场公路接至札萨克镇现有公路。

③ 方案三:中部场地

井口及工业场地设在 6-1 孔、乌阿公路南 500 m 处,地面标高＋1 508 m,该处 3-1 煤层埋深约 858 m,采用立井开拓方式,分 3 个水平开拓,一水平标高＋640 m,二水平标高＋590 m,三水平标高＋540 m。后期在 18-16 孔附近增加一对进、回风井。铁路专用线接轨包西线新街站,进场公路接乌阿柏油公路。

(2)井口位置方案对比分析

井口及工业场地位置方案技术经济比较,如表 1-21 所示。

表 1-21 井口及工业场地位置方案比较表

序号	比较项目		方案一	方案二	方案三	备注
1	井口位置		中部偏南	南部	中部	
2	标高/m	地面	地面开阔	地面开阔	地面开阔	
		井口	＋1 360	＋1 315	＋1 508	
		井底水平	＋677	＋690	＋640	
3	第四系＋白垩系厚度/m		15.3＋534	12.8＋310	3.6＋696	
4	工业场地压煤量/万 t		5 471	7 511	6 230	
5	移交采区	采区个数	2	2	2	
		工作面个数	2	2	2	
6	移交井巷工程量/m	井筒	2 211	2 007	2 736	
		巷道	60 755	62 092	61 805	
7	建井工期/月		46	47	48	
8	场外道路/km		6	7.8	0.5	
9	铁路专用线/km		6.1	2.8	24.8	
10	供电线路/km		43.5＋45	43＋52	48＋37	
11	后期风井/个		2	4	2	
12	工业场地土方量/万 m³		68/58(填/挖)	55/43(填/挖)	57/60(填/挖)	
13	可比投资/万元	井巷	133 092	135 788	144 957	
		场外道路	2 912	2 740	200	
		铁路	24 459	11 923	94 885	
		供电	4 689	5 035	4 505	
		土方	1 392	1 082	1 293	
		合计	166 544	156 568	245 840	
14	可比运营费用/万元	铁路	0	−990	1 710	
		通风、运输、排水	0	4 125	−395	
		合计	0	3 135	1 315	方案一优

① 首先否定方案三。虽然方案三具有井口基本位于井田储量中心,开拓布置合理,井下运营费用省,工业场地平坦开阔等主要优点,但由于受地形高差影响,铁路专线不具备接

轨新街西站条件,只能接轨包西线新街站,不符合铁路管理部门要求,并且初期就面临深井开采问题,因此予以排除。

② 方案二的优点:

a. 工业场地位于井田南部边界附近,场地平坦开阔,地面标高+1 314～+1 319 m。

b. 井下首采煤层埋藏较浅,副井井底车场附近 3-1 煤层埋深 595 m,场地压煤为 3 煤分岔区,煤层薄(1.5～3.0 m),压煤量少。

c. 矿井铁路专用线接轨新街西站,长 2.8 km,比方案一短 3.3 km。进场公路接红庆河镇至札萨克镇既有土路,将其适当修整即可利用其作为施工准备公路,准备费用低。

d. 可比投资比方案一省 9 976 万元。

③ 方案二与方案一相比存在以下缺点:

a. 井口位于井田南部边界,整个井田呈单翼开拓,单翼开拓较为不合理,因为井下单翼回采,沿大巷两侧布置 3-1 煤层综采长壁工作面,大巷带式输送机运输能力至少 6 000 t/h,大巷带式输送机运营费将每年比方案一多 296 万元;初期井下通风压力大,矿井通风量为 252 m³/s,1 条回风大巷不能满足回风要求,必须布置 2 条回风大巷回风,即共布置 4 条大巷,辅助运输大巷、带式输送机大巷进风风速均在 6 m/s 左右;矿井移交时矿井负压已经达到 1 694 Pa,工作面沿大巷向北再推进到 1 700 m 时(即投产 7 a 后),通风负压就达到 2 940 Pa,并且负压长时间在高位运行不利于煤层自然发火防治。

b. 从整个 3-1 煤层厚度考虑,90%的煤厚大于 4 m,井下布置 2 个大采高综采工作面,采高大于 4 m 的设备配备是合理的,沿大巷两侧条带式布置,西侧工作面紧挨井底车场布置,大巷东侧工作面由于 3-1 煤层分岔原因,其工作面远离车场 2.24 km 布置,导致井下大巷移交工程量大,比方案一多移交巷道长 1 337 m,多投资 3 656 万元。

c. 井位偏离井田储量中心,生产期间井下的运营费用高。与方案一相比,方案二偏离井田储量中心 5.0 km;根据生产矿井测算,由于偏离井田中心,吨千米运营费增加 0.44 元[主运输 0.22 元/(t·km),辅助运输 0.1 元/(t·km),通风、排水、供电 0.12 元/(t·km)],运营费用比方案一逐年增加,大约至 10 a 后平均每年增加运营费 4 125 万元。

d. 整个井田需要增加 2 对进、回风井,中部风井比方案一早启用 9.5 a,即矿井投产 7 a 后必须启用中部风井。

方案二虽然井口位置处煤层埋深浅,井筒浅 65 m,铁路专用线短,但是由于其单翼开拓导致井下运营费用高,增加后期风井数量多,后期风井启用早等缺点,因此不予推荐。

④ 根据以上比选,方案一的主要优点有:

a. 工业场地位于丁当庙西河西侧,喇嘛庙东渠以东,基本位于井田东西向中部,南北煤层走向中南部,地面标高+1 352～+1 370 m,场地开阔。

b. 工业场地附近 3-1 煤层埋深 680 m,首采 3-1 煤,矿井初期开采煤层相对较浅。

c. 移交首采区位于高级别储量区域,资源储量可靠,地质构造简单,煤层厚度稳定。

d. 井下两翼开采,合理配采,首采工作面均靠近井底车场两翼布置,36.3 a 内两翼开采均衡,缓解运输、通风、排水压力。

综上,比较设计推荐方案一,即井口及工业场地位于丁当庙西河以西,17-16 钻孔和 18-17 钻孔处。

1.5.2 穿过不稳定冲积地层常用的特殊凿井法及比较

我国立井穿过不稳定冲积地层一般采用特殊凿井法施工,主要方法为冻结法、钻井法、帷幕法、沉井法等。

帷幕法一般适用于冲积层厚度不大于 60.0 m 的不稳定地层;沉井法施工适用于冲积层厚度小于 200.0 m 的不稳定地层,我国目前的最大沉井记录为 180.0 m(触变泥浆淹井沉井施工,山东单家村煤矿,1978—1979 年)。采用沉井法施工的立井井筒偏斜率较大(不大于 5%),对井筒成井质量有较大影响。

冻结法和钻井法是目前我国煤矿立井井筒采用较多、更为成熟有效的两种特殊凿井施工方法。

冻结法是采用人工制冷技术,暂时将井筒周围的含水岩土层冻结成一个封闭的冻结壁,以抵抗水土压力,隔绝地下水和井筒的联系,然后在冻结壁的保护下进行井筒掘砌工作的一种特殊凿井方法。冻结法适用于各种不稳定的冲积地层、含水岩层和溶洞、断层等复杂地层。

钻井法是用大型钻机钻头破碎岩土,用泥浆进行洗井、排碴和护壁,当井筒钻至设计直径和深度后,在泥浆中悬浮下沉预制井壁,然后壁后充填固井的一种机械化凿井方法。钻井法适用于各种含水的冲积地层及中等硬度以下的岩层。

对井筒冻结法、钻井法施工的优、缺点进行比较,如表 1-22 所示。

表 1-22　冻结法及钻井法施工的优、缺点比较表

方法	冻结法	钻井法
优点	适应性强;施工速度快,井筒施工工期相对较短;成井垂直度好,断面利用率高,有利于井筒装备的安装和使用;井筒施工期对环境无污染,噪声小	利于维持井筒周边地层的原始结构状态,有较好的平衡力学性能;施工机械化程度高、投资省、井壁质量好,井筒无淋水和渗水
缺点	井筒施工时存在冻结管断裂破坏隐患;受井筒施工方法限制,井内工作条件、混凝土养护条件差	施工工期较长,有提升设备的井筒需考虑井筒偏斜的影响;废泥浆处理需暂时占用一定场地

红庆河煤矿井筒穿过的冲积地层厚度仅 3.0 m,且《内蒙古自治区东胜煤田红庆河区乃马岱井田煤炭资源勘探报告》等资料表明:因大气降水的补给量较小、补给条件较差,所以,该地层富水性弱或极弱。因此,各井筒在冲积地层段可采用普通法施工,但应与下部地层的施工方法相适应。

1.5.3 井筒充水因素分析

区内各含水层由不同粒度的砂岩、砾岩组成,均不同程度地发育有孔隙、裂隙;区内无地表水体,地形、地貌及气象条件均不利于大气降水的入渗,降水多以洪水的形式排泄出勘探区外,只有少量渗入补给下部第Ⅰ含水岩组。第Ⅱ、Ⅲ含水岩组的补给源以侧向径流补给为主,含水层组富水性均较弱、补给条件较差,主要隔水层在区内较稳定,隔水性能良好,因此极大地限制了地下水对井筒的充水量。

区内及周边无生产矿井,根据勘探区东部(20 km 以外的上湾煤矿、大柳塔煤矿)已采煤矿调查资料,各煤矿的正常涌水量多在 100 m³/d 以下,且随季节变化,在雨季,大雨过后水量增加,旱季减少,排水量峰值出现时间一般比降雨期滞后,且持续一定时间,说明大气降水是井筒充水水源的主要补给源。上述各含水层由于受井筒穿越,致使各含水层间以井筒为通道相勾通,造成井筒涌水量增加,使充水因素变为复杂。

到目前为止,本井田通过勘探阶段与本次井检勘探证实,未发现断层。未来开采最上一层煤时,导水通道主要为煤层顶板垮落产生的裂隙带。

1.5.4 井筒涌水量计算分析

井筒涌水量预算仅以井筒检查钻孔揭露的含水岩组为预算范围。本次主井检查钻孔、副井检查钻孔、风井检查钻孔共抽水试验9段次,其中主井检查钻孔抽第Ⅰ、Ⅱ、Ⅲ含水岩组各一次;副井检查钻孔1抽第Ⅰ含水岩组(上段、中段)各一次,副井检查钻孔2抽第Ⅰ含水岩组(下段及第Ⅰ含水岩组)各一次;风井检查钻孔抽第Ⅰ、Ⅱ含水岩组各一次。

1.5.4.1 主井井筒涌水量预算

(1) 计算公式

承压水涌水量按下式计算:

$$Q_i = 2.73 K_i M_i (H_i - h_i)/(\lg R_i - \lg r) \tag{1-2}$$

式中 Q_i——第 i 含水层井筒涌水量,m^3/d;

     K_1——第Ⅰ含水岩组渗透系数,取 0.027 4 m/d(钻孔抽水渗透系数值);

     K_2——第Ⅱ含水岩组渗透系数,取 0.029 1 m/d(钻孔抽水渗透系数值);

     K_3——第Ⅲ含水岩组渗透系数,取 0.021 8 m/d(第Ⅲ含水岩组钻孔抽水渗透系数值);

     M_1——第Ⅰ含水岩组含水层厚度,取 452.11 m;

     M_2——第Ⅱ含水岩组含水层厚度,取 109.33 m;

     M_3——第Ⅲ含水岩组含水层厚度,取 46.40 m;

     H_1——第Ⅰ含水岩组水头高度,取 521.45 m(水位降至含水层底板);

     H_2——第Ⅱ含水岩组水头高度,取 700.23 m(水位降至含水层底板);

     H_3——第Ⅲ含水岩组水头高度,取 763.05 m(水位降至含水层底板);

     h_1——第Ⅰ含水岩组井筒内水深,取 508.25 m;

     h_2——第Ⅱ含水岩组井筒内水深,取 673.06 m;

     h_3——第Ⅲ含水岩组井筒内水深,取 714.15 m;

     R_1——第Ⅰ含水岩组影响半径,取 505 m;

     R_2——第Ⅱ含水岩组影响半径,取 1 195 m;

     R_3——第Ⅲ含水岩组影响半径,取 1 127 m;

     r——主井井筒半径,取 5.5 m。

(2) 井筒涌水量预算依据及结果

将上述各参数代入公式(1-2)计算得:

第Ⅰ含水岩组涌水量 Q_1 为 227 m^3/d;

第Ⅱ含水岩组涌水量 Q_2 为 101 m^3/d;

第Ⅲ含水岩组涌水量 Q_3 为 58 m^3/d。

井筒总涌水量:

$$Q_总 = Q_1 + Q_2 + Q_3 = 227 + 101 + 58 = 386 \ (m^3/d) = 16.08 \ (m^3/h)$$

1.5.4.2 副井井筒涌水量预算

因该孔第Ⅱ含水岩组未进行抽水试验,故引用主井检查钻孔、风井检查钻孔抽水试验参数。

第Ⅰ含水岩组分别预算上、中、下含水岩段。

（1）计算公式

潜水涌水量按下式计算：

$$Q_i = 1.366K_iM_i(H_i - h_i)/(\lg R_i - \lg r) \qquad (1\text{-}3)$$

式中　Q_i——第 i 含水层井筒涌水量，m^3/d；

$K_{1\pm}$——第Ⅰ含水岩组上含水岩段渗透系数，取 0.837 m/d；

$K_{1\pm}$——第Ⅰ含水岩组中含水岩段渗透系数，取 0.069 7 m/d；

$K_{1\top}$——第Ⅰ含水岩组下含水岩段渗透系数，取 0.023 0 m/d；

K_2——第Ⅱ含水岩组渗透系数，取 0.029 9 m/d；

$M_{1\pm}$——第Ⅰ含水岩组上含水岩段含水层厚度，取 50.61 m；

$M_{1\pm}$——第Ⅰ含水岩组中含水岩段含水层厚度，取 161.60 m；

$M_{1\top}$——第Ⅰ含水岩组下含水岩段含水层厚度，取 254.00 m；

M_2——第Ⅱ含水岩组含水层厚度，取 114.91 m；

$H_{1\pm}$——第Ⅰ含水岩组上含水岩段水头高度，取 50.61 m（水位降至含水层底板）；

$H_{1\pm}$——第Ⅰ含水岩组中含水岩段水头高度，取 210.53 m（水位降至含水层底板）；

$H_{1\top}$——第Ⅰ含水岩组下含水岩段水头高度，取 509.35 m（水位降至含水层底板）；

H_2——第Ⅱ含水岩组水头高度，取 690.30 m（水位降至含水层底板）；

$h_{1\pm}$——第Ⅰ含水岩组上含水岩段井筒中残留水柱高度，取 35.65 m；

$h_{1\pm}$——第Ⅰ含水岩组中含水岩段井筒内水深，取 198.02 m（水位降至含水层底板）；

$h_{1\top}$——第Ⅰ含水岩组下含水岩段井筒内水深，取 494.9 6m（水位降至含水层底板）；

h_2——第Ⅱ含水岩组井筒内水深，取 660.05 m（水位降至含水层底板）；

$R_{1\pm}$——第Ⅰ含水岩组上含水岩段影响半径，取 659 m；

$R_{1\pm}$——第Ⅰ含水岩组中含水岩段影响半径，取 556 m；

$R_{1\top}$——第Ⅰ含水岩组下含水岩段影响半径，取 772 m；

R_2——第Ⅱ含水岩组影响半径，取 1 194 m；

r——副井井筒半径，取 6.5 m。

承压水涌水量按式（1-2）计算。

（2）井筒涌水量预算依据及结果

将上述各参数代入式（1-2）、式（1-3）得：

第Ⅰ含水岩组上含水岩段涌水量 $Q_{1\pm}$ 为 735 m^3/d；

第Ⅰ含水岩组中含水岩段涌水量 $Q_{1\pm}$ 为 199 m^3/d；

第Ⅰ含水岩组下含水岩段涌水量 $Q_{1\top}$ 为 111 m^3/d；

第Ⅱ含水岩组涌水量 Q_2 为 125 m^3/d。

井筒总涌水量为：

$Q_{\text{总}} = Q_{1\pm} + Q_{1\pm} + Q_{1\top} + Q_2 = 735 + 199 + 111 + 125 = 1\ 170\ (m^3/d) = 48.75\ (m^3/h)$

1.5.4.3　风井井筒涌水量预算

（1）计算公式

承压水涌水量计算见式（1-2），各参数意义及取值如下：

式中　Q_i——第 i 含水层井筒涌水量，m^3/d；

K_1——第Ⅰ含水岩组渗透系数,取 0.038 8 m/d;

K_2——第Ⅱ含水岩组渗透系数,取 0.030 7 m/d;

M_1——第Ⅰ含水岩组含水层厚度,取 445.17 m;

M_2——第Ⅱ含水岩组含水层厚度,取 120.48 m;

H_1——第Ⅰ含水岩组水头高度,取 499.25 m(水位降至含水层底板);

H_2——第Ⅱ含水岩组水头高度,取 680.37 m(水位降至含水层底板);

h_1——第Ⅰ含水岩组井筒内水深,取 487.06 m;

h_2——第Ⅱ含水岩组井筒内水深,取 646.95 m;

R_1——第Ⅰ含水岩组影响半径,取 500 m(实测值);

R_2——第Ⅱ含水岩组影响半径,取 1 192 m;

r——风井井筒半径,取 4.5 m。

(2) 井筒涌水量预算依据及结果

将上述各参数代入公式(1-2)得:

第Ⅰ含水岩组涌水量 Q_1 为 281 m³/d;

第Ⅱ含水岩组涌水量 Q_2 为 139 m³/d。

井筒总涌水量为:

$$Q_总 = Q_1 + Q_2 = 281 + 139 = 420 \ (\text{m}^3/\text{d}) = 17.5 \ (\text{m}^3/\text{h})$$

综上,根据计算,井筒施工过程中主井、副井、风井井筒涌水量为 16.08 m³/h、48.75 m³/h 和 17.5 m³/h,井筒施工过程中涌水量比较大。

1.5.4.4 矿坑涌水量预算

红庆河区乃马岱井田先期开采地段矿坑涌水量,在勘探阶段已进行了预算,因勘探阶段抽水试验均为单孔抽水试验,未进行单孔带观测孔的抽水试验,矿坑涌水量预算时,影响半径均采用经验数据。本次井检勘探时,主井检查钻孔、风井检查钻孔在第Ⅰ含水岩组进行了单孔带观测孔相互观测的抽水试验。本次利用第Ⅰ含水岩组抽水试验资料中的影响半径,对乃马岱井田先期开采地段第Ⅰ含水岩组矿坑涌水量进行预算,预算中的其他参数引用乃马岱井田勘探报告内原有参数及本次井检参数的算术平均值;第Ⅱ含水岩组矿坑涌水量预算引用乃马岱井田勘探报告内原有参数及本次井检参数的算术平均值;第Ⅲ含水岩组及第Ⅳ含水岩组直接引用乃马岱井田勘探报告结果。根据井田水文地质条件,分析矿床充水因素,选用"大井法"计算矿坑涌水量。预测的矿坑涌水量见表1-23。

表 1-23 预测的矿坑涌水量

含水层位置	大井法/(m³/d)
第Ⅰ含水岩组(K_1zh)	268 705
第Ⅱ含水岩组(J_2a-3 煤底)	11 414
第Ⅲ含水岩组(3 煤底—5 煤底)	2 258
第Ⅳ含水岩组(5 煤底—6 煤底)	3 145
合计	285 522

1.5.4.5 涌水量预算可靠性评述

（1）井筒涌水量预算可靠性评述

本次井筒涌水量预算选用了稳定流解析法中，井筒穿过承压含水层井壁进水涌水量计算公式，分别对主井、副井、风井井筒涌水量进行了预算。主井井筒涌水量为 386 m^3/d（流量测井涌水量为 701 m^3/d），副井井筒涌水量为 1 170 m^3/d（流量测井涌水量为 1 458 m^3/d），风井井筒涌水量为 420 m^3/d（流量测井涌水量为 749 m^3/d）。结合流量测井、扩散法测井曲线划分出主要涌水层段，并计算了涌水层段的涌水量。

本次井筒涌水量预算中，所确定的井筒充水因素正确，选择的计算方法及水文地质参数合理，因此，预算的井筒涌水量可靠，推荐作为井筒设计的井筒涌水量。本次井筒涌水量预算将第Ⅰ、Ⅱ、Ⅲ含水岩组的涌水量之和作为巷道岩石裸露状态下的总涌水量（即井筒系统已形成，所预算结果是代表井筒掘进到最后阶段的涌水量），推荐为井筒开凿设计的涌水量（实际井筒掘进是一个循序渐进的过程）。本次预算是井筒的正常涌水量，由于井筒在开凿过程中，其断面会不断地受到人工与机械的扰动，涌水量会有所增加；区域地下水的补给源为大气降水，因此在雨季施工时，井筒涌水量也会相应地增加；另外，主井、风井第Ⅰ含水岩组井筒涌水量预算的参数，是利用主井检查钻孔、风井检查钻孔第Ⅰ含水岩组的抽水试验资料，因这两个钻孔在第Ⅰ含水岩组抽水试验时未进行分段，其上、下含水层存在一个层间补给的关系，参照副井检查钻孔分段及未分段抽水试验资料，本次给出的主井、风井井筒涌水量偏小，其原因一是副井检查钻孔分段抽水试验井筒涌水量大于未分段抽水试验井筒涌水量，二是副井检查钻孔未分段井筒涌水量小于主井检查钻孔、风井检查钻孔井筒涌水量，综合分析后认为主井、风井井筒涌水量应接近或大于副井井筒涌水量（指第Ⅰ含水岩组），详见表1-24。依据流量测井参数预算了井筒涌水量，详见表1-25。本次推荐流量测井预算涌水量为井筒开凿设计的涌水量。

表 1-24 第Ⅰ含水岩组井筒涌水量对比表

井筒名称	主井	风井	副井	备注
井筒涌水量 /(m³/d)	227	281	189	未分含水岩段
	—	—	735	上含水岩段
	—	—	199	中含水岩段
	—	—	111	下含水岩段

表 1-25 井筒涌水量对比表

抽水试验涌水量/(m³/d)			流量测井涌水量/(m³/d)		
主井	副井	风井	主井	副井	风井
386	1 170	420	701	1 458	749

（2）矿坑涌水量预算可靠性评述

本次采用"大井法"预测了先期开采地段的矿坑涌水量为 285 522 m^3/d，远远大于乃马岱井田勘探报告提交的矿坑涌水量（57 000 m^3/d）。其原因是矿坑涌水量预测中，第Ⅰ含水岩组影响半径采用本次井筒检查钻孔抽水试验实测值（$R=500$ m，勘探报告 $R=4\,500$ m），其他参数引用乃马岱井田勘探报告内原有参数及本次井检参数的算术平均值;第Ⅱ含水岩组矿坑涌水量预算引用乃马岱井田勘探报告内原有参数及本次井检参数的算术平均值,影响半径采用乃马岱井田勘探报告内原有参数($R=4\,500$ m)。本次预测的是先期开采地段的正常涌水量,是将整个井田作为一个矿坑系统来预测的,未来煤矿初期在局部地段开采或开采上部煤层时,矿坑涌水量会相应减小。

1.5.5 基岩地层治理方法及比较

井筒含水基岩的治理方法主要采用注浆法和地层冻结法,其比较见表1-26。冻结法封水从效果上分析是很好的,但由于基岩冻结时间长,费用高,并且在冻结基岩段井壁设计中需考虑由于冻结孔导水等问题,因此冻结基岩段井壁需采用双层井壁结构,不仅增加冻结费用,也增加井筒掘砌费用。所以,基岩段井筒一般宜采用注浆法治水。注浆法,可分为地面预注浆和工作面预注浆两种注浆方式,其适用条件见表1-27,其优缺点见表1-28。

表 1-26　基岩冻结与注浆治水优缺点比较表

治水方法	冻结法	注浆法
优 点	治水效果可靠,施工占用井筒工期相对较短	不占用井筒施工工期,可以加固围岩,提高围岩强度,费用相对较低
缺 点	费用比注浆法高,冻结段井壁结构复杂,解冻后需对壁后进行注浆处理	材料消耗和治水效果存在不确定因素多

表 1-27　地面预注浆与工作面预注浆适用条件

注浆方法	适用条件
地面预注浆	适用于层数多、层间距不大、距地表小于 700 m 的含水岩层
工作面预注浆	适用于赋存较深或含水层间距较大、中间有良好隔水层的基岩含水层

表 1-28　地面预注浆与工作面预注浆优缺点比较表

项目	地面预注浆	工作面预注浆
优缺点	施工不占用井筒施工工期;地面预注浆不受大型设备限制,作业条件好;要求钻孔技术高,且上部存在无效钻孔	注浆段高小,占用井筒施工工期;作业条件不如地面预注浆,如含水层为高压水,需有防护设施及装置

由于工作面预注浆作业空间小,一般只能采用小型打钻注浆设备,钻孔深度一般在$40\sim150$ m之间,在含水层压力较大情况下,其注浆难度较大,加大注浆压力,有可能产生井壁压裂和固管困难及注浆设备被顶出等现象;而地面预注浆场地空间大,采用大型设备,预留岩帽大,固管长度长,注浆压力大,封水效果好(封水率一般可达到90%以上)。井筒含水层通过地面预注浆后,在井筒施工过程中,结合工作面超前探水,如涌水量较大,再进行工作面注浆。这种施工方法要比单一的工作面注浆治水技术合理,安全可靠。

本矿井白垩系下统志丹群含水层组富水性不均一;其岩性以细～粗粒砂岩为主;总厚度较大,分布范围较广。若采用注浆法治理时,较适宜采用地面预注浆法。

1.5.6 矿井开拓方式与井筒施工方法分析

1.5.6.1 矿井开拓方式影响因素概述

(1) 井田煤层埋深 560~1 000 m,首采 3-1 煤埋深 560~840 m,从南向北煤层埋深逐渐加大。

(2) 白垩系志丹群地层厚度 277~716 m,平均 537 m,南薄北厚。该地层各类岩石自然状态下抗压强度平均在 7.80~18.22 MPa,为软弱岩石,其中泥岩、砂泥质胶结砾岩、泥质砂岩均遇水软化,岩石质量差。该地层为井田的主要含水层(第Ⅰ含水岩组),单位涌水量 $q=0.101~0.187$ L/(s·m),渗透系数 $K=0.027 4~0.837 0$ m/d,地下水富水性中等。这是影响矿井开拓方式的主要因素,该地层给建井施工增加很大难度,如采用斜井开拓则难度更大。

(3) 井下首采 3-1 厚煤层工作面装备进口设备为主,煤层生产能力大,需要可靠成熟的提升系统支持。

1.5.6.2 开拓方式的选择

根据《井筒检查钻孔勘探报告》,井筒涌水量大(主井 701 m³/d、副井 1 458 m³/d、风井 749 m³/d),白垩系地层岩石软、胶结差,同时侏罗系安定组、直罗组岩石以软弱为主,泥岩遇水软化。含水层岩组厚度达 607.84 m。若采用斜井开拓方式或主斜副立综合开拓方式,主斜井长 2 612 m,倾角 16°,装备带宽 1 800 mm、拉力 6 300 N/mm 两部带式输送机搭接使用,首先斜井太长采用冻结法施工要求工艺水平非常高,冻结加掘砌费用平均每米造价高达 43 万元;再者斜井工期长(建井工期为 51 个月),并且输送带中间搭接硐室高 13 m、宽 6 m、长 30 m,该硐室施工也非常困难,同时长距离斜井高强度带式输送机运输存在一定的安全隐患,设备检修相对困难。井筒普通钻爆法施工难度非常大,可靠性极差,工期长,投资高,安全性差。

可见,斜井开拓或主斜副立综合开拓方式不适合本井田开拓,而采用立井开拓,具有施工经验丰富、提升系统可靠、工期短(建井工期为 46 个月)的优点,因此矿井采用立井开拓方式。

分析、比较可知,若仅以封水为目的对基岩岩层进行治理时,较适宜采用地面预注浆法施工。但根据本矿区及相邻矿区其他矿井地质资料,本矿井井筒检查钻孔资料表明白垩系地层不仅含水较丰富,砂岩、砾岩岩体均为泥质或砂泥质胶结,胶结程度较疏松,岩层注浆效果较差,存在不确定因素;且岩体强度低,为软弱岩类;泥岩遇水后膨胀崩解,具有可塑性,失水后,易干裂破碎;井筒设计直径大,掘砌速度慢,空帮时间较长,围岩涌水量较大且岩性差时不仅容易发生片帮等事故,井壁质量也难以保证。借鉴与本井田同属东胜煤田的北部 100 km 塔然高勒矿区塔然高勒矿井,在采用立井井筒普通法掘进过程中志丹群中已经出现多处流沙层,最近一个流沙层井筒通过非常困难,现已改为冻结法施工的生产实际经验,采用斜井或斜立综合开拓方式也不可能。

与本矿井属同一矿区的察哈素煤矿(距本矿井东 23 km)副立井及回风立井井筒采用冻结法穿过白垩系地层。确定本矿井采用立井开拓方式,井筒采用特殊凿井法施工,宜采用冻结法施工白垩系及侏罗系部分地层,以确保井筒顺利施工到底。

经过分析检查钻孔资料,本矿井主井、副井、风井井筒采用冻结法施工,冻结段井壁深度分别为主井 689 m、副井 688 m、风井 680.5 m;冻结段以下井筒采用普通法施工。解决了本井田弱含水层厚、岩层松软的特殊难题,实现了井筒的顺利施工,为立井开拓在本井田的实施奠定了基础。

1.5.6.3 井筒设计

本矿井设计能力大,需要专门的煤炭提升井、辅助运输提升井及专用回风井方能满足矿井正常生产要求,一个主井内装备 2 套 50 t 提煤箕斗即可满足矿井提升能力要求。矿井采用胶轮车运输,井下掘进以煤巷为主,掘进的煤和少量半煤岩全部进主运输系统,仅有少量风桥和斜巷掘进矸石全部用于井下充填,矸石不升井,因此辅助运输量相对较少,一个立井提升胶轮车下料和提人可以满足要求。矿井初期移交的 2 个综采工作面位于井底车场两侧,采用中央并列抽出式通风,矿井移交时布置一个中央风井可以满足通风要求,中后期随着北翼开拓距离增加,需要在北翼建设一对进、回风立井。

根据矿井开拓部署和通风安全要求,红庆河矿井初期布置 3 个井筒,分别是主井、副井和风井。根据《井筒检查钻孔勘探报告》岩石力学试验资料,矿井一水平设于 3-1 煤层中,井底车场标高为 +677 m。主井井筒净直径 9.5 m,井筒深 787 m,装备 2 对 50 t 箕斗;副井井筒净直径 10.5 m,井筒深 718 m,装备 1 个非标特大罐笼和 1 个平衡锤、1 对非标小罐笼,担负全矿井人员、材料、设备升降及矸石提升,并兼作进风井;中央风井净直径 7.6 m,井筒深 710.5 m,担负全矿井回风,矿井需风量 252 m³/s。以上 3 个井筒满足了提升、通风要求。由于地层软,井筒穿过厚层富含水层,并且井筒直径大,与井筒相连接的箕斗装载硐室、马头门等大硐室开口面积大,支护难度大。井筒施工方法的选择成为实现立井开拓的关键。井筒特征如表 1-29 所示。

表 1-29 井筒特征表

井筒特征		井 筒 名 称		
		主井	副井	风井
井筒坐标	经距/m	37 386 035.000	37 386 181.252	37 386 179.637
	纬距/m	4 351 770.000	4 351 653.766	4 351 349.756
井口标高/m		+1 360.000	+1 360.000	+1 360.000
自然地坪标高/m		+1 362.610	+1 358.690	+1 356.090
井筒倾角/(°)		90	90	90
提升方位角/(°)		234	324	234
水平标高/m	第一水平	—	+677.0	+681.5
	最终水平	—	—	—
井筒深度或斜长/m	第一水平	—	683.0	678.5
	水平以下深度	0.0	35.0	32.0(临时水窝)
	井筒全深	787.0	730.0	708.0
冻结段井筒深度/m		689.0	688.0	680.5
井筒直径或宽度/m	净	9.5	10.5	7.6
	掘	11.200~13.706	12.300~14.906	9.000~11.006

表 1-29(续)

井筒特征		井筒名称		
		主井	副井	风井
井筒净断面/m²	表土段	70.882	86.590	45.365
	基岩段	70.882	86.590	45.365
井筒掘进断面/m²	表土段	117.014～147.541	145.40～174.507	73.990～95.137
	基岩段	98.520～122.718	118.823～147.411	63.617～72.382
井壁厚度/mm	表土段	1 353～2 103	1 503～2 203	1 053～1 703
	基岩段	850～1 500	900～1 600	700～1 000
进、回风		进风	进风	回风
井筒装备		冷弯方形空心型钢罐道、冷弯矩形空心型钢罐道梁	冷弯方形空心型钢罐道、冷弯矩形空心型钢罐道梁；玻璃钢梯子间	密闭型玻璃钢梯子间

（1）主井井筒

主井井筒设计净直径 9.5 m，装备 2 对 50 t 箕斗，采用"一"字形布置，担负全矿井原煤提升；井筒内装备冷弯方形空心型钢罐道、冷弯矩形空心型钢罐道梁，罐道梁层间距 5.0 m；井筒内还布置有通信、信号电缆若干趟。主井井筒兼做进风井。

（2）副井井筒

副井井筒设计净直径 10.5 m，装备 1 个非标特大罐笼和 1 个平衡锤、1 对非标小罐笼，担负全矿井人员、材料、设备升降及矸石提升，并兼作进风井；井筒装备有冷弯方形空心型钢罐道，冷弯矩形空心型钢罐道梁及钢结构支座固定罐道，罐道梁层间距 5.0 m；井筒内布置有排水管、洒水管及压风管，动力及通信、信号电缆若干趟；井筒内还设有一个玻璃钢梯子间，作为矿井的第一个安全出口。

（3）风井井筒

中央风井井筒设计净直径 7.6 m，担负全矿井回风；井筒内装备有 6.0 m 层间距密闭型玻璃钢梯子间，作为矿井的第二个安全出口；井筒内还布置防火灌浆管一趟。

1.5.6.4 井壁结构设计

根据本矿井地层条件及井筒所采用的施工方法，主井、副井、风井井筒冻结段采用双层现浇钢筋混凝土井壁。该段井壁设计混凝土强度等级为 C40～C70，配置 2（或 3）层 HRB 335（或 400）钢筋以满足井壁抵抗地层永久荷载、井塔荷载及抗震等的需要。

主井、副井基岩段井壁采用单层钢纤维＋钢筋混凝土井壁结构，混凝土强度等级为 CF50；风井采用钢筋混凝土井壁结构，混凝土强度等级为 C50。较厚煤层及局部松散、破碎带地层采用适当加大井壁强度和厚度等措施通过。主井、副井、风井井壁结构简图，如图 1-9 所示。

各井筒坐标、井口标高、井筒净直径、井筒深度、冻结深度、开挖荒径等参数详见表 1-30。为解决浅表土开挖后容易发生片帮的问题，各井筒冻结均采用主孔＋防偏孔的冻结布孔方式；为避免冻结壁解冻后环向空间导水，各井筒冻结管与钻孔之间的环形空间考虑

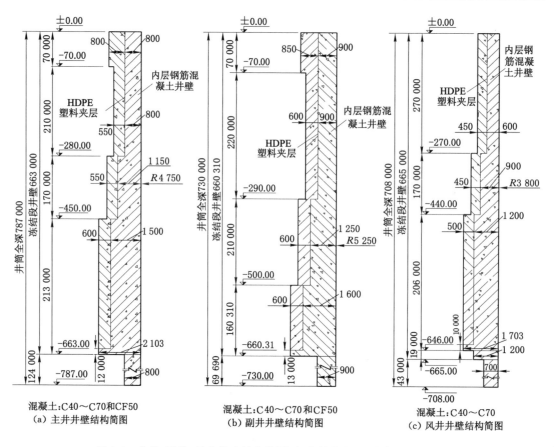

混凝土：C40～C70和CF50
（a）主井井壁结构简图

混凝土：C40～C70和CF50
（b）副井井壁结构简图

混凝土：C40～C70
（c）风井井壁结构简图

图 1-9　主井、副井、风井井壁结构简图（标高单位为 m，其余单位为 mm）

进行泥浆置换；尽量以白垩系底部岩层作为控制层，进行冻结壁设计。

表 1-30　井筒设计参数表

序号	项目	单位	主井	副井	风井	措施井
1	井筒坐标 X	m	4 351 770	4 351 653.77	4 351 349.76	4 351 820.753
2	井筒坐标 Y	m	37 386 035	37 386 181.25	37 386 179.64	37 385 985.76
3	井口标高	m	1 360	1 360	1 360	1 361
4	井筒净直径	m	9.5	10.5	7.6	9.5
5	井筒深度	m	787	730	708	787
6	冻结深度	m	695	694	689	695
7	井筒掘砌荒径	m	12.206～13.706	13.506～14.906	11.006	13.706
8	冻结段井壁厚度	mm	1 353～2 103	1 503～2 203	1 053～1 703	1 353～2 103

2 红庆河超大型矿井机电设备选型与布置

2.1 井筒提升系统与设备选型

矿井设计生产能力 1 500 万 t/a,年工作日 330 d,地面"三八制"、井下"四六制"工作制度;矿井采用立井开拓方式,井口锁口标高+1 360 m,井底车场水平标高+665 m。

主井井筒净直径 9.5 m,装备两对 50 t 多绳箕斗,担负矿井提升煤炭任务。

副井井筒净直径 10.5 m,装备一套特制双层大罐笼+平衡锤和一对特制交通罐笼。其中大罐笼+平衡锤提升系统担负交接班升降人员、整体升降液压支架、无轨胶轮车运送材料等提升任务,另一对特制交通罐笼提升系统担负矿井零散人员提升以及急救提升任务。

设计对主副井提升方案在井筒受力、工业场地总平面布置、气候条件、建井工期安排等方面进行综合比较后认为:落地式提升机对基础处理、井筒受力有利,可利用永久井架和永久锁口开凿井筒,提升机房的施工及提升机安装和预调试可与井筒装备施工平行作业,缩短建设工期。但是落地式提升系统占地面积大,系统受气候影响程度大,特别是在寒冷地区对防滑不利,且天轮检修困难,而塔式提升系统不受气候影响,对防滑有利,设备检修维护方便。综合考虑,主、副井均推荐塔式提升系统。

根据主、副井提升系统(不包括交通罐提升系统)电动机容量较大和目前提升电控设备的发展情况,设计选用技术先进、成熟的交-直-交控制系统。它与传统的交交变频控制系统相比具有以下优点:谐波低,无须无功补偿,无须滤波器,对电网质量要求不高,变压器的数目、功率及动力电缆均可减少,控制更快、更精确,占地面积小。

目前生产大型摩擦轮提升机的国外制造公司主要为 SIEMAG 和 ABB,国内主要为中信重型机械有限责任公司和上海冶金矿山机械厂。SIEMAG 公司生产的提升机最大直径为 8 m,钢丝绳根数最多为 6 根,单台电动机最大功率为 7 500 kW。SIEMAG 公司还可以与西门子公司合作生产内装电机式摩擦轮提升机。内装电机式多绳摩擦轮提升机是机电一体化设备,结构紧凑、占地面积小。ABB 公司生产的提升机最大直径为 6.75 m,钢丝绳根数最多为 8 根,单台电动机最大功率为 9 400 kW。ABB 公司可提供全套提升机机械和电控设备。国内制造厂已生产的落地式提升机最大直径为 5.7 m,钢丝绳根数最多为 6 根(塔式),单台电动机最大功率为 5 300 kW。

由于本矿井井型大,主、副井均需装备大型提升设备,从国内外大型提升设备的使用情况及设备可靠性方面综合考虑建议选用进口设备,有利于矿井安全生产,减少维护工作量,提高矿井现代化生产水平。

2.1.1 主井提升系统与设备选型

2.1.1.1 方案比选及设备选型

主井装备 2 套提升系统,担负矿井提升煤炭任务。主井提升方案比较表见表 2-1。

表 2-1　主井提升方案技术经济比较表

方案		方案一(推荐方案)	方案二	方案三	方案四
主要特征		5×6塔式多绳摩擦轮提升机2台(内置式),低频交流同步电动机(内置式)单机拖动2对50 t箕斗	5×6塔式多绳摩擦轮提升机2台(悬臂式),低频交流同步电动机单机拖动2对50 t箕斗	5×6塔式多绳摩擦轮提升机2台,低频交流电动机双机拖动2对50 t箕斗	5×6落地多绳摩擦轮提升机2台,低频交流同步电动机单机拖动2对50 t箕斗
提升高度/m		770.3	770.3	770.3	770.3
主电动机		2台9 000 kW,58 r/min 低频交流同步电动机(内置式)	2台9 000 kW,58 r/min 低频交流同步电动机	4台4 500 kW,58 r/min 低频交流同步电动机	2台9 000 kW,58 r/min 低频交流同步电动机
最大提升速度/(m/s)		15.18	15.18	15.18	15.18
年提升能力/(万t/a)		1 650	1 650	1 650	1 650
主钢丝绳		52 ZBB 6×36WS+FC(R)1770 ZS(SZ) 共6根	52 ZBB 6×36WS+FC(R)1770 ZS(SZ) 共6根	52 ZBB 6×36WS+FC(R)1770 ZS(SZ) 共6根	52 ZBB 6×36WS+FC(R)1770 ZS(SZ) 共6根
电控设备		交-直-交变频成套电控设备	交-直-交变频成套电控设备	交-直-交变频成套电控设备	交-直-交变频成套电控设备
辅助设备		100/20 t电动超卷扬桥式起重机	100/20 t电动超卷扬桥式起重机	100/20 t电动超卷扬桥式起重机	100/20 t电动桥式起重机
投资/万元	设备费	14 000	14 600	16 700	15 500
	土建费	2 300	2 800	3 160	2 900
	合计	16 300	17 400	19 860	18 400
吨煤电耗/(kW·h)		2.888	2.830	2.888	2.888
方案特点		在严寒地区塔式多绳提升机对防滑有利;设备检修维护方便。内置式提升机结构先进、基础受力均衡、电机气隙稳定性、传递效率高。设备费、土建费低,检修维护难度稍大	在严寒地区塔式多绳提升机对防滑有利,设备检修维护方便。与方案一内置式比较占地面积大,但有利于电机维护	设备费及土建费均最高	投资费用较高,而且在严寒地区落地式多绳提升系统需要设钢丝绳防止钢丝绳结冰,冬季天轮检修维护困难。但可利用永久井塔打井,缩短建设工期

为减小井筒断面尺寸,要求 2 台提升机内侧制动器尺寸尽可能小,订货时对制造厂提出特殊要求,井筒设计施工前,应根据订货提升设备实际尺寸核定井筒断面尺寸。根据主井提升系统电动机等效容量及过载能力要求,主井提升机如果配置单电机拖动,电动机容量达 9 000 kW,鉴于目前用于矿井提升的单电机最大容量已做到 9 400 kW,且单机拖动比双机拖动节省设备投资及土建费用,因此推荐采用单机拖动,即配置 9 000 kW、58 r/min 低频交流同步电动机单机拖动。内置式与悬臂式提升机比内置式提升机结构先进,基础受力均衡,电机气隙稳定性高,传递效率高,且设备费、土建费低,因此设计推荐方案一,即选用 5×6 电机内置塔式多绳摩擦轮提升机 2 台,平行布置。9 000 kW、58 r/min 低频交流同步电动机拖动,电控设备选用交-直-交成套设备。提升容器为 2 对 50 t 箕斗,采用定重装载方式。最大提升速度为 15.18 m/s,按每年 330 d、每天 16 h 计算,两套主井提升系统提升能力为 1 650 万 t/a。主井提升系统图如图 2-1 所示。主井平面布置图如图 2-2 所示。

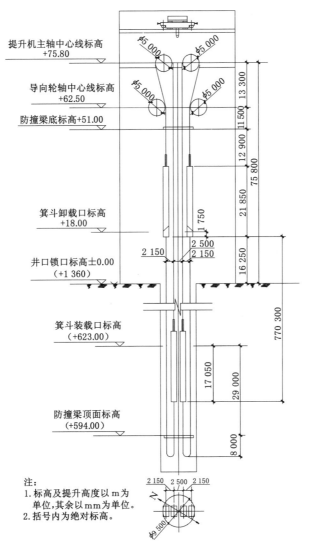

图 2-1　主井提升系统图

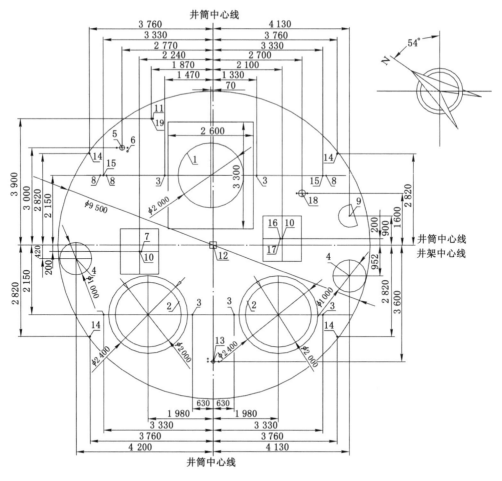

1—主提吊桶;2—副提吊桶;3—稳绳;4—风筒;5—压风管;6—供水管;7—动力照明电缆;
8—信号电缆;9—安全梯;10—抓岩机;11—爆破电缆;12—测量孔;13—排水管;14—模板绳;
15—吊盘绳;16—电视监控电缆;17—瓦斯监控电缆;18—溜灰管;19—爆破缆绳。

图 2-2　主井平面布置图

2.1.1.2　主井提升设备选型及确定

（1）设计依据

井型:1 500 万 t/a(一套提升系统 750 万 t/a)。

工作制度:每年 330 d、每天 16 h。

主井井口标高:+1 360 m。

卸载标高:+1 378 m。

装载标高:+623 m。

提升高度:770.3 m。

钢丝绳悬垂高度:849.65 m。

提升容器:立井多绳 50 t 双箕斗。

标称装载质量(定重装载):50 t。

箕斗自重(包括悬挂装置等):约 62 t。

（2）钢丝绳选型及校验

提升主钢丝绳选 52 ZBB 6×36WS＋FC(R)1770 ZS(SZ)各 3 根,共计 6 根,参数如表 2-2所示。尾绳选用 3 根扁尾绳,其参数如表 2-3 所示。首尾绳为平衡提升系统。

提升主钢丝绳安全系数校验:

$$m = 7.18 > 7.2 - 0.000\ 5H_c = 6.78 \tag{2-1}$$

式中 H_c——钢丝绳悬垂高度,取 849.65 m。

所选钢丝绳满足要求。

表 2-2 主井提升主钢丝绳参数表

名　称	参　数
钢丝绳结构	ZBB 6×36WS＋FC(R)
主钢丝绳根数	6
钢丝绳直径/mm	52
公称抗拉强度/MPa	1 770
最小钢丝破断拉力总和/kN	1 937
单位长度质量/(kg/m)	10.4
最粗钢丝直径/mm	≤4.1

表 2-3 主井提升扁尾绳参数表

名　称	参　数	
扁尾绳结构	ZBB P8×4×19	ZBB P8×4×19
扁尾绳规格	206×33	216×34
公称抗拉强度/MPa	1 370	1 370
最小钢丝破断拉力总和/kN	2 880	3 160
单位长度质量/(kg/m)	19.50	21.20
钢丝绳根数	1	2

（3）提升设备选型及校验

选用 1 台 5×6 塔式多绳摩擦轮提升机,其主要技术参数如表 2-4 所示。

表 2-4 主井提升机主要技术参数表

名　称	参　数
主导轮直径/m	5
主提升钢丝绳根数	6
导向轮直径/m	5
允许最大静张力/kN	1 800
允许最大静张力差/kN	540
衬垫摩擦系数	≥0.25
提升机变位质量/kg	41 600(预估)
导向轮变位质量/kg	12 800(预估)

提升机校验如下：

主导轮及天轮直径：$D_N = D_t = 5\,000$ mm $> 90\ d_1 = 4\,680$ mm（d_1 为钢丝绳直径）。

钢丝绳最大静张力：$F_j' = 1\,618.83$ kN $< F_j = 1\,800$ kN。

钢丝绳最大静张力差：$F_c' = 490.5$ kN $< F_c = 540$ kN。

摩擦衬垫比压：$q = 1.76$ MPa < 2 MPa。

所选提升机满足要求。

（4）提升主电动机

低频交流同步电动机，其参数如表 2-5 所示。最大提升速度：$v_{max} = 15.18$ m/s。

表 2-5　主电动机参数表

名　称	参　数
额定功率/kW	9 000
额定转速/(r/min)	58
额定电压/V	3 150
过载倍数	2
转动惯量/(kg·m²)	80 000（预估）

（5）提升系统运动学计算

提升速度图、力图如图 2-3 所示。提升运动学计算过程如表 2-6 所示。

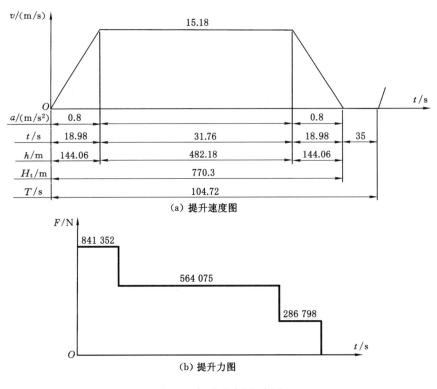

图 2-3　提升速度图、力图

表 2-6 提升运动学计算

序号	名称	单位	计算结果
1	加速时间	s	18.98
2	加速距离	m	144.06
3	减速时间	s	18.98
4	减速距离	m	144.06
5	等速距离	m	482.18
6	等速时间	s	31.76
7	一次运行时间	s	69.72
8	休止时间 θ	s	35
9	一次提升时间	s	104.72

注:选取主加、减速度 $a_1 - a_3 - 0.8$ m/s²。

（6）提升系统动力学计算

提升系统各部分变位质量总和: $\sum M = 346\ 596$ kg。

提升系统动力学计算如表 2-7 所示,表中矿井提升阻力系数 $k=1.15$。

表 2-7 动力学计算表

名 称	计算公式	计算结果/N
加速段	$F_1 = kQg + \sum Ma_1$	841 352
等速段	$F_2 = kQg$	564 075
减速段	$F_3 = kQg - \sum Ma_3$	286 798

（7）提升主电动机校验

电动机等效力: $F_d = 489.60$ kN。

电动机等效容量: $P_d = 7\ 584$ kW。

电动机功率富裕系数: $k = 1.19$。

电动机过载能力校验: $F_{max}/F_N = 1.45 < 0.85\lambda_m$（$\lambda_m$ 为过载倍数,取 $1.8 \sim 2.2$）。

因此,所选电动机符合要求。

（8）防滑校验

根据《煤矿安全规程》的规定,提升重物时紧急制动减速度 a_s 不得超过 5 m/s²,下放重物时紧急制动减速度 a_x 不得小于 1.5 m/s²,紧急制动减速度不得超过钢丝绳滑动极限减速度。采用恒减速液压站,在安全制动过程中制动力矩是自动调节的,在不同工况(提升、下放、空运行)下,制动力矩不同,但可保证安全制动减速度基本相同,设计取各工况安全制动减速度为 $1.5 \sim 1.8$ m/s²。同时为了安全,设计还给出在恒减速控制失效,自动转为恒力矩控制时的防滑计算结果。一级安全制动力矩为 $2\ 575.125$ kN·m,此时各种运行状态下的滑动极限减速度与紧急制动减速度见表 2-8。

表 2-8　主立井提升系统防滑计算表

项目	单位	设计计算参数	
围包角	(°)	192.8	
摩擦系数		0.25	
制动力	kN	1 030.05	
运行状态		满载运行	空载运行
提升系统运动变位质量	kg	346 596	296 596
下放制动减速度	m/s²	1.546	3.460
下放允许极限减速度	m/s²	2.153	3.631
上提制动减速度	m/s²	4.398	3.486
上提允许极限减速度	m/s²	4.968	3.605
结论		满足防滑要求	满足防滑要求

（9）年提升能力（按装载 50 t 验算提升能力）

不均衡系数 C 取 1.1 时，经计算，一套提升系统提升能力为 8.25 Mt/a，则两套提升系统提升能力为 16.5 Mt/a。

（10）凿井井架及翻矸设备

采用 Ⅵ（基础加高 1.0 m）井架凿井，天轮平台布置在井架的 +28.078 m 平台，在 +11.400 m 翻矸平台上布置两个矸石溜槽，配备座钩式自动翻矸装置，矸石落地后铲车装运配合翻矸汽车排矸，矸石排到建设单位指定位置。立井井架与翻矸系统如图 2-4 所示。

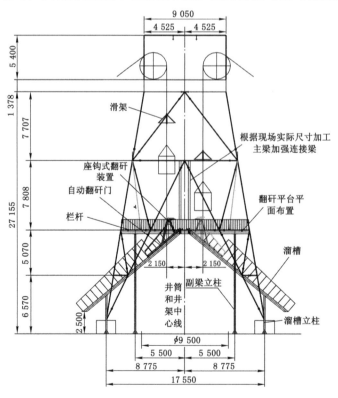

图 2-4　立井井架与翻矸系统

（11）封口盘和吊盘

① 封口盘

封口盘采用钢结构，盘面用 δ8 mm 网纹钢板铺设，各悬吊管线通过口设专用铁盖门，并用胶皮封堵严密。在封口盘上预留 1 个回风口，引风设施高度 1～1.2 m。封口盘平面布置如图 2-5 所示。

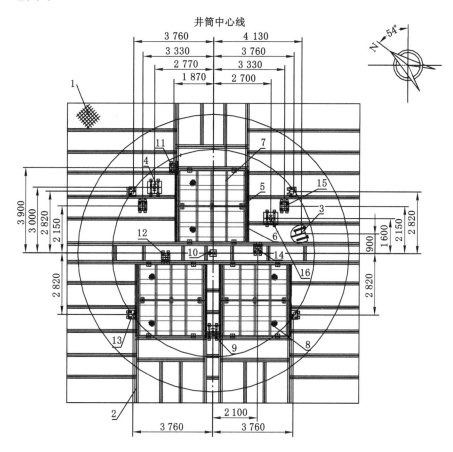

1—板；2—钢梁结构；3—安全梯门；4—压风供水管门；5—导向装置；6—栏杆；7,8—井盖门；
9—排水管门；10—测量孔门；11—爆破电缆门；12—动力照明电缆门；13—模板绳门；
14—电视监控电缆门；15—信号电缆门；16—溜灰管门。

图 2-5　封口盘平面布置图

② 吊盘

吊盘绳兼做稳绳使用，为保护稳绳，稳绳滑套采用尼龙结构，以减轻滑套对钢丝绳的磨损。同时加强钢丝绳的检查工作，并指定专人进行定期检查。吊盘平面布置图如图 2-6 所示，三层吊盘总图如图 2-7 所示。

《煤矿安全规程》规定，提升天轮直径与钢丝绳最粗钢丝直径之比不得小于 900，与钢丝绳直径之比不得小于 60。经计算，主、副提升机选用 φ3.5 m、φ3.0 m 提升天轮，主、副提升机主要技术参数见表 2-9。主、副提升机分别选用 15 t 提升钩头。主副提升机提升能力参数见表 2-10。

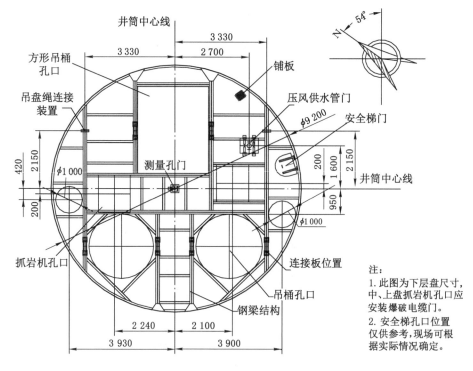

图 2-6　吊盘平面布置图

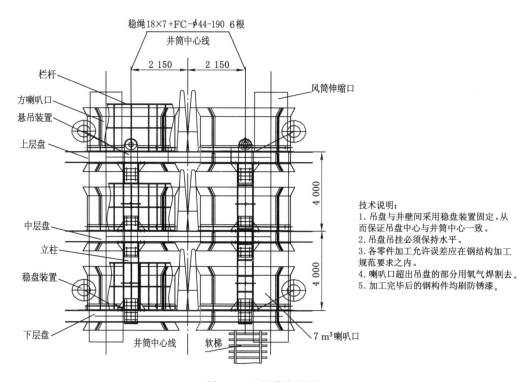

图 2-7　三层吊盘总图

表 2-9　主、副提升机主要技术参数表

项目名称	主提升机	副提升机
设备型号	JKZ-4.0×3/17E	JK-3.2/18.6(2)
卷筒宽度/m	3.0	3.0
钢丝绳直径/mm	50	44
最大静张力/kN	250	180
最大静张力差/kN	250	—
钢丝绳最大速度/(m/s)	7.26	6.48
钢丝绳最大破断力/kg	130 918.37	—
第一层时缠绕长度/m	801	692
第二层时缠绕长度/m	810	1 400
减速器传动比	17	18.6
额定功率/kW	2 500	1 250

表 2-10　主、副提升机提升能力参数表

吊桶容积/m³	提升机	提升高度/m							
		100	200	300	400	500	600	700	787
		提升效率/(m³/h)							
7/6	JKZ-4.0×3/17E	102	97	87	82	76	67	58	51
6/5	KZ-3.2/18.6	75	73	69	63	53	30	24	21
6/5	KZ-3.2/18.6	75	73	69	63	53	30	24	21
合　计		252	243	225	208	182	127	106	93

2.1.1.3　凿岩与抓岩设备

采用国产 XFJD-9.12 伞钻,配备 YGZ-70 型导轨式独立回转凿岩机。伞钻质量及耗风量等主要技术参数见表 2-11。井筒内布置 2 台 HZ-0.6 型中心回转抓岩机,单台生产能力为 50～60 m³/h。中心回转抓岩机主要技术参数见表 2-12。抓岩机各采用 2 台 JZ-16/1000 型凿井绞车保护悬吊。冻结基岩炮孔布置如图 2-8 所示。

表 2-11　伞钻主要技术参数表

项　目	特　征
型号	XFJD-9.12
适用井筒净直径/m	7～12
总质量/kg	12 780
凿岩机型号及名称	YGZ-70 型导轨式凿岩机 9 台
钎头直径/mm	38～55
钎尾规格/mm	中空六角 B25×159
钎杆长度/mm	5 700
推进长度/mm	5 300
工作气压/MPa	0.5～0.7
工作水压/MPa	0.3～0.5
最大耗风量/(m³/min)	90
收拢后外形尺寸(直径×高)/m	ϕ2.05×8.0

表 2-12 抓岩机主要技术参数表

项　目	特　征
抓岩能力/(m³/h)	50～60
压缩空气工作压力/MPa	0.5～0.7
压缩空气平均消耗量/(m³/min)	24
机器总质量/kg	8 077
抓斗容积/m³	0.6
抓片张开外径/mm	≥2 050
回转盘尺寸/mm	1 400×1 170

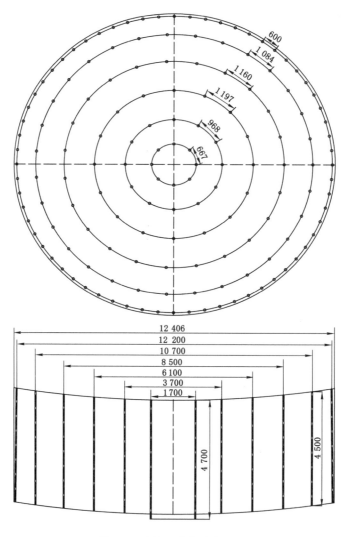

图 2-8 冻结基岩炮孔布置图

2.1.1.4 混凝土搅拌及运输系统

井口设集中混凝土搅拌站,安装 2 台 JS-1500 型搅拌机,配 PLY-2400 型自动计量供料机。采用大直径溜灰管输送到吊盘分混凝土槽内,二次搅拌后通过吊盘周边 4 根埋线胶管入模。

混凝土砌筑采用 4.0 m 高整体模板,模板设计为可拆卸式(分为 3 段,1.5 m+1.5 m+1.0 m),施工至软弱岩层位置时,可适当缩短段高(将模板高度改为 2.5 m 或 3 m);现场应根据岩层情况适当调整段高。模板选用 4 台 JZ-16/800A 型凿井绞车悬吊。

2.1.1.5 电气控制设备

2 套提升机各有 10 kV 双回路高压电源引自矿井 110/10 kV 主变电所不同母线段,380 V 双回路低压电源引自提升机房内辅助变压器,均为一回路工作、一回路备用。电控设备选用交-直-交成套设备。

2.1.1.6 辅助设施

主井井塔内设 1 台 100/20 t 电动超卷扬桥式起重机及 1 台载重 1 600 kg 客货两用电梯。为防止在井筒突然停电或发生其他事故中断提升时能及时撤出井下工作人员,井筒内悬吊一个立井掘进安全梯,同时可乘 25 人,并靠近井壁悬吊;安全梯选用 1 台 JZA-5/1000 型稳车悬吊。在吊盘至工作面设置安全软梯供紧急时上下人员。井筒稳绞布置图如图 2-9 所示。

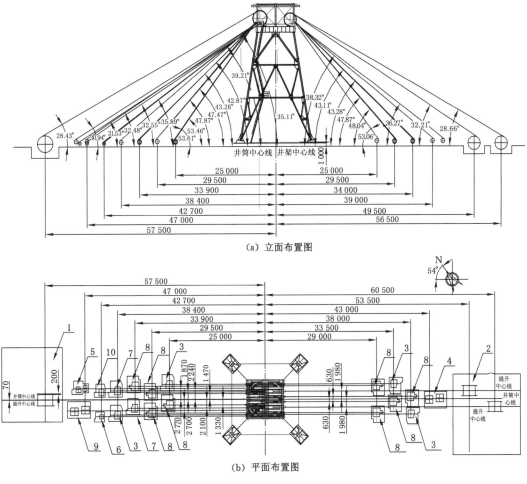

(a) 立面布置图

(b) 平面布置图

1—主提升机;2—副提升机;3—模板用稳车;4—排水管用稳车;5—压风、供水用稳车;6—安全梯用稳车;

7—抓岩机用稳车;8—吊盘、稳绳用稳车;9—溜灰管用稳车;10—爆破电缆用稳车。

图 2-9 井筒稳绞布置图

2.1.2 副井提升系统与设备选型

2.1.2.1 方案比选及设备选型

副井担负全矿井下人员、材料、设备的提升任务,因此装备两套提升系统:一套特制双层大罐笼+平衡锤和一对特制交通罐笼,其中大罐笼+平衡锤提升系统担负交接班升降人员,整体升降液压支架、无轨胶轮车运送材料等提升任务;另一对特制交通罐笼提升系统担负矿井零散人员提升任务,灵活方便,可减少大提升机的提升次数,降低运行费用,并且在大罐笼提升系统故障的情况下,可利用本系统及时将井下工人提升到地面,提高了副井提升系统的安全可靠性。

设计推荐方案一,副井大罐笼提升选用 1 台 5.6×6 塔式多绳摩擦轮提升机,3 800 kW、34.3 r/min 低频交流同步电动机,最大提升速度为 10.06 m/s。特制双层大罐笼双层装车,乘载 WCQ-3BⅠ型无轨胶轮车 2 辆,单层可乘 150 人,最大班作业时间 4.27 h。最大件目前为 1.75 m 架间距、最大支护高度 6.5 m 的液压支架+特制平板车,总质量 50 t,平衡锤质量 90 t (大罐笼提升机预留 2.0 m 架间距、最大支护高度 6.5 m 的液压支架+特制平板车总质量 60 t 的提升能力,届时平衡锤质量增大到 95 t)。根据副井大罐笼提升系统电动机容量及目前提升电控设备的使用情况,副井大罐笼提升机电气控制设备选用交-直-交变频成套电控设备。

副井交通罐笼提升为 1 台 2.25×4(Ⅰ) 塔式多绳摩擦轮提升机,355 kW、740 r/min 交流高速电动机带减速器传动方式,最大提升速度为 7.58 m/s。电气控制设备选用交-直-交低压变频成套电控设备。

2.1.2.2 大罐笼提升系统设备选型

(1) 设计依据

副井井口标高+1 360 m;井底车场水平标高+665 m;提升高度 695 m;钢丝绳悬垂高度 767 m;工作制度为 330 d/a,四班制,其中三班生产,一班检修。

最大班提升量如表 2-13 所示。

表 2-13　副井最大班提升量

名　称	单位	数量	名　称	单位	数量
下井工人	人	138	风墙砌筑材料	车/班	10
支护材料	车/班	10	坑木	车/班	2
喷射混凝土	车/班	10	其他设备、油脂等	车/班	15
铺底混凝土	车/班	16			

副井提升最大件为液压支架,副井提升架宽 1.75 m,支架型号 ZY11000/30/65,加特制平板车,总质量 50 t。

胶轮车:型号 WCQ-3BⅠ,自重 7.5 t,最大载重 5 t。

提升容器:特制大罐笼配平衡锤。罐笼自重(包括首、尾绳悬挂、罐耳等装置)65 t,平衡锤质量 90 t,实际最大静张力差不得超过 294.3 kN。

(2) 钢丝绳选型及校验

副井提升方案技术经济比较见表 2-14。经过比选采用的提升主钢丝绳选 58 ZBB6×36WS+FC(R)1770 ZS(SZ)各 3 根,其参数见表 2-15;尾绳选用 4 根扁尾绳 196×31 ZBB P8×4×19 1370,其参数见表 2-16。首尾绳为平衡提升系统。

表2-14 副井提升方案技术经济比较表

方案		方案一（推荐方案）		方案二	
主要技术特征		5.6×6塔式多绳摩擦轮提升机1台 低频交流同步电动机拖动	2.25×4（Ⅰ）型塔式多绳摩擦轮提升机1台 交流高速电机带减速器传动	5.6×6落地式多绳摩擦轮提升机1台 低频交流同步电动机拖动	2.25×4（Ⅰ）型落地式多绳摩擦轮提升机1台 交流高速电机带减速器传动
提升容器		1套特制双层大罐笼+平衡锤	1对特制交通罐笼	1套特制双层大罐笼+平衡锤	1对特制交通罐笼
提升高度/m		695	695	695	695
最大提升速度/（m/s）		$v_m=10.06$	$v_m=7.58$	$v_m=10.06$	$v_m=7.58$
工人下井时间/min		17.08		17.08	
最大班净作业时间/h		4.27		4.27	
主电动机		低频交流同步电动机 3800 kW,34.3 r/min	交流高速电动机 355 kW,740 r/min	低频交流同步电动机 3800 kW,34.3 r/min	交流高速电动机 355 kW,740 r/min
电控设备		交-直-交变频成套电控设备	交-直-交变频成套装置	交-直-交变频成套电控设备	交-直-交变频成套电控装置
主钢丝绳		58 ZBB6×36WS+FC(R) 1770 ZS(SZ) 共6根	24 ZBB6×19W+FC 1770 ZS(SZ) 共4根	58 ZBB6×36WS+FC(R) 1770 ZS(SZ) 共6根	24 ZBB6×19W+FC 1770 ZS(SZ) 共4根
辅助设备		100/20 t电动超卷扬桥式起重机		100/20 t电动超卷扬桥式起重机	
投资/万元	设备费	8 500		9 000	
	土建费	1 200		1 300	
	合计	9 700		10 300	
方案特点		设备检修维护方便，工业场地占地面积小，对防滑有利		可利用永久井架和永久锁口开凿井筒，缩短建设工期；但对防滑不利，需加绳廊保护，冬天轮检修维护困难	

表 2-15 副井提升主钢丝绳参数表

名　称	参　数
钢丝绳结构	ZBB6×36WS＋FC(R)
钢丝绳直径/mm	58
公称抗拉强度/MPa	1 770
最小钢丝破断拉力总和/kN	2 410
单位长度质量/(kg/m)	12.90
最粗钢丝直径(订货时提出要求)/mm	≤4.5

表 2-16 副井提升扁尾绳参数表

名　称	参　数
扁尾绳结构	ZBBP8×4×19
扁尾绳规格	206×33
公称抗拉强度/MPa	1 370
最小钢丝破断拉力总和/kN	2 880
单位长度质量/(kg/m)	19.5
钢丝绳根数	4

提升主钢丝绳安全系数校验：

提人(上层提人、下层提车)时：

$$m_人 = 10.0 > 9.2 - 0.000\ 5H_c = 8.82$$

下大件时：

$$m_物 = 8.00 > 8.2 - 0.000\ 5H_c = 7.82$$

所选钢丝绳满足要求。

（3）提升设备选型及校验

选用 1 台 5.6×6 塔式多绳摩擦轮提升机，其主要技术参数见表 2-17。

表 2-17 副井提升机主要技术参数表

名　称	参　数
主导轮直径/m	5.6
主提升绳根数	6
导向轮直径/m	5.5
允许最大静张力/kN	2 000
允许最大静张力差/kN	340
衬垫摩擦系数	≥0.25
提升机变位质量(预估)/kg	38 270
导向轮变位质量(预估)/kg	12 240

校验：

主导轮及导向轮直径：$90d_1 = 5\ 220$ mm＜5 500 mm，$1\ 200\delta_{max} ≤ 5\ 500$ mm。

钢丝绳最大静张力：$F_j' = 1\ 809$ kN＜$F_j = 2\ 000$ kN。

钢丝绳最大静张力差：$F_c' = 294.3$ kN＜$F_c = 340$ kN。

摩擦衬垫比压：$q=1.74$ MPa<2 MPa。

所选提升机满足要求。

（4）提升主电动机

选低速交流同步电动机，其参数见表 2-18。最大提升速度：$v_{max}=10.06$ m/s。

表 2-18　主电动机参数表

名　　称	参　　数
额定功率/kW	3 800
额定转速/(r/min)	34.3
额定电压/V	3 150
过载倍数	2.2
转动惯量（预估）/(kg·m^2)	40 000

（5）提升系统运动学计算

提升系统运动学计算过程见表 2-19。提升速度图、力图见图 2-10～图 2-12。

表 2-19　提升系统运动学计算

序号	名称		单位	计算公式	计算结果
1	加速时间		s	$t_1=v_{max}/a_1$	14.40
2	加速距离		m	$h_1=a_1t_1^2/2$	72.58
3	减速时间		s	$t_3=(v_{max}-v_4)/a_3$	13.69
4	减速距离		m	$h_3=(v_{max}+v_4)t_3/2$	72.42
5	爬行时间		s	$t_4=h_4/v_4$	8.00
6	制动时间		s	$t_5=v_4/a_5$	1
7	制动距离		m	$h_5=a_5t_5^2/2$	0.25
8	等速距离		m	$h_2=H_t'-h_1-h_3-h_4-h_5$	545.75
9	等速时间		s	$t_2=h_2/v_{max}$	54.14
10	一次运行时间		s	T_0	91.23
11	休止时间 θ	升降人员	s		165
12		升降材料车	s		126
13		升降大件	s		90
14	一次提升时间	升降人员	s		512.46
15		升降材料车	s		434.46
16		升降大件	s		362.46

参数选取如下：

加、减速度 $a_1=a_3=0.7$ m/s^2，$a_5=0.5$ m/s^2；

爬行速度 $v_4=0.5$ m/s；

爬行距离 $h_4=4$ m

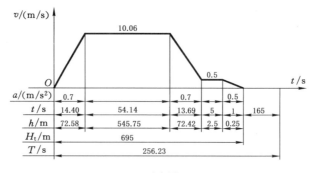

（a）速度图

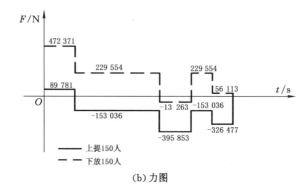

（b）力图

图 2-10　升降人员速度图及力图

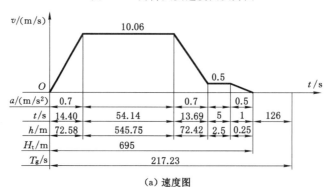

（a）速度图

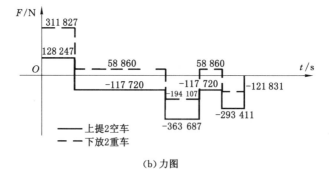

（b）力图

图 2-11　升降无轨胶轮车速度图及力图

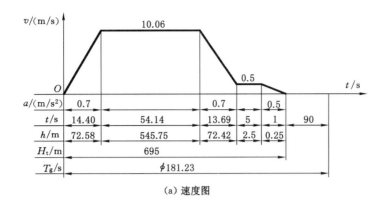

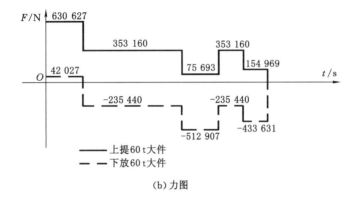

图 2-12　升降大件速度图及力图

（6）最大班作业时间计算

最大班作业时间平衡表见表 2-20。

表 2-20　最大班作业时间平衡表

序号	作业项目	每班提升量	每班提升次数	一次提升时间/s	每班作业时间/s
1	升降人员	138 人	2	512.46	1 024.92
2	支护材料	10 车	5	434.46	2 172.30
3	喷射混凝土	10 车	5	434.46	2 172.30
4	铺底混凝土	16 车	8	434.46	3 475.68
5	风墙砌筑材料	10 车	5	434.46	2 172.30
6	坑木	2 车	1	434.46	434.46
7	其他设备、油脂等	15 车	8	434.46	3 475.68
8	合计				14 927.64

（7）提升系统动力学计算

系统变位质量统计如下：

空载提升系统变位质量总和：$\sum M_0 = 336\ 382\ \text{kg}$。

升降 150 人时提升系统变位质量总和：$\sum M_{人} = 346\,882$ kg。

升降 2 辆重载无轨胶轮车时提升系统变位质量总和：$\sum M_{车} = 361\,382$ kg。

升降大件时提升系统变位质量总和：$\sum M_{大} = 396\,382$ kg。

上提时动力学计算见表 2-21，下放时动力学计算见表 2-22。

表 2-21　上提时动力学计算表

名称	计算结果/N		
	提人（150 人）	提 2 空车	提大件
加速段	89 781	128 247	630 627
等速段	−153 036	−117 720	353 160
减速段	−395 853	−363 687	75 693
爬行段	−153 036	−117 720	353 160
停车段	−326 477	−293 411	154 969

表 2-22　下放时动力学计算表

名称	计算结果/N		
	下人（150 人）	下放 2 重车	下大件
加速段	472 371	311 827	42 027
等速段	229 554	58 860	−235 440
减速段	−13 263	−194 107	−512 907
爬行段	229 554	58 860	−235 440
停车段	56 113	−121 831	−433 631

（8）提升主电动机校验

根据系统负载情况，按上提大件的运行方式进行校验：

电动机等效力：$F_d = 273.73$ kN。

电动机等效容量：$P_d = 2\,816$ kW。

电动机过载能力校验：$F_{max}/F_N = 1.71 < 0.85\,\lambda_m$。

所选电动机符合要求。

（9）防滑校验

根据《煤矿安全规程》规定，提升重物时紧急制动减速度 a_s 不得超过 5 m/s^2，下放重物时紧急制动减速度 a_x 不得小于 1.5 m/s^2，紧急制动减速度不得超过钢丝绳滑动极限减速度。

采用恒减速液压站，在安全制动过程中制动力矩是自动调节的，在不同工况（升降不同荷载）下，制动力矩不同，但可保证安全制动减速度基本相同，设计取各工况安全制动减速度为 1.5～1.8 m/s^2。同时，为了安全设计还给出在恒减速控制失效，自动转为恒力矩控制时的防滑计算结果。一级安全制动力矩为 2 612.5 kN·m，此时各种运行状态下的滑动极限减速度与紧急制动减速度见表 2-23。

表 2-23 副立井大罐笼提升系统防滑计算表

项　目	单位	设计计算参数			
围包角	(°)	189			
摩擦系数		0.25			
制动力	kN	950			
运行状态		空载	升降人(150 人)	升降 2 重车	升降大件
提升系统运动变位质量	kg	336 382	346 882	361 382	396 382
下放制动减速度	m/s²	3.71	3.30	2.78	1.64
下放允许极限减速度	m/s²	4.418	4.128	3.746	2.906
上提制动减速度	m/s²	1.94	2.18	2.48	3.15
上提允许极限减速度	m/s²	2.711	3.058	3.485	4.322
结论		满足防滑要求			

2.1.2.3 交通罐笼提升系统设备选型

（1）设计依据

副井井口标高：+1 360 m；井底车场水平标高：+665 m；提升高度：695 m；钢丝绳悬垂高度：763.6 m。

提升容器：一对特制交通罐笼。交通罐笼可双层乘人沉罐运行，交通罐笼每层可乘 13 人。交通罐笼自重（包括首、尾绳悬挂，罐耳等装置）8 t。

提升任务：担负矿井零散人员及急救提升任务。

（2）钢丝绳选型及校验

提升主钢丝绳选 24 ZBB6×19W＋FC 和 1770 ZS(SZ)各 2 根，其参数见表 2-24。

表 2-24 副井交通罐笼提升系统主钢丝绳参数表

名　　称	参　　数
钢丝绳结构	ZBB6×19W＋FC
钢丝绳直径/mm	24
钢丝绳根数	4
公称抗拉强度/MPa	1 770
最小钢丝破断拉力总和/kN	408
单位长度质量/(kg/m)	2.07
最粗钢丝直径/mm	≤1.87(订货时提出要求)

尾绳选用 2 根扁尾绳，型号为 94×16 ZBB P8×4×7 1370，其参数见表 2-25。

表 2-25 副井交通罐笼提升扁尾绳参数表

名　　称	参　　数
钢丝绳结构	ZBB P8×4×7
钢丝绳规格	94×16
公称抗拉强度/MPa	1 370
最小钢丝破断拉力总和/kN	616

表 2-25(续)

名　称	参　数
单位长度质量/(kg/m)	4.2
钢丝绳根数	2

提升主钢丝绳安全系数检验：

$$m_{人} = 10.23 > 9.2 - 0.000\,5H_c = 8.82$$

所选钢丝绳满足要求。

(3) 提升设备选型及检验

选用一台 2.25×4 塔式多绳摩擦轮提升机,其主要技术参数见表 2-26。

表 2-26　副井交通罐笼提升机主要技术参数表

名　称	参　数
主导轮直径 D_N/m	2.25
主提升绳根数 n_1	4
导向轮直径 D_t/m	2.25
允许最大静张力 F_j/kN	210
允许最大静张力差 F_c/kN	65
衬垫摩擦系数 μ	≥0.25
提升机变位质量 Q_j/kg	5 515(参考值)
导向轮变位质量 Q_D/kg	2 500(参考值)
减速比	11.5

校验:

主导轮及天轮直径:$90d_1 = 2\,160$ mm$< D_N = D_t = 2\,250$ mm;$1\,200\delta_{max} ≤ 2\,250$ mm。

钢丝绳最大静张力:$F_j' = 159.63$ kN$< F_j = 210$ kN。

钢丝绳最大静张力差:$F_c' = 19.13$ kN$< F_c = 65$ kN。

摩擦衬垫比压:$q = 1.41$ MPa< 2 MPa。

所选提升机满足要求。

(4) 提升主电动机

选高速直流电动机,其参数见表 2-27。

表 2-27　主电动机参数表

名　称	参　数
额定功率/kW	355
额定转速/(r/min)	740
额定电压/V	690
过载倍数	2
转动惯量/(kg·m²)	35(预估)

最大提升速度：$v_{max}=7.58$ m/s。

（5）提升系统运动学计算

提升系统运动学计算过程见表 2-28，提升速度图、力图见图 2-13。

表 2-28　提升系统运动学计算

序号	名称		单位	计算公式	计算结果
1	加速时间		s	$t_1=v_{max}/a_1$	10.83
2	加速距离		m	$h_1=a_1t_1^2/2$	41.05
3	减速时间		s	$t_3=(v_{max}-v_4)/a_3$	10.11
4	减速距离		m	$h_3=(v_{max}+v_4)t_3/2$	40.84
5	爬行时间		s	$t_4=h_4/v_4$	8.00
6	制动时间		s	$t_5=v_4/a_5$	1.00
7	制动距离		m	$h_5=a_5t_5^2/2$	0.25
8	等速距离		m	$h_2=H_t{}'-h_1-h_3-h_4-h_5$	608.86
9	等速时间		s	$t_2=h_2/v_{max}$	80.32
10	一次运行时间		s	T_0	110.26
11	休止时间 θ	升降人员	s		62.00
12	一次提升时间	升降人员	s	$T=T_0+\theta$	172.26

选取参数如下：

加、减速度：$a_1=a_3=0.7$ m/s^2，$a_5=0.5$ m/s^2；

爬行速度 $v_4=0.5$ m/s；

爬行距离 $h_4=4$ m

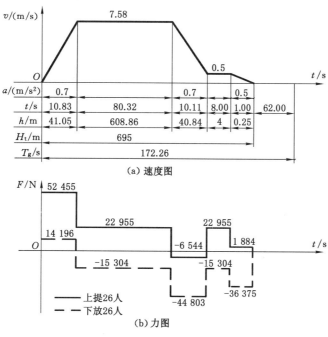

（a）速度图

（b）力图

图 2-13　交通罐笼提升速度图及力图

（6）提升系统动力学计算

系统变位质量统计如下：

升降人员（满 26 人）：$\sum M = 42\ 142$ kg。

上提时动力学计算见表 2-29，下放时动力学计算见表 2-30。

表 2-29　上提时动力学计算表

名称	计算公式	计算结果/N
加速段	$F_1 = kQg + \sum Ma_1$	52 455
等速段	$F_2 = kQg$	22 955
减速段	$F_3 = kQg - \sum Ma_3$	$-6\ 544$
爬行段	$F_4 = kQg$	22 955
停车段	$F_5 = kQg - \sum Ma_5$	1 884

表 2-30　下放时动力学计算表

名称	计算公式	计算结果/N
加速段	$F_1 = k'Qg + \sum Ma_1$	14 196
等速段	$F_2 = k'Qg$	$-15\ 304$
减速段	$F_3 = k'Qg - \sum Ma_3$	$-44\ 803$
爬行段	$F_4 = k'Qg$	$-15\ 304$
停车段	$F_5 = k'Qg - \sum Ma_5$	$-36\ 375$

（7）提升主电动机校验

电动机等效力：$F_d = 25.73$ kN。

电动机等效容量：$P_d = 216.70$ kW。

电动机过载能力校验：$F_{max}/F_N = 1.40 < 0.85\lambda_m$。

因此，所选电动机符合要求。

（8）防滑校验

根据《煤矿安全规程》规定，提升重物时紧急制动减速度 a_s 不得超过 5 m/s²，下放重物时紧急制动减速度 a_x 不得小于 1.5 m/s²，紧急制动减速度不得超过钢丝绳滑动极限减速度。

采用恒减速液压站，在安全制动过程中制动力矩是自动调节的，在不同工况（升降不同荷载）下，制动力矩不同，但可保证安全制动减速度基本相同，设计取各工况安全制动减速度为 1.5～1.8 m/s²。同时，为了安全设计还给出在恒减速控制失效，自动转为恒力矩控制时的防滑计算结果。一级安全制动力矩为 101.25 kN·m，此时各种运行状态下的滑动极限减速度与紧急制动减速度见表 2-31。

表 2-31　副立井交通罐笼提升系统防滑计算表

项　目	单　位	设计计算参数	
围包角	(°)	182.39	
摩擦系数		0.25	
制动力	kN	90	
运行状态		空载	升降人员
提升系统运动变位质量	kg	40 192	42 142
下放制动减速度	m/s²	2.24	1.68
下放允许极限减速度	m/s²	3.45	2.95
上提制动减速度	m/s²	2.24	2.59
上提允许极限减速度	m/s²	3.50	3.97
结论		满足防滑要求	

2.1.2.4　提升机械化配套装备与布置方式

（1）井筒主要机械化装备

井筒施工布置两套单钩提升；采用伞钻凿岩，井筒内布置 2 台中心回转式抓岩机出矸；挖机清底，井筒内供水管、排水管及风筒均采用井壁固定，压风管采用钢丝绳悬吊。井筒机械化装备见表 2-32。井筒施工断面布置图如图 2-14 所示。副井提升系统图如图 2-15 所示。

表 2-32　井筒主要施工机械化配备表

序号	设备名称		型号规格	单位	数量	备　注
1	提升	井架	Ⅵ型凿井井架	座	1	
		绞车	JKZ-4.0/18	台	2	2 500 kW
		吊桶	7/5 m³	个	3/2	
		吊桶	DX-3	个	3	备用
2	稳车		JZ-25/1300	台	5	吊盘 5 台
			JZ₂-25/1000A	台	4	模板 4 台
			2JZ-25/1300	台	1	溜灰管 1 台
			JZ₂-16/800	台	4	抓岩机 2 台、稳绳 1 台、动力电缆（兼挖机悬吊）1 台
			JZA-5/800	台	1	安全梯
			JZ₂-10/600	台	1	爆破电缆 1 根
			2JZ-10/600	台	1	φ250 mmPVC 压风管悬吊
3	伞 钻		SYZ6×2-15 型双联伞钻	部	1	
4	抓岩机		HZ-6 型	台	2	
5	装载机		ZL-50	台	1	
6	汽 车		10 t	辆	4	自卸式
7	扇风机		FBD-Ⅱ-No10.0/2×30 kW	台	4	2×30 kW，2 台备用

表 2-32(续)

序号	设备名称	型 号 规 格	单位	数量	备　注
8	卧泵	DC50-80×10	台	2	1台备用，280 kW
9	吊盘	φ10.2 m	副	1	3层吊盘(层间距4.5 m)
10	压风机	GA250型/SA120型	台	4/1	
11	搅拌机	JW1500	台	2	
12	混凝土配料机	PLD1600	套	2	
13	外壁模板	φ12.3/13.0/13.7 m	套	各1	段高2.5/3.6/4.0 m
14	套壁模板	φ10.5 m装配式金属模板	套	13	高度为1.2 m
15	基岩模板	φ10.5 m整体金属模板	套	1	
16	挖机	CX75	台	1	

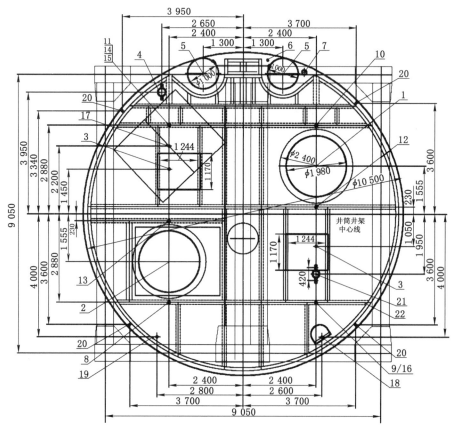

1—主提吊桶；2—副提吊桶；3—中心回转抓岩机；4—压风管(PVC)；5—风筒；6—供水管；
7—压风管兼排水管；8—1#吊盘绳；9—2#吊盘绳；10—3#吊盘绳；11—4#吊盘绳；12—5#吊盘绳；
13—副提吊绳；14—照明电缆；15—信号电缆；16—通信电缆；17—动力电缆；18—安全梯；
19—爆破电缆；20—模板悬吊绳；21—混凝土输送管；22—凿井吊盘。

图 2-14　井筒施工断面布置图

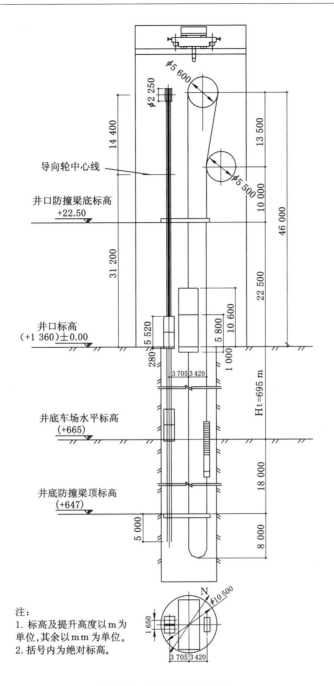

图 2-15 副井提升系统图

（2）提升井架

根据提升悬吊系统选型计算表，最大钢丝绳静荷重总和为：

悬吊物重＋悬吊钢丝绳自重＝263 624 kg＋94 927 kg＝358 551 kg＝358.551 t

Ⅵ型凿井井架静荷重 500 t，可满足井筒凿井施工的要求。

（3）提升绞车

布置 JKZ-4×3/18 型提升绞车 2 台,形成 2 套单钩提升。绞车技术参数见表 2-33,绞车提升能力见表 2-34,稳绞布置图如图 2-16 所示。

表 2-33　绞车主要技术参数表

型　号	最大静张力/kg	提升速度/(m/s)	最大绳径/mm	实际绳径/mm	钢丝绳最大破断力/kg	电机功率/kW	提升高度/m
JKZ-4×3/18	25 000	6.9	47	44	146 628	2 500	两层1 570

表 2-34　井筒不同深度的提升能力表

提升方式	提升机型号	绞车数量/台	吊桶容积/m³	井筒深度/m						
				100	200	300	400	500	600	700
				提升能力/(m³/h)						
2 套单钩	JKZ-4×3/18	1	7	75.9	67.7	61.09	55.65	51.11	47.25	43.93

说明:提升能力满足井筒不同时期的施工要求。

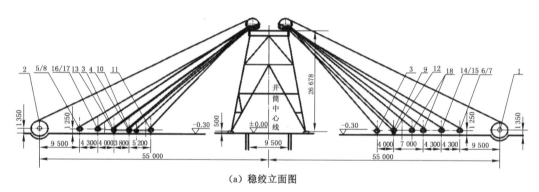

（a）稳绞立面图

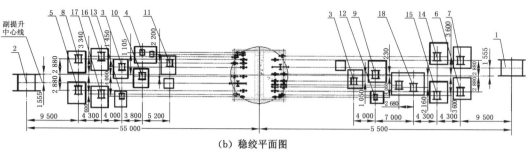

（b）稳绞平面图

1—主提升绞车;2—副提升绞车;3—伞钻夺钩用稳车;4—压风管悬吊稳车;5~9—吊盘用稳车;
10—副提升稳绳用稳车;11—动力电缆稳车;12—安全梯用稳车;13—爆破电缆稳车;
14~17—整体模板稳车;18—混凝土输送稳车。

图 2-16　稳绞布置图

（4）天轮平台

利用 Ⅵ 型凿井井架,天轮平台上布置施工用提升及悬吊天轮。ϕ3 000 mm 天轮 2 个,

$\phi 1\,050$ mm天轮 17 个，$\phi 650$ mm 天轮 3 个，双槽 $\phi 1\,050$ mm 天轮 2 个，双槽 $\phi 650$ mm 天轮 2 个。天轮梁与井架天轮平台梁均采用 U 型卡连接。

（5）翻矸平台

参照Ⅵ型凿井井架底层结构设计，并加工翻矸平台，配置主、副提翻矸溜槽。

（6）封口盘

设在锁口上部，锁口施工时将封口盘钢梁梁窝预留好，设计盘面标高 +1 360 m。井筒内井壁固定的供水管、排水管、风筒、压风管均从盘面以下通过。现场应对冷冻沟槽地面承重方向采取钢梁、钢管或钢筋混凝土等必要的加固措施，保证施工安全。

（7）吊盘

吊盘设计 3 层，冻结段外壁施工时吊盘均设有辅助圈梁，井筒套壁后拆除圈梁，吊盘与井壁采用木楔固定，木楔用钢丝绳卡在吊盘立柱上，两个立柱兼作井下临时风包。吊盘悬吊稳车实行集中控制；下吊盘在信号室附近均设瞭望口，并且下吊盘所有钢梁的下翼采用敷板封严，避免井筒爆破后崩落矸石。副井 3 层吊盘布置图如图 2-17 所示。

（8）井壁吊挂

为增大提升安全间隙，将供水管、排水管、风筒等均沿井壁固定，压风管采用钢丝绳悬吊，施工时应注意以下几点：

① 井壁固定管路均从封口盘面以下引出井外，双层井壁冻结段外壁施工时，仅下井 2 趟风筒、1 趟供水管和 1 趟压风管路，排水管在套壁后再沿内壁固定施工硐室。

② 每节管路、风筒长度均为 10 m，每接长 1 次至少要设固定锚杆卡子 1 副。管路连接见井筒提升吊挂图册；柔性风筒采用双反边接头，要确保连接质量，不得有漏水、漏风现象，下井管路一定要保持垂直。

③ 固定锚杆采用螺旋形树脂锚杆，锚固长度（孔深）300 mm，锚杆孔施工时要限长，防止穿透井壁混凝土。排水管、压风管除采用正常树脂锚杆固定以外，在垂深 200 m 以下每 100 m 设 1 个管子托座，每个管座用 4 根树脂锚杆固定。锚杆根部的垫板，在安装时一定要紧贴井壁，有间隙时必须用树脂胶泥垫实，以确保锚杆的抗弯强度；抗弯导板在固定锚杆时，一定要铅垂向下，以保证固定卡子能水平抱紧管路。

2.1.2.5 井壁混凝土配制及质量保证措施

井筒设计井壁混凝土强度分 C50、CF50、C60、C65、C70、CF70 等 6 种，实际确定强度标号 C50 以上混凝土为高强混凝土，为此要对原材料质量严格把关，并严格按配比进行混凝土配制。根据施工经验，水泥选用 P.O42.5R 普通硅酸盐水泥，石子为干净的连续级配粒径为 5～25 mm 的石灰岩碎石，砂子为含泥量小于 1%、细度模数大于等于 2.6 的中粒砂或中粗砂，搅拌用水为中性淡水，按设计配比要求添加增强外加剂。

地面混凝土搅拌站采用强制式混凝土搅拌机拌料，每次纯搅拌时间不小于 3 min。混凝土的配合比经有资质的质检站进行配比试验，根据质检站提供的配合比配制混凝土。

井口设置混凝土搅拌站并采暖，井口附近布置料场并加热。搅拌站内均布置 2 台 JW1500 型强制式混凝土搅拌机和 2 台 PLD1600 型混凝土配料机。该系统的最大特点是使用了微机控制自动计量装置和自动输配料系统，计量误差小于 2%，并可通过调整，适应不同的配合比要求，操作人员少、速度快。搅拌机及配料机技术参数见表 2-35、表 2-36。

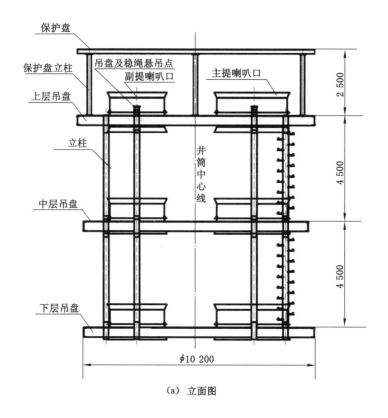

（a）立面图

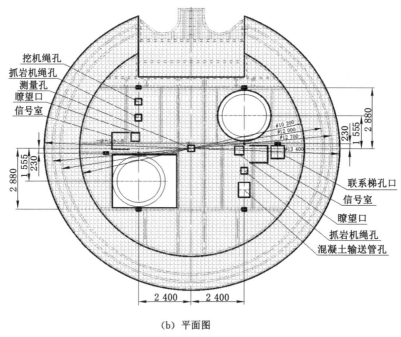

（b）平面图

图 2-17　副井三层吊盘布置图

表 2-35　JW1500 型搅拌机主要技术参数表

序　号	项　目		单　位	数　量
1	进料容量		L	1 600
2	出料容量		L	1 500
3	生产率		m^3/h	≥75
4	骨料最大粒径		mm	80
5	搅拌叶片	转　速	r/min	25.5
		数　量		2×10
6	搅拌电动机	型　号		Y225M-4
		功　率	kW	45
7	卷扬电动机	型　号		YEZ180M-4
		功　率	kW	18.5
8	水泵电动机	型　号		KQW65-100(1)
		功　率	kW	3
9	外形尺寸(工作状态)		mm	9 270×3 436×8 625
10	整机质量		kg	11 130

表 2-36　PLD1600 型配料机主要技术参数表

序　号	项　目	单　位	数　量
1	称斗容积	m^3	1.6
2	储料斗容积	m^3	3×3.7
3	生产率	m^3/h	80
4	配料精度		±2%
5	最大称量值	kg	2 500
6	可配骨料种数	种	3
7	上料高度	mm	2 734
8	皮带机速	m/s	2.5
9	功率	kW	4×3=12
10	整机质量	kg	4 750
11	外形尺寸	mm	7 840×5 290×2 884

2.1.2.6　电气控制设备

大罐笼提升系统电控设备选用交-直-交提升机成套电控设备,交通罐笼提升系统电控设备选用低压交-直-交提升机成套电控设备。

10 kV 双回路高压电源引自矿井 110/10 kV 主变电所不同母线段,形成单母线分段系统,两段母线分列运行,各为一套提升机配电。一回路电源故障时,另一回路电源能承担两套提升机的用电负荷。380 V 双回路低压电源引自提升机房内两台辅助变压器。

2.1.2.7　辅助设施

副井井塔内设 1 台 100/20 t 电动超卷扬桥式起重机及 1 台载重 1 600 kg 客货两用电梯。

2.2 井筒通风系统与设备选型

2.2.1 设计依据

矿井瓦斯等级为低瓦斯,采用中央并列式通风方式、抽出式通风方法,主、副井进风,中央风井回风。

矿井风量:252 m³/s。

矿井负压:初期(移交生产时)669 Pa,回采 10 a 左右 1 834 Pa,中后期(回采 20 a,北风井启用前)2 935 Pa。

2.2.2 方案比较与设备选型

针对矿井通风要求并根据目前通风机的性能参数和现场实际运行情况,经多方案比较筛选后可供选择的 4 种方案见表 2-37。

方案一选用的 MAF 型液压动叶可调轴流式通风机是 2000 年沈阳鼓风机集团股份有限公司引进德国 TLT 公司技术生产的产品,质量体系完善,工装器具齐全。

该风机由刹车装置、传动装置、集风器、前导风筒组、轴承组、主体风筒、叶轮、后导风筒组、扩散器、消音器等组成。具有效率高、余量大,反风效率高,锻铝合金叶片强度高、韧性大、抗腐蚀性好等优点。在调节方式上,采用调节盘、调节臂技术,较方案四采用主齿散齿结构更优越。此外,风机采用电机反转反风,较调节叶片角度反风效率高,故障率低,对电机功率的要求低。其缺点是由于主电机安装在出风侧,传动轴需穿过扩散塔与风机叶轮连接,其尺寸较长,安装对中困难,同时扩散塔较高,为避免基础的不均匀下沉,基础处理难且工程量大。

方案二选用的 ANN 型轴流式矿井通风机是 Howden 公司的产品,采用 B 型轮毂、比以往 N 型轮毂强度高,更安全可靠;风机技术性能先进、运行效率高、高效区域宽广;采用动叶可调调节方式,启动力矩小,并可适时不停机调节叶片角度以适应风量负压要求;该风机采用反转反风,反风时间短;结构设计合理,主电机安装在进风侧,传动轴较短,便于安装、维护;产品配带集气箱、电动百叶风门、润滑油站、风压测定装置、消音器等,成套性强,噪声小。但是由于该风机主要部件在国外生产,备品备件价格比较高,加工时间比较长。

方案三选用的 FBCDZ 型矿用防爆对旋轴流式通风机,属国内 20 世纪 90 年代中期开发的新产品,已在国内矿井得到大量的应用,其两级叶轮既是工作轮又互为导叶,反转反风,反风量较大,反风时间较短;配带风门、消音器、扩散筒,安装简单、施工周期短,维护工作量小;不需建风机房、可露天布置。但由于该通风机电动机安装在风机轮毂内,需要装设防爆电动机,电动机散热较差,需专门设计,维护较困难。

方案四选用的 GAF 型轴流式矿井通风机是 20 世纪 80 年代全套引进 TLT 公司技术,由上海鼓风机厂生产的产品。采用停机一次性整体调节叶片角度方式,反风量大;产品配带消音器、箱式风门、轴承润滑站、喘振报警装置、通风测定装置等,成套性强。但由于主电动机安装在出风侧,传动轴需穿过扩散塔与风机叶轮连接,其尺寸较长,安装对中困难,同时扩散塔较高,为避免基础的不均匀下沉,基础处理难且工程量大;占地面积较大,安装调试复杂,施工周期长,装置设备多、维护量稍大。反风时需调节叶片角度,操作时间长。

表2-37　中央风井通风机选型比较表

项目	方案一(推荐方案)			方案二			方案三			方案四		
	初期	10 a	中后期	初期	10 a	中后期	初期	10 a	中后期	初期	10 a	中后期
矿井风量/(m³/s)	252	252	252	252	252	252	252	252	252	252	252	252
矿井负压/Pa	669	1 834	2 935	669	1 834	2 935	669	1 834	2 935	669	1 834	2 935
风机型号	MAF-3000/1695-1G			ANN-2650/1250B			FBCDZ-10-No36			GAF31.5-19-1		
电动机型号	Y-8,1 250 kW,10 kV			Y-6,1 250 kW,10 kV			YB-10,800 kW,10 kV			Y-8,1 500 kW,10 kV		
转速/(r/min)	740			990			590			735		
工况点 Q./(m³/s)	264.6	264.6	264.6	264.6	264.6	264.6	264.6	264.6	264.6	264.6	264.6	264.6
工况点 H./Pa	1 019	2 184	3 285	1 055	2 212	3 306	1 019	2 184	3 285	1 019	2 184	3 285
工况点 η/%	81	83	88	72	84.8	86.7	70	75	83	40	72	80.5
计算电机功率/kW	339.66	710.46	1 007.90	395.62	704.30	1 029.55	385.18	2×393.12	2×534.31	674.07	802.62	1 101.81
年电电耗/万千瓦时	330	690	978	384	684	999	390	780	1 060	668	795	1 069
百万立方米帕电耗/万千瓦时	0.39	0.38	0.36	0.44	0.37	0.36	0.46	0.43	0.39	0.79	0.44	0.39
设备费/万元	530			780			500			480		
土建费/万元	150			150			50			150		
方案特点	风机技术性能先进,采用动叶可调调节方式,启动力矩小。采用反转反风方式。初期风机可半叶片数运行,中后期全叶片数运行,工况点效率高,运行费用高,运行费用高,投资适中			风机技术性能先进,采用动叶可调调节方式,启动力矩小。采用反转反风方式。初期风机可半叶片数运行,并采用变频调速控制,可有效提高初期运行工况点效率,运行费用低,但投资总投资高			初期风机单级运行,10 a后双级运行,投资低,占地面积小,安装简单,土建费用低。但由于通风机电动机安装在风机轮毂内,需要装设动机安装在风机轮毂内,可有防爆电动机,且电动机功率比较大,散热较差,需专门设计,维护较困难			风机技术性能可靠,初期设备投资较低,但机房占地面积大。土建费用高,初期风机运行工况点效率大低,即使采用变频控制也不能有效提高风机运行效率,运行费用高。风机反风角度反风,反风时间同长		

经技术经济综合比较，MAF矿用轴流式通风机技术性能先进、运行效率高、高效区域宽广，符合煤炭工业节能减排政策。因此设计推荐方案一，即选用MAF-3000/1695-1G型液压动叶可调矿井轴流式通风机2台，1台工作、1台备用。配1 250 kW、10 kV、740 r/min交流异步电动机驱动。风机采用液压动叶可调调节方式，调节方便。风机采用电动机直接反转反风方式，反风风量大。由于本矿井前后期负压变化比较大，为提高风机运行工况点效率，初期采用半叶片数运行，风机运行工况点效率达81%；中后期全叶片数运行，风机运行工况点效率达83%以上。通过调节前后期风机叶片数量，前后期风机运行效率均在80%以上，无须再配置变频器。

2.2.3 推荐方案的选型计算

（1）通风机需要产生的风量

$$Q = K_L \cdot Q_K = 264.6 \ (\text{m}^3/\text{s})$$

（2）通风机需要产生的负压

初期（移交生产时）：$H_1 = HK_1 + h_1 + \sum h_1 = 1\ 019 \ (\text{Pa})$

回采10 a左右：$H_2 = HK_2 + h_2 + \sum h_2 = 2\ 184 \ (\text{Pa})$

中后期（回采20 a，北风井启用前）：$H_3 = HK_3 + h_3 + \sum h_3 = 3\ 285 \ (\text{Pa})$

（3）通风机的工况点

管网阻力系数：

$$R_1 = H_1/Q_2 = 0.014\ 6$$
$$R_2 = H_2/Q_2 = 0.031\ 2$$
$$R_3 = H_3/Q_2 = 0.046\ 9$$

管网性能曲线方程：

$$H_1{}' = R_1 Q_2 = 0.014\ 6Q_2$$
$$H_2{}' = R_2 Q_2 = 0.031\ 2Q_2$$
$$H_3{}' = R_3 Q_2 = 0.046\ 9Q_2$$

根据管网特性曲线方程及风机特性曲线（分前后期，见图2-18和图2-19），得风机运行工况点的参数，见表2-38。

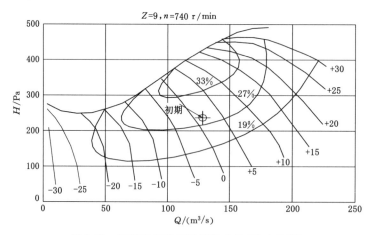

图2-18 初期通风机反风特性曲线（半叶片数）

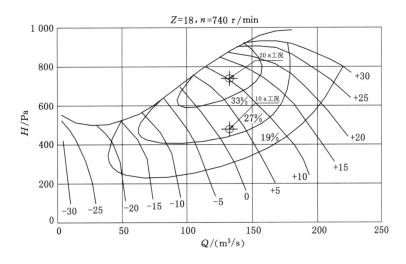

图 2-19 中后期通风机反风特性曲线（全叶片数）

表 2-38 中央风井风机运行工况点参数

时间	风量/(m³/s)	负压/Pa	效率 η/%
初期 M_1	264.6	1 019	81
10 aM_2	264.6	2 184	83
中后期 M_3	264.6	3 285	88

（4）电动机选型

根据电动机轴功率 339.66 kW、710.46 kW、1 007.90 kW 的计算结果，选用 Y6302-6 系列异步电动机（10 kV，1 250 kW，995 r/min）1 台。

（5）反风工况点及电动机校验

初期通风机反风特性曲线如图 2-18 所示，风机反风特性曲线如图 2-19 所示。

风机反风运行工况点的参数见表 2-39。

表 2-39 中央风井风机反风运行工况点参数

时间	风量/(m³/s)	负压/Pa	效率 η/%
初期 M_1'	128	239	27
10 aM_2'	128	511	28
中后期 M_3'	128	768	33

经计算反风时电动机轴功率分别为 116 kW、238 kW、304 kW，因此反风时风量及电机容量满足要求。

（6）供电及控制方式

10 kV 双回路高压电源引自矿井 110/10 kV 主变电所不同母线段，380 V 双回路引自工业场地变电所低压不同母线段。通风机的控制系统由厂家配套。

通风机房选用风机性能在线监测系统一套，可随时监测通风机的风量、负压等参数，同时通过矿井安全监测系统或计算机系统向调度室及有关单位传输运行数据,以利安全和运行管理。

通风机房噪声控制应符合国家工业卫生有关标准。

2.3 井筒排水系统与设备选型

2.3.1 主排水设备

2.3.1.1 设计依据

副井锁口标高:+1 360 m;

井底水平标高:+677 m;

泵房标高:+677.5 m;

地面水池相对井口标高:8 m;

矿井正常涌水量:570 m³/h,最大涌水量:700 m³/h。

考虑井下工作面灌浆、生产及消防洒水的影响,矿井正常排水量 $Q=630$ m³/h,最大排水量 $Q_{max}=760$ m³/h。

2.3.1.2 排水设备选择

根据本矿井涌水量情况,经方案比较筛选后,较适合于本矿井使用条件的两种方案见表 2-40。从表中可知,方案一设备费及年运行费用低,排水时间短,因此推荐方案一,即选用 MD420-96×8(原 PJ200×8)型矿用多级离心泵 5 台,每台泵配(1 400 kW,10 kV,1 480 r/min)矿用隔爆型电动机。正常涌水时 2 台工作,2 台备用,1 台检修,排水时间17.5 h;最大涌水时 3 台工作,排水时间 14.1 h。沿副井井筒装备 3 趟 DN300 排水管路。为减小水锤对泵房内排水管路的影响,每台水泵出口处设 1 台多功能水泵控制阀。

表 2-40 矿井水泵选型比较表

水泵 比较项目		方案一(推荐方案) MD420-96×8(原 PJ200×8)	方案二 MD420-90×8
矿井排水量/(m³/h)	正 常	630	630
	最 大	760	760
排水高度/m		702.5	702.5
台 数		5 台(正常涌水 2 台工作、2 台备用、1 台检修)	5 台(正常涌水 2 台工作、2 台备用、1 台检修)
轴功率/kW		1 214.8	1 187.3
电动机		矿用隔爆型 1 400 kW,10 kV,1 480 r/min	矿用隔爆型 1 400 kW,10 kV,1 480 r/min
工况点 参数	新管	$Q_1=451.3$ m³/h,$H_1=725.9$ m, $\eta_1=76.4\%$,$H_s=6$ m	$Q_1=411.2$ m³/h,$H_1=722.8$ m, $\eta_1=76\%$,$H_s=5.5$ m
	旧管	$Q_1=432.2$ m³/h,$H_1=736.2$ m, $\eta_1=75.9\%$,$H_s=6.43$ m	$Q_1=396.5$ m³/h,$H_1=731.7$ m, $\eta_1=75.9\%$,$H_s=5.7$ m
排水管/mm		D325×16(3 趟)	D325×16(3 趟)
吸水管/mm		D377×9	D377×9

表 2-40(续)

水泵 比较项目		方案一(推荐方案)	方案二
		MD420-96×8(原 PJ200×8)	MD420-90×8
排水时 间/h	正常	17.5(2 台)	19.1(2 台)
	最大	14.1(3 台)	15.3(3 台)
年电耗/万千瓦时		1 800	1 788
年电费/万元		1 170	1 162
吨水百米电耗/kW·h		0.44	0.43
设备及管材费/万元		380	370
方案比较		设备费及年运行费用略高; 排水时间短; 水泵性能稳定,吸水高度较高,适于在高海拔地区使用	设备费及年运行费用略低,但由于该泵必需的汽蚀余量达 4.77 m,用于高海拔地区造成实际允许吸水高度很低,井下水仓有效断面减少,增加井下水仓工程量

2.3.1.3 推荐方案的选型计算

(1)排水设备所必需的排水能力

正常涌水时:$Q_1 = 1.2Q = 756$ m³/h

最大涌水时:$Q_2 = 1.2Q_{max} = 912$ m³/h

扬程:$H_t = H_a + H_s = 707.5$ m

式中,Q 为矿井正常排水量,取 630 m³/h;Q_{max} 为矿井最大排水量,取 760 m³/h;H_a 为排水高度,取 702.5 m;H_s 为吸水高度,取 5 m。

(2)管路阻力系数计算

取吸水管管径 $D_x = 350$ mm

排水管管径 $D_P = 300$ mm

则排水管中扬程损失为:

$$H_{af}{}' = (\phi_1 + \phi_2 + n_3\phi_3 + n_4\phi_4 + \phi_5 + n_6\phi_6 + \phi_7)\frac{V_P^2}{2g}$$

$$= (\phi_1 + \phi_2 + n_3\phi_3 + n_4\phi_4 + \phi_5 + n_6\phi_6 + \phi_7) \cdot \left(\frac{4Q}{\pi D_P^2 \times 3\ 600}\right)^2 \cdot \frac{1}{2g}$$

$$= 8.867\ 8 \times 10^{-5}Q^2$$

式中 　ϕ_1——速度压头系数,取 $\phi_1 = 1$;

　　　ϕ_2——直管阻力系数;

$$\phi_2 = \lambda\frac{L_P}{D_P} = 90$$

　　　λ——水与管壁摩擦的阻力系数,取 $\lambda = 0.027$;

　　　L_P——直管长度,取 $L_P = 1\ 000$ m;

　　　n_3——弯管数量,取 $n_3 = 8$;

　　　ϕ_3——弯管阻力系数,取 $\phi_3 = 0.8$;

　　　n_4——闸阀数量,取 $n_4 = 2$;

　　　ϕ_4——闸阀阻力系数,取 $\phi_4 = 0.4$;

ϕ_5——逆止阀阻力系数，取 $\phi_5 = 10$；

n_6——三通阀数量，取 $n_6 = 1$；

ϕ_6——三通阀阻力系数，取 $\phi_6 = 4$；

ϕ_7——异径管阻力系数，取 $\phi_7 = 0.5$；

Q——矿井正常排水量，取 $Q = 630 \text{ m}^3/\text{h}$；

D_P——排水管管径，取 $D_P = 300 \text{ mm}$。

吸水管中扬程损失为：

$$H_{sf}' = (\phi_2' + n_3'\phi_3' + \phi_4') \frac{V_x^2}{2g} = (\phi_2' + n_3'\phi_3' + \phi_4') \cdot \left(\frac{4Q}{\pi D_x^2 \times 3\,600}\right)^2 \cdot \frac{1}{2g}$$

$$= 0.171\,5 \times 10^{-5} Q^2$$

式中　ϕ_2'——直管阻力系数；

$$\phi_2' = \lambda \frac{L_x}{D_x} = 0.737\,1$$

λ——水与管壁摩擦的阻力系数，取 $\lambda = 0.025\,8$；

L_x——直管长度，取 $L_x = 10 \text{ m}$；

n_3'——弯管数量，取 $n_3' = 1$；

ϕ_3'——弯管阻力系数，取 $\phi_3' = 0.8$；

ϕ_4'——滤网阻力系数，采用无底阀排水，只设滤网，取 $\phi_4' = 2.5$；

D_x——吸水管管径，取 $D_x = 350 \text{ mm}$。

阻力系数为：

新管时 $R_1 = \dfrac{H_{af}' + H_{sf}'}{Q^2} = 9.039\,3 \times 10^{-5}$

旧管时考虑管路积垢后阻力系数增加到 1.7 倍，即 $R_2 = 1.7R_1 = 15.366\,8 \times 10^{-5}$

（3）水泵运行工况点求取

① 特性方程。

新管时：$H_1' = H_t + R_1Q^2 = 707.5 + 9.039\,3 \times 10^{-5}Q^2$

旧管时：$H_2' = H_t + R_2Q^2 = 707.5 + 15.366\,8 \times 10^{-5}Q^2$

式中　H_t——扬程；

R_1——新管阻力系数；

R_2——旧管阻力系数；

Q——矿井正常排水量。

② 根据管路特性曲线和水泵性能曲线求得的工况点参数见表 2-41。

表 2-41　水泵运行工况点参数表

参数	流量 $Q/(\text{m}^3/\text{h})$	扬程 H_1/m	效率 $\eta/\%$	理论最大吸水高度 H_s/m
新管	451.3	725.9	0.764	6
旧管	432.2	736.2	0.759	6.43

（4）电动机容量选择

电动机轴功率为：

$$N_{\phi} = 1\ 214.8\ (\text{kW})$$

电动机选用矿用隔爆型(1 400 kW,10 kV,1 480 r/min),电动机功率富裕系数为 $K = 1.15$。

（5）排水管壁厚计算

排水管壁厚计算结果为 14.78 mm。

（6）排水能力校验

正常涌水量时 2 台泵工作,按结垢后计算每天排水时间为 $T_1 = 17.5$ h。

最大涌水量时 3 台泵工作,按结垢后计算每天排水时间为 $T_2 = 14.1$ h。

水泵满足要求。

（7）电耗计算

年电耗按每年正常涌水 300 d、最大涌水 65 d 计算,年电耗 $1\ 800.58 \times 10^4$ kW·h,吨水百米电耗为 0.44 kW·h。

2.3.1.4 排水设备的电气控制

水泵电源引自井下中央变电所 10 kV 母线,由设在中央变电所内的高压真空开关柜供电,采用电抗器降压启动方式。泵房内在机旁设就地控制箱,并显示电流、电压等电机参数。

2.3.1.5 管路及附件

排水管:选用 DN300 的无缝钢管 3 趟,沿副立井井筒敷设。

吸水管:选用 DN350 的无缝钢管,无底阀运行。采用 ZPBG 型喷射泵组自动引水,配水阀为 PZI-800 型。

排水管在水泵房、管子道内用法兰连接,井筒和地面以焊接为主,局部用法兰连接。泵房内以管支架固定,井筒中以导向卡和约 100 m 设 1 个直管座及托梁固定。井筒与管子道连接处设带座弯头和托梁固定。

泵房内设起重梁并配备手拉葫芦和手拉单轨行车,以便设备安装检修。

2.3.2 井底抗灾强排水设备

根据《煤矿防治水规定》,水文地质条件复杂的矿井,应另行增建抗灾强排水系统。鉴于本矿井水文地质情况复杂,涌水量比较大,因此本矿井另设一套井底抗灾强排水系统。根据本矿井最大涌水量及排水高度,在井底水仓入口处设 2 台 BQ550-726/19-1800/W-S 矿用潜水电泵(配套电动机功率 1 800 kW),2 趟 DN300 排水管路沿风井井筒敷设。

矿用潜水电泵工况点参数见表 2-42。

表 2-42　矿用潜水电泵工况点参数表

参数	流量 Q/(m³/h)	扬程 H_1/m	效率 η/%
新管	557	727.5	81
旧管	532	743.0	80

最大涌水量 2 台潜水电泵工作,按管路结垢后计算每天排水时间 $T_2 = 17.1$ h,因此排水能力满足抗灾强排系统要求。

2 台矿用潜水电泵电源直接引自矿井 110/10 kV 主变电所 10 kV 母线段,由 10 kV 开关柜直接控制,电缆沿副井井筒敷设至井下矿用潜水电泵。

2.4 压风设备

2.4.1 设计依据

副井锁口标高：+1 360 m；

水平标高：+677 m；

用气设备见表2-43。

表2-43 用气设备表

用气地点	用气类别	工作台数	每台耗气量/(m³/min)	总耗气量/(m³/min)
普掘工作面	混凝土喷射机	1	5~8	8
	气腿凿岩机	3	2.8	8.4
	风镐	1	1.2	1.2
大巷综掘工作面	混凝土喷射机	1	5~8	8
	风镐	1	1.2	1.2
井底煤仓(破拱用)				0.32
地面机修车间				2

2.4.2 矿井用气量计算

（1）按风动工具用气量计算 $Q=41.6$ m³/min。

（2）按压风自救计算。

最大班下井工人138人，考虑井下管理人员后总计按不超过166人计算。根据《关于所有煤矿必须立即安装和完善井下通讯、压风、防尘供水系统的紧急通知》(安监总煤行〔2007〕167号)和《防治煤与瓦斯突出细则》的要求，平均每人的压缩空气供给量不得少于0.3 m³/min。

需要的供气量：$Q=\alpha_1\alpha_2\gamma nq=1.2\times1.136\times166\times0.3=67.9$(m³/min)

2.4.3 压风设备选择

根据《关于所有煤矿必须立即安装和完善井下通讯、压风、防尘供水系统的紧急通知》的要求，采用地面集中供气方式。根据矿井用气量计算结果，并结合选煤厂压缩空气用气量、用气压力情况，由选煤厂统一考虑压缩空气设备，在选煤厂设空压机房。

经计算选用4台FBD№8.0/2×45 kW对旋式风机，2台运转、2台备用，2台风机可实现自动切换。井筒内布置2趟 ϕ1 000 mm强力胶质风筒，向井下压入式通风。

2.4.4 压缩空气管网

根据矿井用气量，下井主干管选用D194×6无缝钢管，接自选煤厂空压机房，地面采用直埋敷设，然后沿副井井筒敷设。井下压风管路沿3煤南北翼辅助运输大巷敷设至掘进头，管路连接方式除地面及井筒采用焊接连接外，其余均采用矿用挠性接头连接。

根据《关于建设完善煤矿井下安全避险"六大系统"的通知》(安监总煤装〔2010〕146号)及《煤矿井下安全避险"六大系统"建设完善基本规范》(安监总煤装〔2011〕33号)要求，井下必须设置完善的压风自救系统，满足在灾变期间能够向所有采掘作业地点提供压风供气的要求。采区避灾路线上均应敷设压风管路,并设置供气阀门,间隔不大于 200 m。压风管路应接入避难硐室,并设置供气阀门,接入的矿井压风管路应设减压、消音、过滤装置和控制阀,压风出口压力在 0.1～0.3 MPa 之间,供风量不低于 0.3 m³/(min·人),连续噪声不大于 70 dB(A)。

井下压风管路应敷设牢固、平直,采取保护措施,防止灾变破坏。进入避难硐室前 20 m 的管路应采取保护措施(如在底板埋管或采用高压软管等)。矿井压风管路布置示意图如图 2-20 所示。

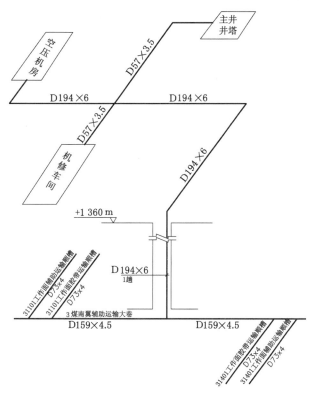

图 2-20　矿井压风管路布置示意图

2.5　通风设备

2.5.1　局部通风机选型计算

选用 4 台 FBDNo8.0/2×45 kW 对旋式风机,2 台运转、2 台备用,风机可实现自动切换。井筒内布置 2 趟 φ1 000 mm 强力胶质风筒,井壁固定,向井下压入式通风。设计吹炮烟高度按 500 m 取值,当井筒实际施工深度不到 500 m 时,可根据井筒实际深度计算吹炮烟时间。

2.5.2　通风机选型计算

2.5.2.1　风量计算

(1) 按工作面最多作业人数计算

$$Q_0 = 4N = 4 \times 25 = 100 \ (\text{m}^3/\text{min}) = 1.67 \ (\text{m}^3/\text{s})$$

式中　N——工作面最多作业人数，取 $N=25$。

（2）按工作面爆破所需炸药量计算

$$Q_2 = 7.8(KAS^2L^2)^{1/3}/t = 7.8 \times (0.6 \times 738 \times 122.6^2 \times 500^2)^{1/3}/50$$
$$= 1\ 847 \ (\text{m}^3/\text{min}) = 30.78 \ (\text{m}^3/\text{s})$$

式中　S——井筒净断面，取 $S=122.6$ m²；

　　　A——工作面一次爆破炸药量，取 $A=738$ kg；

　　　K——淋水系数，取 $K=0.6$（按涌水量 $1 \sim 6$ m³/h 取值，当涌水量变化时应调整取值）；

　　　L——炮烟吹出高度，取 $L=500$ m；

　　　t——吹炮烟时间，取 $t=50$ min。

（3）按井筒规定最低风速校验

$Q = 0.15S = 0.15 \times 122.6 = 18.39 \ (\text{m}^3/\text{s}) = 1\ 103.4 \ (\text{m}^3/\text{min}) < 1\ 847 \ (\text{m}^3/\text{min})$

因此取 $Q = 1\ 847$ m³/min 局部通风机出口风量。

因风量较大，选用 2 台局部通风机同时工作，每台局部通风机出口风量为 923.5 m³/min，即 15.39 m³/s。

2.5.2.2　局部通风机选择

（1）局部通风机的工作风量计算

$$Q_{吸} = PQ_1 = 1.2 \times 15.39 = 18.468 (\text{m}^3/\text{s}) = 1\ 108.1 \ (\text{m}^3/\text{min})$$
$$h = RQ_{吸}Q_1$$
$$R = \lambda R_m$$

式中　P——风量损耗系数；

　　　R——局部通风机总风阻，N·s²/m⁸；

　　　　　$R = \lambda R_m = 1.2 \times 15.6 = 18.72 \ (\text{N·s}^2/\text{m}^8)$

　　　R_m——风筒沿程摩擦风阻，N·s²/m⁸；

　　　　　$R_m = 6.5\alpha L/d^5 = 6.5 \times 0.003 \times 800/1^5 = 15.6 \ (\text{N·s}^2/\text{m}^8)$

　　　α——摩擦阻力系数，取 0.003 N·s²/m⁴；

　　　L——送风长度，约 800 m；

　　　d——风筒直径，取 1 m；

　　　λ——风阻系数，取 $1.1 \sim 1.2$。

计算得：

$$h = 18.72 \times 15.39 \times 18.468 = 5\ 321 (\text{Pa})$$

（2）通风机主要技术参数

型号：FBDNo8.0/2×45 kW 对旋式通风机；

风量：$680 \sim 1\ 250$ m³/min；

全压：$2\ 200 \sim 7\ 100$ Pa；

效率：$>85\%$。

根据计算，选择 FBDNo8.0/2×45 kW 型局部通风机，连接 ϕ1 000 mm 胶质风筒。风量为 $680 \sim 1\ 250$ m³/min，全压为 $2\ 200 \sim 7\ 100$ Pa，可以满足通风需要，效率 $>85\%$。2 台局

部通风机能够自动切换。

2.6 动力、照明及通信

2.6.1 动力、照明

井筒内布置 1 趟 MY3×50+1×10 动力电缆，作为施工动力、照明电源，电缆附在一趟中转绳上。为保证工作面有足够的照明度，采用南京煤研所研制的 DS-ZJD250 新型煤矿立井专用照明灯，吊盘下层盘 4 盏，中层盘 3 盏，上层盘 2 盏。

井口采用防爆白炽灯照明，工作面及吊盘上每班另配备 5～10 盏矿灯供突然停电或装药时使用。

2.6.2 通信信号

凿井期间，井筒内悬吊 3 趟 MY3×10+1×6 橡套电缆，用于井上、下信号联系，电缆附在吊盘绳上。

井上、下联系方式为：井口信号房、井底和吊盘，在每趟信号电缆上都单独设打点器互相传送信号，同时以声光显示。吊盘上安装气喇叭，吊桶运行到吊盘和工作面之间时及时通知工作面人员。

井口信号房与绞车房之间设独立的信号，主、副提各设 1 套 KJTX-SX-1 型煤矿专用通信信号装置。在提升绞车深度指示器上设行程开关，当吊桶提至距井口 80 m 位置时，信号灯在井口信号房显示，告知井口信号工及时把井盖门打开。另在吊盘、井口、翻矸台、主副提绞车房配备电视监视镜头，并与微机联网，项目部和井口调度室可进行电视监控。井下与井口、井口与绞车房之间另设 1 趟直通电话进行应急联系。立井电视监控系统布置示意图如图 2-21 所示。在井筒施工进入基岩时，安装一套瓦斯监测装置，由地面调度室进行监测。

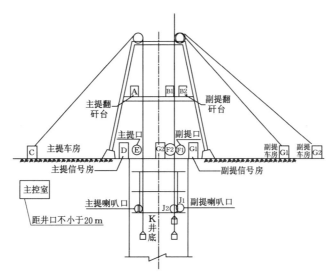

图 2-21　立井电视监控系统布置示意图

2.7 供电系统设置

井筒掘砌期间,在井筒附近建施工变电站,站内安装 10 kV-6 kV-0.4 kV 型移动式开闭所 1 套,S_{11}-4000/10-6 10/6.3 型主变压器 2 台,S_{11}-1000/6 6/0.4 型变压器 2 台,为地面用电设备提供 380 V/220 V 电源;井口安装 KBSG-315/6/0.69 型变压器 1 台,为井筒及井口动力设备提供电源;安装 KBSG-315/6/0.69 型风机专用变压器 1 台,为风井局部通风机提供电源,安装 KBSG-630/6/0.69 型卧泵变压器 1 台,为卧泵提供电源。自业主 10 kV 变电所敷设 2 路 MYJV-3×95/10 kV 电缆至开闭所作为主电源进线(1 路运行、1 路备用),井口安装 ZBX-4.0/127 型照明信号综合保护装置供井下信号、照明用电;提升机采用双回路供电。工程总装机容量为 5 192 kW。

2.7.1 10 kV 高压供电系统(10 kV 综合保护器参数计算)

由于供电电压等级为 10 kV-6 kV、6 kV-660/380/220 V,所以在不考虑变压器热损耗和线路损耗的情况下(提高功率因数,降低损耗),10 kV 变压器的使用功率即为现场负荷所消耗的总功率,由表 2-44 可以看出最大负荷为 5 192 kW。

表 2-44　井筒施工负荷统计表

序号	设备名称	设备容量/kW	需用系数	$\cos\varphi$	$\tan\varphi$	有功功率/kW	无功功率/kvar	视在功率/kV·A
一	地面 10 kV 设备							
1	主提升机	2 500	0.7	0.8	0.75	1 750	1 313	
二	地面 6 kV 设备							
1	副提升机 1	1 250	0.6	0.8	0.75	750	563	
2	副提升机 2	1 250	0.6	0.8	0.75	750	563	
3	压风机	250×3	0.75	0.75	0.88	563	495	
	小计					2 063	1 621	
三	井下低压设备 660 V							
1	卧泵	275	0.8	0.85	0.62	220	136	
2	局部通风机	2×75×2	0.9	0.8	0.75	269	203	
3	井下信号照明及动力	100	0.9	0.9	0.48	90	43	
KBSG-630 6/0.693 kV(卧泵用) KBSG-315 6/0.693 kV(风机专用) KBSG-315 6/0.693 kV (信号照明,井口井下动力)	小计					579	382	
四	地面低压设备 380 V							
1	Jz-10/800	22	0.42	0.8	0.75	9	7	
2	Jz-16/1000	36×6	0.42	0.8	0.75	91	68	
3	Jz-25/1300	45×8	0.42	0.8	0.75	151	113	
4	2Jz-25/1300	75×2	0.42	0.8	0.75	63	47	

表 2-44(续)

序号	设备名称	设备容量/kW	需用系数	$\cos\varphi$	$\tan\varphi$	有功功率/kW	无功功率/kvar	视在功率/kV·A
5	2Jz-10/800	40	0.42	0.8	0.75	17	13	
6	Jza-5/1000	22	0.42	0.8	0.75	18	13	
7	压风机	132×2	0.9	0.8	0.75	238	178	
8	机加工	100	0.4	0.7	1.02	40	41	
9	搅拌机	100	0.4	0.8	0.75	40	30	
10	工厂生活照明	200	0.8	0.9	0.48	160	77	
11	绞车房低压	100	0.8	0.8	0.75	80	60	
S_{11}-1000/6 6/0.4 kV			小计			907	647	
忽略变压器损耗,6 kV 以下总计算负荷			3 442			2 569		
无功功率补偿到 0.9			3 442			1 650		
S_{11}-4000/10-6 10/6.3 补偿后矿井负荷			3 442			919		
矿井总负荷			5 192					

(1) 10 kV 电源 1# 进线保护(101 柜)CT=600/5=120 的整定。

① 最大运行电流计算(取最大同时性系数 0.75)

$$P_{\max} = \sqrt{3} \times 10 \times I_{\max}\cos\theta\eta$$

即

$$5\ 192 \times 0.75 = 1.732 \times 10 \times I_{\max} \times 0.9 \times 0.9$$

得最大运行电流 $I_{\max} = 278$ (A)

② 最大启动电流 $I_Q = 4I_e$

$$I_{Q\max} = 4 \times 278 = 1\ 112(A)$$

③ 10 kV 电源 1# 进线保护(101 柜)

$$CT = 500/5 = 100, I_e = 278 \text{ A}.$$

过流:$I_{dz1} = (278 \div 100) \times 1.4 = 3.9$(A),过流时间整定 0.5 s。

速断:$I_{dz2} = 3.9 \times 6 = 23.4$(A),速断整定时间 0 s。

整定依据:根据工厂配电设计手册,过流整定为额定电流的 1.2~1.5 倍,时间整定为 0~5 s,速断整定为过流整定的 6~8 倍,速断时间为 0~100 ms。

(2) 功率因数改善

由负荷统计表可知,总功率因数低于 0.9,采用分别在 6 kV、0.4 kV 母线上加装电容补偿的方法提高功率因数。

0.4 kV 母线采用移动变电站内置电容器自动补偿。

6 kV 母线选用 BWF 型高压电容器柜 1 台,总容量为 1 650 kvar,运行容量可随运行情况人工调整。

2.7.2 主电缆选择

(1) 按长时允许电缆载流量校验电缆截面

经济电流密度与年最大负荷利用小时数有关,年最大负荷利用小时数越大,负荷越平稳,损耗越大,经济截面因而也就越大,经济电流密度就会越小。由于年最大负荷利用小时数小于 1 000 h,我们选择的是铜芯电缆,经济电流密度为 3 A/mm²,95×3＝285(A)＞278 A(线路计算电流),符合选择要求。

（2）电压损失校验

高压 10 kV 配电线路允许电压损失为 5%,即 $U＝10\ 000×5\%＝500(V)$。

$\Delta U＝P_j×L/(S×C)＝[5\ 192×0.75×200/(95×77)]＝106.5(V)＜500\ V$,故电压损失符合要求。

由上述计算可知,选 MYJV-3×95/10 kV 交联聚氯乙烯电力电缆,在导线工作温度为 80 ℃、环境温度为 25 ℃时,根据国家标准,铜芯电缆年最大负荷使用小时数小于 1 000 h,经济电流密度为 3 A/mm²,满足井下供电要求。

2.7.3 变压器选型计算

由于主提升绞车供电电压为 10 kV,选择 10 kV 变压器时,主提升绞车的负荷不计入变压器容量选择范围内。由供电负荷一览表可知,6 kV 等级以下的施工总负荷为 3 442 kW,需要的变压器为 $P_{变}＝PK_{sb}/\cos\ \varphi＝3\ 442×1/0.9＝3\ 824(kV\cdot A)$,所以选择 4 000 kV·A主变压器满足要求。

2.8　配套安全设施设置

井筒施工期间,在调度室内安设监控电视,便于随时监控井下、井口、绞车房的安全生产运行;并在井筒施工接近煤层时,安装一套瓦斯监测装置,由地面调度室对瓦斯情况进行监测,确保揭煤施工安全。瓦斯监测装置布置示意图如图 2-22 所示。安全监测监控仪表、仪器表见表 2-45。监测监控设计如下:

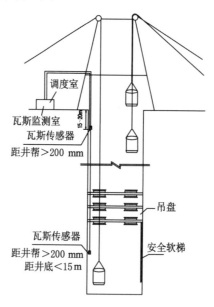

图 2-22　瓦斯监测装置布置示意图

表 2-45　安全监测监控仪表、仪器表

种类	数量	备注
甲烷断电仪	2 台	
甲烷传感器	5 台	其中备用 2 台
便携式瓦斯检测报警仪	4 台	
专用电缆	800 m	

① 按《立井井筒施工标准(试行)》要求,将工作面瓦斯传感器安设在吊盘下方、风筒对侧,回风流瓦斯传感器安设在井口封口盘回风口处,传感器距井壁不小于 200 mm。严格按照安全监控规定管理,瓦斯报警浓度≥0.8%,瓦斯断电浓度≥0.8%,瓦斯复电浓度<0.8%。

② 复电方式:采用人工复电。

③ 必须加强传感器的保护,防止因淋水造成监测数据失真。

④ 探头应垂直悬挂,保持距帮部不小于 200 mm,能够正确反映所测地点的瓦斯和一氧化碳浓度。

⑤ 当工作面瓦斯浓度超过 0.8% 时,检测监控装置报警后,施工人员必须立即撤出工作面,待工作面瓦斯浓度降到 0.8% 以下时,施工人员方可进入工作面作业;一氧化碳浓度按照规程规定执行。

⑥ 局部通风机必须装有风机开停传感器,并有专人负责管理。

⑦ 班组必须爱护所安设的监测监控装置,不得随意损坏。

⑧ 监测监控装置必须定期检修。

⑨ 掘进工作面必须经常移动的传感器、信号电缆必须在班队长的监护下按规定移动、悬挂。

⑩ 当班班队长每班至少对所管辖的传感器及信号电缆进行一次外观检查,发现问题及时汇报。

⑪ 监测监控仪器仪表发生故障时,应先由瓦斯检查工进行瓦斯和一氧化碳检查,并立即汇报调度室和通风调度,监测监控仪器必须在 8 h 内恢复使用,否则,必须停产修复。

⑫ 每隔 10 d 必须对传感器调校一次,装置在井下连续运行 6~12 个月,必须出井检修。入井的监测装置在地面运行 48 h 后合格的方可入井。

3 井筒冻结壁设计与温度场演化特征研究

我国在矿井建设方面主要采用立井开拓方式,先后采用注浆法、沉井法、帷幕法、降水法等建井工艺。人工冻结法具有良好的封水性能,且形成的人工冻结帷幕强度高、地层可复原性好,逐渐形成了以冻结法为主的特殊凿井方法。

为满足矿产资源的持续供给,井筒建设数量和深度不断增加,采用冻结法凿井解决了我国东部深厚含水不稳定冲积层和西部富水弱胶结地层凿井过程中井下涌水和围岩稳定控制等难题。我国在深厚冲积层冻结方面,掌握了超高围压下地层冻土物理力学特性、深厚冲积层冻结壁设计、多圈孔冻结工艺、机械化施工与信息化监控、深厚冲积层井壁结构设计及高性能混凝土浇筑等关键技术与施工工艺,创造了冻结表土层深度 754 m 的世界纪录,此外,新巨龙煤矿东副井凿井已落底正在进行井筒装备,冻结深度达到 958 m(表土深度 646 m)。通过对西部富水弱胶结地层冻结规律的研究,掌握了白垩纪及侏罗纪岩层的物理力学特性、冻结壁发展规律、单圈孔冻结工艺、控温冻结等关键技术,实现了西部弱胶结地层千米深井围岩控制冻结,其中,西部典型的冻结法凿井工程为核桃峪煤矿已建成的副井井筒,基岩冻结深度达 950 m;陕西高家堡煤矿西区进风井基岩冻结深度达 990 m,是目前国内冻结深度最深的落底井筒。目前在地层冻结改性领域,我国已经处于国际领先地位。

3.1 冻结软岩力学性能

3.1.1 冻土单轴抗压强度试验

按照煤炭行业标准《人工冻土物理力学性能试验 第 4 部分:人工冻土单轴抗压强度方法》(MT/T 593.4),采用恒应变速率控制加载方式,在 WDT-100 冻土试验机和 TAW-2000 岩石三轴试验机上分别对冻土和冻岩进行无围压单轴抗压强度试验,试验机及加载夹具如图 3-1 和图 3-2 所示。采用恒应变速率控制方式加载,应变速率为 1%/min。试样制备方面,鉴于原状岩芯较为完整,故采用原状岩芯制备。

图 3-1 冻土无侧限单轴试验机及无侧限抗压强度测试夹具

图 3-2　低温岩石三轴试验机

本次冻土单轴试验共测试 11 种岩性,在 3 个温度等级(−5 ℃、−8 ℃、−10 ℃)条件下进行冻土单轴抗压强度试验。

（1）冻土（岩）单轴抗压强度

冻土的强度与温度的关系密切相关,随着温度的降低,强度增大。冻结基岩的强度与温度相关性不显著,强度与岩石本身的岩性和致密程度显著相关。

（2）冻土（岩）弹性模量

在试验数据处理过程中,冻土弹性模量的确定是依据冻土单轴瞬时抗压强度试验数据,取瞬时抗压强度（σ_s）的一半与其所对应的应变值（$\varepsilon/2$）的比值,即 $E=(\sigma_s/2)/(\varepsilon/2)$,也可以根据应力-应变关系曲线获得。

（3）冻土（岩）泊松比

冻土的泊松比为冻土在弹性范围内横向应变与纵向应变的比值,即:

$$\mu = \varepsilon_2/\varepsilon_1 \tag{3-1}$$

通过对试验数据的分析与整理,得到冻土的抗压强度、弹性模量、泊松比结果见表 3-1。

表 3-1　冻结软岩单轴抗压强度试验结果

编号	试样深度/m	岩性	温度等级/℃	强度指标		
				单轴抗压强度/MPa	弹性模量/MPa	泊松比
H1	25.68	泥岩	−5	3.61	264	0.40
			−8	4.63	389	0.38
			−10	6.77	240	0.37
H2	57.09	砂质泥岩	−5	9.75	585	0.33
			−8	14.58	671	0.26
			−10	14.58	966	0.15
H3	183.98	中砂岩	−5	7.36	442	0.30
			−8	13.81	702	0.28
			−10	14.56	1 125	0.20

表 3-1(续)

编号	试样深度/m	岩性	温度等级/℃	强度指标		
				单轴抗压强度/MPa	弹性模量/MPa	泊松比
H4	218.20	粗砂岩	−5	5.78	290	0.33
			−8	8.49	544	0.24
			−10	10.41	628	0.22
H5	238.03	砂质泥岩	−5	3.23	317	0.35
			−8	4.55	257	0.32
			−10	6.77	123	0.30
H6	258.43	泥岩	−5	4.33	206	0.41
			−8	5.26	330	0.34
			−10	8.56	526	0.31
H7	331.26	砾岩	−5	3.38	179	0.35
			−8	8.53	314	0.29
			−10	9.67	382	0.25
H8	481.73	砂质泥岩	−5	9.72	869	0.45
			−8	10.57	965	0.42
			−10	16.43	1 072	0.39
H9	486.94	中砂岩	−5	4.72	204	0.35
			−8	6.24	244	0.32
			−10	10.96	285	0.29
H10	493.84	粗砂岩	−5	5.07	263	0.34
			−8	6.01	234	0.26
			−10	7.89	406	0.24
H11	511.89	砾岩	−5	6.78	671	0.41
			−8	8.68	787	0.34
			−10	13.61	849	0.30

3.1.2 冻胀试验

按照煤炭行业标准《人工冻土物理力学性能试验 第 2 部分:土壤冻胀试验方法》(MT/T 593.2),进行无水源补给封闭条件下的单向冻胀试验,分别测定冻胀率。冻胀率采用 XT5405B 型冻胀仪测定。冻胀仪可根据试验需要,设置不同的冷板温度,测试不同负温等级下的冻胀量。冻胀仪及内部试样测试图,如图 3-3 所示。

试验设备及试验均在无水源补给条件下进行,试样为单向冻胀状态。将高径比为 0.5 的试样,放在冷板上,套上有机玻璃筒,限制其径向变形,试样上放置暖板,开启冷、热源,同时记录试样高度变化,直至试样高度变化值<0.01 mm/h 结束冻胀率试验。

冻胀率根据下式计算:

$$\varepsilon_{fh} = \Delta h / h_0 \times 100 \tag{3-2}$$

图 3-3 冻胀仪及内部试样测试图

式中 ε_{fh}——t 时刻试样的冻胀率，%；

$\triangle_h$——0～t 时间内试样的轴向变形，mm；

h_0——试验前试样高度，mm。

软岩冻胀性能试验结果见表 3-2。

表 3-2 软岩冻胀性能试验结果

编号	试样深度/m	岩层名称	温度等级/℃	含水量/%	冻胀率 η/%
H1	25.68	泥岩	−5	2.91	−0.49
			−8		0.99
			−10		1.47
H2	57.09	砂质泥岩	−5	3.09	−0.46
			−8		0.36
			−10		0.08
H3	183.98	中砂岩	−5	2.19	0
			−8		−1.12
			−10		0
H4	218.20	粗砂岩	−5	2.43	0.07
			−8		0.07
			−10		−0.59
H5	238.03	砂质泥岩	−5	2.58	0.02
			−8		0.16
			−10		0.79
H6	258.43	泥岩	−5	2.38	0.26
			−8		0.21
			−10		0.23
H7	331.26	砾岩	−5	1.71	−1.17
			−8		0.11
			−10		0.24

表 3-2(续)

编号	试样深度/m	岩层名称	温度等级/℃	含水量/%	冻胀率 η/%
H8	481.73	砂质泥岩	−5	2.36	0.57
			−8		0.38
			−10		−0.14
H9	486.94	中砂岩	−5	2.25	0.78
			−8		0.41
			−10		0.13
H10	493.84	粗砂岩	−5	1.64	0
			−8		0.02
			−10		−0.69
H11	511.89	砾岩	−5	1.82	0.10
			−8		0.06
			−10		−1.14

3.1.3 软岩导热性能试验

土壤导热系数及比热试验采用 Isomet 热导仪,导热系数测量范围 0.015～6 J/(m³·K),体积热容量测量范围 $4.0 \times 10^4 \sim 4.0 \times 10^6$ J/(m³·K)。热导仪如图 3-4 所示,软岩导热性能试验结果见表 3-3,软岩膨胀性试验参数见表 3-4。

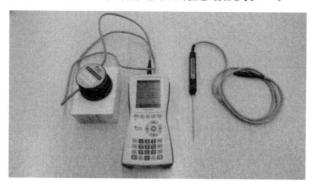

图 3-4　热导仪

表 3-3　软岩导热性能试验结果

编号	试样深度/m	岩层名称	含水率/%	干密度/(g/cm³)	导热系数/[W/(m·K)] 试验温度 −5 ℃	−8 ℃	−10 ℃
H1	25.68	泥岩	2.91	2.47	1.45	1.58	1.61
H2	57.09	砂质泥岩	3.09	2.38	1.58	1.65	1.69
H3	183.98	中砂岩	2.19	2.33	1.46	1.49	1.50
H4	218.20	粗砂岩	2.43	2.36	1.57	1.63	1.65

表 3-3(续)

编号	试样深度/m	岩层名称	含水率/%	干密度/(g/cm³)	导热系数/[W/(m·K)]		
					试验温度		
					−5 ℃	−8 ℃	−10 ℃
H5	238.03	砂质泥岩	2.58	2.41	1.43	1.52	1.55
H6	258.43	泥岩	2.38	2.45	1.39	1.43	1.45
H7	331.26	砾岩	1.71	2.53	1.68	1.70	1.72
H8	481.73	砂质泥岩	2.36	2.49	1.95	1.98	2.03
H9	486.94	中砂岩	2.25	2.39	1.48	1.53	1.55
H10	493.84	粗砂岩	1.64	2.57	1.73	1.76	1.77
H11	511.89	砾岩	1.82	2.46	1.54	1.57	1.58

表 3-4　软岩膨胀性试验参数

编号	试样深度/m	岩层名称	膨胀率/%
H1	25.68	泥岩	5.72
H2	57.09	砂质泥岩	0.40
H3	183.98	中砂岩	0.05
H4	218.20	粗砂岩	0
H5	238.03	砂质泥岩	0.40
H6	258.43	泥岩	15.29
H7	331.26	砾岩	0.01
H8	481.73	砂质泥岩	0.50
H9	486.94	中砂岩	2.85
H10	493.84	粗砂岩	0.30
H11	511.89	砾岩	1.02

3.2　冻结壁温度场与冻结壁设计

3.2.1　冻结壁温度场基本理论

冻结壁温度场是研究土层冻结过程中井筒周围空间温度随时间变化的规律,是空间和时间的函数,在冻结壁空间各点不仅具有不同的温度,并且温度还随时间而变化,即温度场是空间三维坐标和时间的函数,记作:

$$t = f(x, y, z, \tau)$$

地层温度场性状是冻结法施工的关键参数,是冻结壁强度和稳定性计算的基础。在实际冻结施工中,根据测温孔测得的温度数据,可以求得地层冻结壁温度场的分布规律,并根据温度场分布规律了解冻结壁的厚度,为下一步的施工提供依据。影响冻结壁温度场的主要因素有冻结孔布置方式、冻结管的直径、钻孔偏斜、盐水流量、盐水温度、土层性质、土中未冻含水量、相变潜热等。

3.2.2 单圈孔冻结温度场

单圈孔冻结时在冻结壁中有 3 个具有特征的垂直面,即主面、界面和轴面。主、界、轴 3 个平面就是竖井冻结温度场中最有代表性的 3 个平面,通过分析这 3 个面的温度场性状,以了解冻结壁交圈时间及冻结壁的有效厚度、平均温度。

3.2.2.1 冻结壁变化过程的数学模型

冻结壁的变化过程可以划分为 4 个阶段,即交圈前发展时期、积极冻结期、维护冻结期、自然恢复期。

对单圈冻结孔来说,冻结孔均匀分布在以井筒中心为圆心、半径为 R_0 的同一圆周上,假设土质是均匀的,将问题简化为平面问题。

交圈前时期,冻结壁在交圈前的发展,是以每一冻结孔的中心为圆心,以 r_0 为内半径,沿径向扩展的。其数学模型为:

$$\frac{\partial t^-}{\partial \tau} = \alpha \left(\frac{\partial^2 t^-}{\partial r^2} + \frac{1}{r} \frac{\partial t^-}{\partial r} \right) \tag{3-3}$$

$$\frac{\partial t^+}{\partial \tau} = \alpha \left(\frac{\partial^2 t^+}{\partial r^2} + \frac{1}{r} \frac{\partial t^+}{\partial r} \right) \tag{3-4}$$

$\tau = 0$ 时,$t = t_0$

$$r = \xi, \ -\lambda^- \frac{\partial t^-}{\partial r} \Big|_{r=r_0} = \frac{q_0}{2\pi r_0} \tag{3-5}$$

当 $t^+(\infty, \tau) = t_0$,$t^- = t^+ = t^*$

$$-\lambda^- \frac{\partial t^-}{\partial r} + \lambda^+ \frac{\partial t^+}{\partial r} = Q \frac{d\xi}{d\tau} \tag{3-6}$$

积极冻结期,将交圈之后的冻结壁等效成一圆环,以井筒中心为圆心,冻结壁沿径向向两侧不对称发展。其数学模型为:

$$\frac{\partial t^-_{1,2}}{\partial \tau} = \alpha^- \left(\frac{\partial^2 t^-_{1,2}}{\partial r^2} + \frac{1}{r} \frac{\partial t^-_{1,2}}{\partial r} \right) \tag{3-7}$$

$$\frac{\partial t^+_{1,2}}{\partial \tau} = \alpha^- \left(\frac{\partial^2 t^+_{1,2}}{\partial r^2} + \frac{1}{r} \frac{\partial t^+_{1,2}}{\partial r} \right) \tag{3-8}$$

当 $\tau = 0$,$t = t(r)$

$$r = R_0, \ -\lambda^- \frac{\partial t^-}{\partial r^+} - \lambda^- \frac{\partial t^-}{\partial r^-} = q$$

$$t^-_1 = t^-_2$$

$$t^+_1(0, \tau) \text{——有限}$$

$$t^+_2(\infty, \tau) = t_0$$

当 $r = \xi_1$ 时,$t^-_1 = t^+_1 = t^*$

$$-\lambda^- \frac{\partial t^-_1}{\partial r} + \lambda^- \frac{\partial t^+_1}{\partial r} = Q \frac{d\xi_1}{d\tau} \tag{3-9}$$

当 $r = \xi_2$ 时,$t^-_2 = t^+_2 = t^*$

$$-\lambda^- \frac{\partial t^-_2}{\partial r} + \lambda^- \frac{\partial t^+_2}{\partial r} = Q \frac{d\xi_2}{d\tau} \tag{3-10}$$

维护冻结期,此时期引入井筒放热的补充边界条件,其他条件与积极冻结期相同,补充条件为:

$$\lambda^+ \frac{\partial t}{\partial r}\bigg|_{r=R_a} = \alpha(t_a^+ - t_1^-) \tag{3-11}$$

自然恢复期,内部增补条件仍取式(3-11),但由于冻结管停止工作,因此条件不存在,其他条件与积极冻结期相同。

3.2.2.2 温度场分布规律

在开始冻结以后,冻结管中的低温盐水流动与其周围地层进行热交换,以致在每个冻结管周围形成冻土圆柱,随着冻结管不断供冷,冻土圆柱直径不断增加,冻土圆柱内的温度场发生变化。随着冻土圆柱的增长,结冰区各等温线距离也要增加,但当冻结系统不变时,冻结管壁的温度及冻土圆柱外围温度保持不变。在此期间,平面图上的等温线是以冻结管轴心为中心的一组同心圆,如图 3-5 所示。

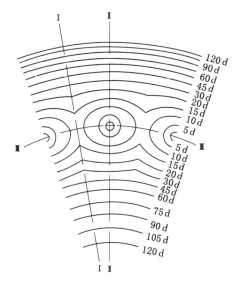

Ⅰ—界面;Ⅱ—主面;Ⅲ—轴面。

图 3-5　冻结壁随时间变化图

(1) 冻结区的温度场

冻结区的温度场是一个相变温度场,常用圆管稳定导热来计算,单个冻结圆柱的温度分布公式为:

$$t = \frac{t_y \ln \dfrac{r_2}{r}}{\ln \dfrac{r_2}{r_1}} \tag{3-12}$$

式中　t_y——盐水温度;

　　　r——冻结圆柱内任意点距离冻结孔中心的距离;

　　　r_2——冻结圆柱的外半径;

　　　r_1——冻结管的外半径。

对于整个圆筒形的冻结壁,可用式(3-12)做近似计算。

(2) 井外降温区的温度场

井外降温区温度分布常用高斯函数来计算,这个方法是建立在半无限空间不稳定导热基础上的。经过积分演算后得到：

$$\frac{t}{t_0} = \frac{2}{\sqrt{\pi}} \int_0^\infty e^{-x^2} \mathrm{d}x = G(X) \tag{3-13}$$

式中

$$X = \frac{x}{2\sqrt{\alpha\tau}}$$

t_0——土的初始温度；

x——距冻结边缘面的距离；

τ——冻结时间；

α——导温系数。

（3）井内降温区的温度场

井内降温区的温度场计算是从圆柱冷却时的导热方程出发，经过推导得出

$$t = 1.6t_0 J_0\left(2.4\frac{r}{R}\right)\exp\left(-5.78\frac{\alpha r}{R^2}\right) \tag{3-14}$$

式中　t——井内降温区对应 r 点的温度；

R——冻结壁的内半径；

$J_0\left(2.4\dfrac{r}{R}\right)$——第一类零阶贝塞尔函数。

3.2.3　单圈孔冻结壁平均温度

冻结壁的平均温度是计算冻结壁厚度的基本参数之一。冻结壁的平均温度主要取决于冻结壁的厚度、盐水温度、冻结孔间距、井帮冻土温度等因素。

冻结壁平均温度与厚度的关系：冻结壁平均温度随厚度的增大而降低。冻结壁厚度较小时，平均温度随着厚度增大而降低的梯度较大；冻结壁厚度较大时，平均温度随着厚度增大而降低的梯度较小，并趋于定值。

主、界面冻结壁平均温度与厚度的关系：主面平均温度比界面平均温度低。冻结初期或冻结壁厚度较小时，主面冻结壁平均温度比界面低得多，但由于界面冻结壁受邻近冻结管传热的影响较主面冻结壁强烈，其平均温度随着厚度增大而降低的速率大，主、界面冻结壁平均温度的差值随着厚度的增大而减小。

冻结壁内、外侧的平均温度与厚度的关系：主面冻结壁和界面冻结壁的内、外侧的平均温度均随着厚度的增长而降低，且规律相同，数值也很接近。

平均温度与盐水温度的关系：冻结壁平均温度随着盐水温度的降低而降低，盐水温度每升高或降低 1 ℃对冻结壁平均温度的影响系数随着冻结孔间距的增大而减小，又随着冻结壁厚度的增大而增大。

平均温度与孔间距的关系：冻结壁平均温度随着冻结孔间距的增大而上升，孔距越小冻结壁平均温度越低。

平均温度与井帮冻土温度的关系：当冻土已扩入掘进直径以内时，井帮土体温度为负值，这时冻结壁有效厚度的平均温度比按冻结壁的零度边界线计算的平均温度低。井帮冻土每下降 1 ℃时，冻结壁平均温度就下降 0.25～0.30 ℃。

平均温度与管径的关系：冻结壁的平均温度随着冻结管直径的增大而降低，但影响较小。

单圈孔冻结壁平均温度的计算方法:煤炭科学研究总院北京建井研究所陈文豹、汤志斌教授等人提出了冻结壁的有效厚度及其平均温度的计算公式——成冰公式:

$$t_{0c} = t_y \left(1.135 - 0.352\sqrt{l} - 0.875\frac{1}{\sqrt[3]{E}} + 0.266\sqrt{\frac{l}{E}} \right) - 0.466 \qquad (3-15)$$

$$t_c = t_{0c} + \Delta t_n \qquad (3-16)$$

式中　t_c——按成冰公式计算的冻结壁有效厚度的平均温度,℃;

　　　t_{0c}——按零度边界线计算的冻结壁平均温度,℃;

　　　t_y——盐水温度,℃;

　　　l——冻结孔间距,m;

　　　E——冻结壁厚度,m。

实践表明,采用理论解析方法求解冻结壁温度场通常情况下是无法求解的。

3.2.4　设计基本参数

根据矿方文件要求的冻结深度:主井与措施井冻结深度为 695 m,副井冻结深度为694 m,风井冻结深度为 689 m。各井筒为防止井筒试挖阶段片帮,均设置了防片帮孔,防片帮孔深度穿过强风化软弱岩层及白垩系第Ⅰ含水层。各井筒设计净直径与最大掘进荒径详见表 3-5。

表 3-5　各井筒冻结参数表

序号	项目名称	主井	副井	风井	措施井
1	井筒净直径/m	9.5	10.5	7.6	9.5
2	最大开挖荒径/m	13.706	14.906	11.006	13.706
3	井筒深度/m	787	730	708	787
4	表土层厚度/m	14.8	10.35	9.8	14.8
5	井筒冻结深度/m	695	694	689	695
6	积极期最低盐水温度/℃	−32～−30	−32～−30	−32～−28	−32～−28
7	冻结壁有效平均温度/℃	−10	−10	−10	−10
8	控制层深度/m	245.37	521.39	660.32	664.93
9	侧压系数	0.013	0.010	0.014	0.014
10	地压/MPa	3.190	5.214	9.244	9.309
11	长时抗压强度/MPa	3.385	7.667	9.67	9.67
12	开挖段高/m	3	4	4	4
13	冻结壁状态系数	1.0	1.2	1.2	1.2
14	固约系数	0.25	0.20	0.20	0.20
15	计算冻结壁厚度/m	3.672	4.523	3.671	3.697
16	设计冻结壁厚度/m	4.0	4.7	3.7	4.2

积极冻结期盐水温度:$t_y = -32 \sim -28$ ℃;

设计控制层冻结壁平均温度:−10 ℃。

3.2.5 冻结壁厚度设计计算公式

在研究该矿井地质及水文地质资料与工程特点的基础上,根据近年来类似软岩冻结经验确定选用维亚洛夫-扎列茨基公式(有限长极限强度理论公式)计算冻结壁厚度。

$$E = K \frac{(1-\xi)Ph}{[\sigma]} \quad (3-17)$$

式中　E——冻结壁计算厚度,m;

ξ——冻结壁固定端系数;

h——掘砌段高,m;

K——安全系数;

$[\sigma]$——人工冻土长时单轴抗压强度,MPa;

P——冻结壁围压,MPa。

（1）冻结壁设计控制层位

冻结壁厚度计算参数选取示意图,如图 3-6 所示。确定一定埋深的岩层作为冻结壁设计控制层,各井筒选定的控制层深度详见表 3-6。

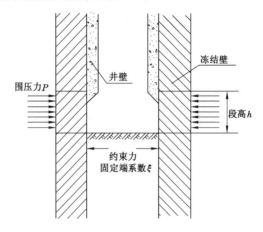

图 3-6　冻结壁厚度计算参数选取示意图

表 3-6　各井筒钻孔参数表

序号	钻孔参数		主井	副井	风井	措施井
1	主冻结孔	布置圈径/m	18.506	20.5	16.2	18.9
2		开孔间距/m	1.351	1.370	1.374	1.348
3		孔数/个	43	47	37	44
4		孔深/m	695	680	689	695
5	防片帮孔	布置圈径/m	15.506	16.000	12.300	15.500
6		开孔间距/m	2.311	2.094	2.575	2.206
7		孔数/个	21	24	15	22
8		孔深/m	75	70	63	75
9	测温孔/(m/个)		675/3	680/188	689/2,215/1	695/2,240/1

表 3-6(续)

序号	钻孔参数	主井	副井	风井	措施井
10	水文孔/(m/个)	79	25/1,150/1	55/1,214/1	79/1,238/1
11	冻结孔工程量/m	30 600	33 640	26 438	32 230
12	钻孔总工程量/m	32 704	35 363	28 300	34 177
13	冻结管规格/mm	$\phi140\times5$ (<300 m); $\phi140\times6$ (>300 m)	$\phi140\times5$ (<200 m); $\phi140\times6$ ($200\sim400$ m); $\phi140\times7$ (>400 m)	$\phi140\times5$ (<300 m); $\phi140\times6$ (>300 m)	$\phi140\times5$ (<300 m); $\phi140\times6$ (>300 m)
14	测温管规格/mm	$\phi140\times5$	$\phi108\times5$	$\phi140\times5$ (<300 m); $\phi140\times6$ (>300 m)	$\phi140\times5$ (<300 m); $\phi140\times6$ (>300 m)
15	水文管规格/mm	$\phi140\times5$	$\phi108\times5$	$\phi140\times5$	$\phi140\times5$

（2）冻结壁围压 P 的确定

根据岩土力学理论及国外冻结设计经验，冻结壁围压应由水和悬浮土压两部分组成。岩层的平均天然密度小于 2.4 g/cm³，取其平均湿密度 2.5 g/cm³。岩层平均内摩擦角大于 35°，其最大侧压力系数 $=\tan^2(45°-35°/2)=0.27$。各井筒计算所采用的围岩压力详见表 3-5。

（3）掘砌段高 h 的确定

较大段高有利于提高掘进速度，但亦非越大越好。对本工程而言，主井采用 $h=3$ m 段高，其余井筒选取 $h=4$ m 段高进行冻结壁厚度的计算。

（4）冻结壁单轴抗压强度的选取

根据冻结试验报告，砾岩地层在 -10 ℃时抗压强度分别为 9.67 MPa 与 13.61 MPa。这里取最小值 9.67 MPa

（5）固定端系数的确定

当一端固定、另一端不固定时 $\xi=0$，两端都固定时 $\xi=0.5$。这里各井筒普遍取 $\xi=0.20\sim0.25$。

根据计算结果，综合考虑井筒开挖荒径的大小，开挖前冻结时间要求及开挖速度要求，并结合施工经验，确定冻结壁厚度。

3.2.6 冻结孔布置方案

以满足冻结壁设计的温度场要求及力学模型要求为原则，结合工期、工艺要求布置冻结孔，并视实际钻孔情况布设测温孔和水文孔，各井筒钻孔及配管参数见表 3-6，各井筒钻孔布置及钻孔剖面示意如图 3-7～图 3-9 所示。

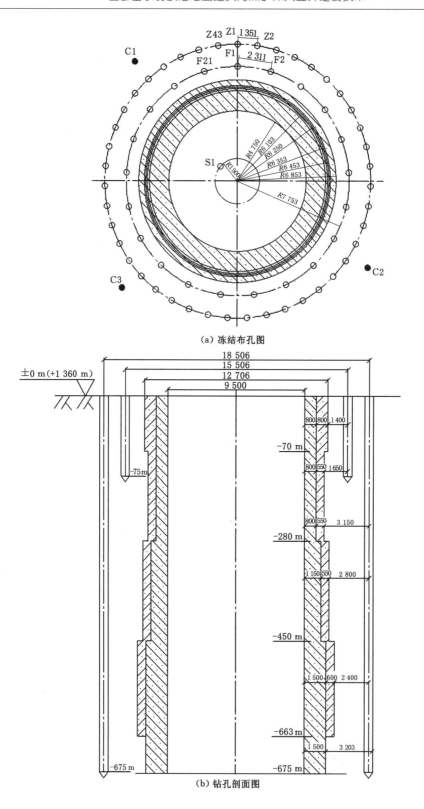

（a）冻结布孔图

（b）钻孔剖面图

图 3-7　主井冻结布孔及钻孔剖面图

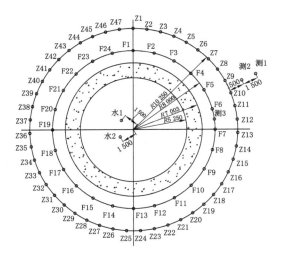

（a）副井冻结布孔

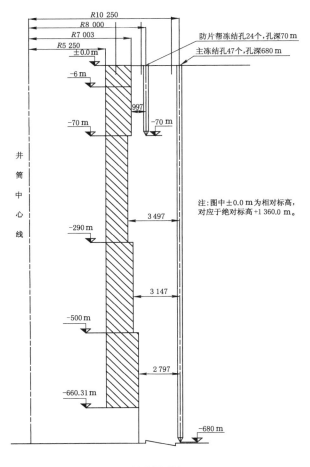

（b）钻孔剖面图

图 3-8 副井冻结布孔及钻孔剖面图

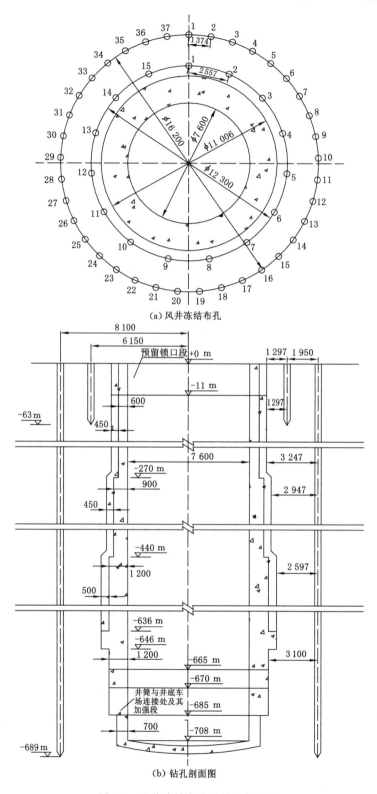

（a）风井冻结布孔

（b）钻孔剖面图

图 3-9　风井冻结布孔及钻孔剖面图

3.3　冻结孔钻进质量控制技术研究

3.3.1　钻孔质量问题及诱因分析

矿井冻结工程成功的关键在很大程度上取决于冻结造孔的质量,而冻结孔质量主要体现在钻孔的孔位偏斜情况及废孔的处理情况。出现钻孔偏斜和废孔往往容易导致相邻钻孔孔间距过大,影响冻结壁的正常交圈。

实践表明,造成钻孔偏斜的原因主要有地质条件(地层倾角及岩性的变化)、钻压大小、钻具结构、泥浆性能与泵量、钻头选择、设备安装质量以及钻机操作人员的技术素质等多方面。

冻结孔施工中地层变化是导致偏斜的主要原因之一,所钻地层倾斜或非均质性使钻头受力不平衡造成钻孔偏斜。通常地质因素中主要是地层倾角,当地层倾角小于 45°时,钻孔一般沿上倾方向偏斜;大于 60°时,钻孔将顺着地层面下滑发生偏斜;而地层倾角在 45°～60°之间是不稳定区,即会向上或向下倾斜。

钻孔下穿砾石层,如砾石较为坚硬,易掉块,施工时钻头磨损较为严重,导致起、下钻具频繁,辅助时间增多,影响钻进效率。砾径大小不一,分布也不均匀;钻头碰到大径砾石时操控不稳,使得钻头易打滑而改变方向,造成偏斜,使钻孔方位变化加剧,从而形成顶角,方位很难扭转,产生孔斜。

实践表明,下部钻具受压发生弯曲就会使钻头偏斜导致孔斜。轻压吊打,孔打得比较直,这时施于钻头上的轴向压力仅是钻铤质量的极少部分,当钻压小于弯曲临界值时,钻头无倾角,孔不易打斜;当钻压大于弯曲临界值时,使弯曲切点移向钻头,钻头倾角大,孔最易打斜。因此,钻压过大导致的钻柱失稳、钻头倾斜是孔斜的主要原因。

在钻具上,如果钻铤的直径和刚性小,会造成钻具和孔径的间隙过大,形成钻头倾角大,钻孔易打斜。孔斜过大,会使整个钻孔偏离设计位置,内偏、外偏或使相邻孔间距较大,影响冻结效果和质量。在偏斜的钻孔内,钻柱易靠在井壁的一侧。旋转时发生严重摩擦,在孔斜突变段钻杆弯曲易使钻杆磨损和发生疲劳折断,也可能造成井壁坍塌或键槽卡钻等事故。会造成下冻结管或套管困难,同时下入的管材不易居中,这往往使冻结管受力不均匀,容易造成断管事故发生。

泥浆性能、泵量对偏斜的影响:泥浆的配制与管理既影响钻孔质量,又影响钻孔效率和孔内安全。泥浆是钻探的“血液”,其重要性不言而喻。应根据不同地层特性合理配制泥浆。采用低固相“双聚”泥浆护壁,有利于防止钻孔偏斜和提高钻进速度。钻孔施工时,除要根据不同地层合理配制泥浆外,还必须保证大泵量施工运转。因为钻进时如果泵量太小,则钻头易受阻,易造成偏斜和烧钻。

钻头型式,砂层、黏土层中钻孔应选用 MP-2 型 190 mm 钢齿牙轮钻头,该钻头齿长,间隔较大,有利于进尺和防偏(在高转速的基础上);砾石层、基岩中钻孔应选用 XMP 型 190 mm 镶齿钻头和 MP-4 型钢齿牙轮钻头。钻头选取不当或不及时更换也会造成钻孔偏斜。

3.3.2　红庆河煤矿冻结孔穿越地质条件特点

矿区整体为一向西倾斜的单斜构造,倾角一般 1°～3°,地层产状沿走向及倾向均有一定变化,但变化不大。白垩系下统志丹群具大型斜层理和交错层理,钻孔施工中极易产生偏斜。此外,各井筒钻孔深度范围内有大量的砂砾石层存在,砾石层砾径普遍 2～150 mm,个别超过钻孔直径,如图 3-10 所示,不利于钻孔偏斜的控制。

(a) 砂质胶结的砾石   (b) 大于钻孔直径的砾石

图 3-10　井筒钻孔揭露地层岩石

如主检孔孔深 810.08 m,见岩层 188 层,砾岩、砂岩类岩层 130 层,占 69%,其中,揭穿志丹群地层 531.39 m,见岩层 115 层,砂岩类岩层 86 层,占 75%;副检孔孔深 741.25 m,见岩层 179 层,砾岩、砂岩类岩层 131 层,占 73%,其中,揭穿志丹群地层 521.49 m,共见岩层 129 层,其中砾岩、砂岩类 80 层,占 62%;风检孔孔深 710.48 m,见岩层 147 层,砾岩、砂岩类岩层 106 层,占 72%,其中,揭穿志丹群地层 505.51 m,见岩层 116 层,其中砾岩、砂岩类89 层,占 77%。

3.3.3　确保设备安装和开孔质量

检修好机械设备,做到钻机运转正常,钻机在荷载下不晃动、不偏离,设备安装做到平衡正确:① 钻场要确保地基坚实、夯实、平整,满足使用厚度要求;② 钻机安装必须水平、稳固,天车、游车和转盘中心三点始终在一条铅垂线上;③ 严格按设计要求对转盘找平找正。

把好开孔关是防斜的基础,应做到:① 开孔前,要把钻塔、钻机设备严格找平、找中和校正,认真对钻机找平找正。② 开孔时使天轮、游动滑车、方钻杆、孔位在同一垂线上。③ 开孔时,选用调直的四方钻杆,采用中转速(110 r/min)、小压力(1.5～2.0 kN)钻进。第 1 根立轴打到 5 m 后,可改为高速(190 r/min)钻进,同时钻压要力求均匀,以增强钻孔的导向性。第 1 根立轴打完后提起钻具,可直接下不带钻头的钻铤(如带钻头,则钻头相当于扶正器,紧靠孔壁。钻头直径 190 mm;钻铤直径 159 mm,和钻孔有 31 mm 间隙),自由悬垂于孔内,并要保证钻铤位于钻机转盘中央。如不符合要求,要及时调整(反向加垫片),确保开孔质量。④ 开孔时用的钻铤、钻具要直。使用合金钻头以轻压慢转钻进;在软地质层钻进时,改善冲洗液性能,钻进时减少泵量。两翼或多翼全面钻头,要使翼片对称,全面钻进时,应加钻铤和导向。

3.3.4　调整钻具组合

深部钻孔控斜难度较大,施工中常采用调整钻具组合结合移架来进行纠偏。选用直径大、刚性大的钻铤,并尽可能减小下部钻柱与孔壁的间隙。为了增强钻具的导向性能,钻具结构应满足以下要求:① 一般粗径钻具长 7～10 m 为宜;② 最好采用高频表面淬火厚壁无缝钢管做岩芯管;③ 可用莱利特合金补强;④ 要求粗径钻具有一定质量,或用钻铤加压,以改善整套钻具的工作条件;⑤ 为了增加耐磨性,可在异径接头表面堆焊莱特合金补强;⑥ 要求所用钻杆、岩芯管要笔直,连接后要同心,以增加回转时的稳定性。

钻具组合根据偏斜值大小及测井资料变化情况进行调整。一般孔斜情况较好时,配 $6\sim8$ 根 $\phi159$ mm 加重管,总长度达 60 m 之多,可保证钻孔垂直度和钻具在孔内处于拉直状态。移架控斜时,加重管数量直接影响钻进速度。坚硬岩层中控斜时,加重管数量应适当增加。如红庆河主、副井 $340\sim370$ m 段的砾石层比较坚硬,控斜时至少要保证有 4 根加重管,否则压力跟不上,进尺缓慢。加重管多的弊病是不利于控斜。较软岩层中钻孔偏斜和变化较大时,应及时提钻,将加重管数量减至 2 根甚至 1 根,直接配 $\phi89$ mm 钻杆,这样有利于控斜。实践表明,加重管数量少具有质量轻、导向短、抗劲小、孔内摆动余地大等特点;同时上部孔口移架便于掌握,既能使移架直距减小,又能控制孔口间距。加重管多,则垂直度高,对直孔钻进有利;但并不适合冻结孔纠偏。

3.3.5 高效泥浆

正常钻进时,泥浆性能参数见表 3-7。

表 3-7 泥浆性能参数表

地层名称	黏度/s	密度/(g/cm^3)	含砂量/%	胶体率/%
砂土	$20\sim47$	$1.20\sim1.40$	<4	>97
砂砾石	$22\sim50$	$1.30\sim1.50$	<4	>97
黏土	$18\sim22$	$1.10\sim1.25$	<4	>97
风化带	$22\sim38$	$1.20\sim1.40$	<4	>97
基岩	$22\sim30$	$1.20\sim1.40$	<4	>97

砂土层施工时,为防止砂土层垮塌,开孔前配一定量的土粉浆。加量方法:土粉 15%,纯碱按土粉量的 5%。泥浆性能:黏度 $20\sim47$ s,密度 $1.20\sim1.40$ g/cm^3。

黏土层施工时,为防止黏钻要提高泥浆的润滑性,降低失水量。加量方法:广谱护壁剂 0.5%,磺化褐煤树脂 1%。性能:黏度为 $18\sim22$ s,密度为 $1.10\sim1.25$ g/cm^3。

基岩风化带施工时,由于风化带较容易垮塌,漏失量较大,要提高泥浆黏度和密度,降低失水量,加强井壁保护。加量方法:广谱护壁剂 1.5%,磺化褐煤树脂 1%。性能:黏度为 $22\sim38$ s,密度为 $1.20\sim1.40$ g/cm^3,失水 $\leqslant8$ mL。

基岩地层施工时,地层较稳定,如有掉块现象,为防止黏钻、岩粉沉淀卡钻,要保证泥浆携岩正常,岩粉能及时沉淀,固相含量低,失水量小,润滑性好。加量方法:广谱护壁剂 1%,磺化褐煤树脂 1%。性能:黏度 $22\sim30$ s,密度为 $1.20\sim1.40$ g/cm^3,失水 $8\sim10$ mL。

3.3.6 钻压控制

钻压应随地层的变化而变化。钻进中地层由软变硬时,钻压应减小,转速随之变缓;地层由硬变软时,钻压应减至正常值的 1/3。钻进时钻机立轴的转速与压力有着必然的联系:转速从高挡降至低挡时,其压力也应随之降低,否则为加压;转速从低挡提至高挡时,压力也应随之增加,否则为减压。

冻结孔施工至砾石层时,钻压控制、操作和钻具合理配置更显重要;加重管数量保持在

7～8 根(9 m/根),钻压控制在 12 kN 左右(机械式拉力表压),对钻孔偏斜控制有较大好处。

3.3.7 靶域控制

早期深井冻结孔的质量控制标准大多采用 20 世纪一直延用的钻孔偏斜率加终孔间距的方法。从空间几何的角度看这种控制方法是把钻孔轨迹控制在一个圆锥体内,冻结孔钻进时,钻头的轨迹要控制在该圆锥体内,冻结制冷施工时就是要使这些圆锥体全部闭合。从图 3-11 上可看出,施工钻孔时由于浅部精度高,施工很难,冻结效率也低。目前深井冻结主要以分区段的钻孔靶域和不同孔间距为标准来控制,冻结孔轨迹控制在分段的圆柱体空间

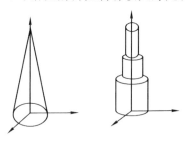

图 3-11 钻孔偏斜控制方式

内,未来形成的冻结壁是多个不同直径的圆柱体相互交接形成的,这样就降低了钻孔施工难度,同时还提高了冻结壁的均匀性。

3.3.8 及时纠偏

传统的纠偏措施有:

① 垫:将钻塔塔脚用垫铁垫起来。

② 扫:利用翼片较多的扫孔钻头或在钻杆上焊上翼片,慢慢从偏斜处上方往下扫孔,如有台阶不要滑掉。

③ 扩:换用比原来钻头大的钻头扩大孔径,修直钻孔。扩至原深度再换用原钻头,将钻具悬吊 1 m 左右,慢慢下放开出一个新孔,钻进 1～2 m 测斜合格,再转入正常钻进。

④ 纠偏:用斜向纠斜槽或液动螺杆钻(代纳钻具)纠偏。

⑤ 移孔:在设计允许前提下,参考上段(或邻孔)偏斜情况,可向偏斜方向移孔纠偏。

目前,中深孔钻进多采用螺杆钻具进行纠偏,螺杆钻具控斜应根据地层特性、钻具刚度、螺杆弯度、测井资料所反映的倾角和方位等确定定向参数(定向深度、扭矩、定向角、泥浆性能、钻压、转速等)和钻具组合,并要考虑相邻冻结孔方位及偏斜情况,确保水平孔间距符合设计要求。定向前应把泥浆含砂量降到 1%以内。通常定向选在黏土层中居多,主要是因为黏土有抗劲,砂层相对较弱。基岩中定向对螺杆损害较大。螺杆钻具定向的缺点在于钻进速度较慢,定向、稳斜使辅助时间增加,提高施工成本。冻结孔施工中,应根据不同地层特性选择适宜的钻进参数、泥浆配方、钻具组合和钻头型式,并严格执行;必须坚持"以防为主,控斜为辅"的原则,根据具体情况采取有效的偏斜预防和控斜处理措施。只有这样,才能保证钻孔施工质量,提高钻效。

3.3.9 操作技能

钻孔施工时,现场操作人员要执行"匀速均压钻进,稳中求快"的指导方针,同时必须做到"三看、三统一"。"三看",即看拉力表、看泥浆、看钻机滚筒;"三统一",即统一压力、统一思想、统一方法。砂层中要高转速、快给进,压力保持在 2～4 kN。砂层进尺较快,钻压一定要跟上,以防钻具和钻头脱落。黏土层中要高转速、慢给进,压力保持在 8～16 kN。基岩中要中、低转速,高钻压。按上述方法操作,可以有效地防止钻孔偏斜。

3.4 红庆河冻结钻孔质量控制的实施情况分析

3.4.1 钻孔施工概述

主井冻结钻孔工程于 2013 年 4 月 6 日正式开钻,于 2013 年 6 月 24 日顺利完成所有钻孔施工,历时 80 d,比冻结深度延深 20 m,比变更后的设计工期提前 45 d。红庆河主井冻结钻孔工程设计各类钻孔 68 个,实际共完成钻孔 68 个。设计钻孔工程量为 33 624 m,下管工程量为 33 624 m;实际钻孔工程量为 33 657.5 m,下管工程量为 33 648.08 m。

副井冻结钻孔工程于 2013 年 4 月 4 日正式开工,2013 年 6 月 28 日竣工,实际工期 85 d,较合同造孔工期提前 35 d。共完成造孔 76 个,总进尺 36 049 m,下各种钢管 36 049 m。

风井冻结钻孔于 2013 年 4 月 2 日开始施工,至 2013 年 6 月 29 日工程施工结束,历时 89 d,共完成各类钻孔 57 个,总工程量 28 300 m。

中央 2 号风井冻结钻孔工程于 2013 年 7 月 12 日开始施工,2013 年 9 月 23 日钻孔结束,历时 74 d,共完成各类钻孔 71 个,总工程量 34 177 m。

施工中遇到的问题:矿区上部地层为 14.8 m 风积沙,钻孔施工过程中容易发生塌孔事故。主井 Z9、Z36 在施工过程中发生不同程度塌孔。钻孔下部侏罗系中统安定组、直罗组存在泥岩和失水严重问题,施工中容易发生缩颈和黏钻事故。主井 Z7 孔冻结管下放至 540 m 发生掉块、缩颈,拔管后重新扫孔下放;主井 Z29 孔 585 m 提钻时发生卡钻处理了 2 d,严重影响了施工工期。

3.4.2 本项目投入的设备机具

为保证钻孔质量与工效,各井筒冻结钻孔均采用 TSJ-2000 型钻机,配套 850 型泥浆泵,为有效控制钻孔偏斜,实现不提钻测斜,各冻结施工单位钻孔施工全部配备高精度陀螺测斜仪与螺杆纠偏钻具,各冻结施工单位冻结钻孔施工投用的主要装备见表 3-8。

表 3-8　各冻结井筒投用的钻孔设备一览表

序号	设备名称	副井		主井		措施井		风井	
		型号规格	数量	型号规格	数量	型号规格	数量	型号规格	数量
1	钻机	TSJ-2000E	6	TSJ-2000E	6	TSJ-2000	7	TSJ-2000	5
2	泥浆泵	TBW-850/50	9	TBW-850/50	5	TBW-850/50	8	TBW-850/50	6
3	陀螺测斜仪	JDT-VA	2	JDT-5、JDT-3K	2	JDT-5A、JDT-6A	3	JDT-5A、JDT-6A	2
4	螺杆钻具	5LZ146×7.0BH	2	5LZ146-7.0		5LZ120-7.0		5LZ120-7.0	2
5	电焊机	DX-330	12			BX-500	5	BX-500	5

各井筒冻结钻孔施工均选择了 TSJ-2000 型钻机,该机型为转盘式,具有结构紧凑、传动平稳、坚固耐用、操作安全、密封性能好等特点,并可实现机械拧卸钻具。该型钻机具体技术参数见表 3-9。本钻机适用于水源开发、矿井建设及其他工程钻孔。

表 3-9　TSJ-2000 型钻机主要技术参数表

项　目	参　数
钻孔深度	$\phi89$ mm 钻杆×2 000 m
转盘通径/mm	$\phi445$
转盘转数(正反)/(r/min)	37.5、52.5、85、147
转盘输出最大扭矩/(kN·m)	21
升降机单绳最大提升能力/kN	90
升降机提升速度(按2层计算)/(m/s)	0.84、1.90、3.3
使用动力	柴油机 6135AN-3150 Ps;电动机 Y315S-4-110 kW
皮带轮输入转数/(r/min)	730
卷筒容绳量($\phi24.5$ mm)/m	176
外形尺寸(长×宽×高)/mm	4 320×2 300×1 290
主机质量(不含动力)/kg	8 000

各井筒冻结钻孔测斜普遍采用 JDT-5A 型陀螺仪,该型陀螺仪主要技术参数见表 3-10。

表 3-10　JDT-5A 型陀螺仪主要技术参数表

项　目	参　数
仪器测量范围	0°~6°(顶角)
顶角测量精度	在 0°~3°时,测量精度为±2′
	在 3°~6°时,测量精度为±4′
方位的测量精度	在倾角为5°时测试,误差<5°
静止方位漂移	<10°/h(倾角在 0°~6°范围内)
动态方位漂移	<12°/h(倾角在 0°~6°范围内)
其他	仪器在 0~45 ℃下能正常工作; 仪器能经受 150 个大气压水密性试验; 仪器可以在 $\phi89$ mm 钻杆内连续测量,自动显示、记录、计算、打印

各井钻具统一采用 $\phi89$ mm 钻杆,$\phi159$ mm 加重杆,$\phi171.4$ mm、$\phi190.5$ mm 牙轮钻头组成的加重钻具,回转式钻进泥浆护壁的方法,分班连续作业方式。各井筒钻进选用的基本参数见表 3-11。

表 3-11　钻进参数表

地层名称	钻压/kg	泵量/(L/min)	转速/(r/min)
砂　土	500~600	500~600	52,84
黏　土	600~800	400~600	84,145
风化带	800~1 000	500	84,145
基　岩	>1 000	500	52,84

3.4.3　钻孔实际偏斜控制

3.4.3.1　主井

冻结钻孔采用靶域半径及偏斜率控制,表土段小于等于 2‰,风化带及基岩段小于等于 3‰;主冻结孔 300 m 以下靶域半径小于等于 0.8 m;向内径向偏值小于等于 0.5 m,不得打穿相邻钻孔;防片帮孔不得向内偏斜;测温孔偏斜率按不大于 3‰ 控制;水文孔偏斜控制要求各水平落点不超出井筒净断面。

主孔最大孔间距:200 m 以上最大孔间距小于等于 2.2 m,200～400 m 最大孔间距小于等于 2.6 m,400 m 至终孔最大孔间距小于等于 3.0 m。防片帮孔最大孔间距小于等于 2.6 m。主井冻结钻孔偏斜图如图 3-12 所示。

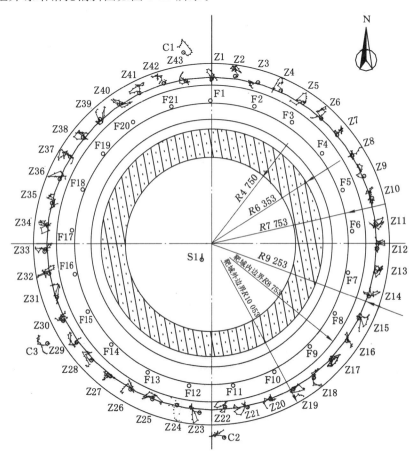

图 3-12　主井冻结钻孔偏斜图

3.4.3.2　副井

开孔间距:开孔位置偏差±20 mm。

钻孔偏斜:终孔测井偏斜率最大的孔为 Z41 孔,设计孔深 694 m,测深 100 m,落点偏距 277 mm,方位 153°,偏斜率 2.8‰。

相邻钻孔最大孔间距:230 m 以上 Z18-Z19 在 200 m 水平间距为 1 846 mm,小于设计要求的 2 500 mm,230 m 以下 Z45-Z46 在 450 m 水平间距为 2 301 mm,小于设计要求的 2 900 mm。副井冻结钻孔偏斜图如图 3-13 所示。

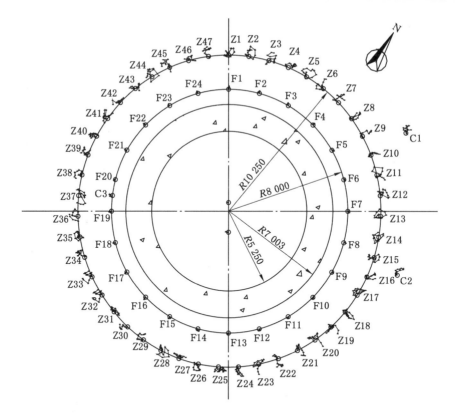

图 3-13 副井冻结钻孔偏斜图

3.4.3.3 风井

钻孔偏斜控制要求:钻孔按靶域控制,0～300 m 小于等于 600 mm,300 m 以下小于等于 800 mm;主圈孔内径向偏值小于等于 500 mm,防片帮孔不允许内偏。

钻孔偏斜情况:防片帮孔共计 15 个,孔深 63 m。最大偏距 208 mm(F10 孔在孔深 63 m 处);主冻结孔共计 37 个,孔深 689 m,最大偏距 776 mm(Z15 号孔在孔深 450 m 处)。

最大相邻孔间距:防片帮孔最大孔间距在 F9 孔和 F10 孔之间,孔深 63 m 处,孔间距为 2.751 m;主冻结孔最大孔间距在 Z21 和 Z22 孔之间,孔深 500 m 处,孔间距为 2.103 m。达到了主孔 0～300 m 小于 2.2 m,300 m 以下小于 2.9 m 的设计要求。风井冻结钻孔偏斜图如图 3-14 所示。

3.4.3.4 中央二风井

钻孔偏斜率设计要求:表土段小于等于 2‰,风化带及基岩段小于等于 3‰;钻孔偏斜值:300 m 以下靶域半径小于等于 0.8 m,向内径向偏值小于等于 0.5 m,防偏孔不允许内偏。

钻孔实际偏斜情况:防片帮孔共计 22 个,孔深 75 m,最大偏距 200 mm(F2、F5 孔在孔深 75 m 处);主冻结孔共计 44 个,孔深 695 m,最大偏距 785 mm(Z27 号孔在孔深 450 m、480 m 处)。

最大相邻孔间距设计要求:主孔最大孔间距:200 m 以上最大孔间距小于等于 2.2 m,200～400 m 最大孔间距小于等于 2.6 m,400 m 至终孔最大孔间距小于等于 3 m。

防片帮孔最大孔间距在 F12 孔和 F13 孔之间,孔深 75 m 处,孔间距为 2.452 m;主冻结孔最大孔间距在 Z38 和 Z39 号孔之间,孔深 540 m 处,孔间距为 2.418 m,达到了设计要求。中央二风井冻结钻孔偏斜图如图 3-15 所示。

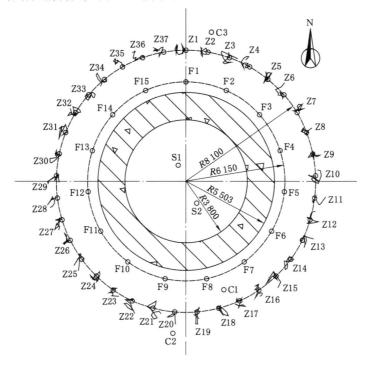

图 3-14　风井冻结钻孔偏斜图

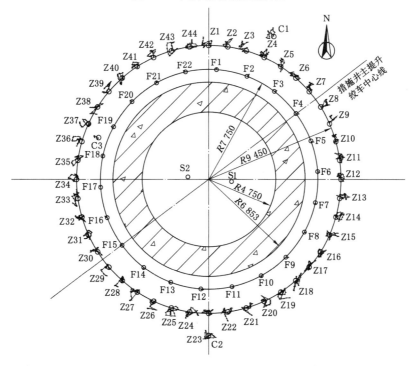

图 3-15　中央二风井冻结钻孔偏斜图

3.5 冻结壁特性及发展规律数值模拟分析

3.5.1 数值计算程序简介

在科学技术领域内,对于许多力学问题和物理问题,人们已经得到了它们应遵循的基本方程和相应的定解条件,但能利用解析方法求出精确解的只是少数。对于大多数非线性和几何形状不规则的问题,采用解析方法求解时,只能通过对问题的简化方式求解,往往产生较大的误差甚至错误的结论。因此人们就寻找和发展了另一种求解复杂问题的有效途径——数值计算法。特别是近 30 年来,随着电子计算机的飞速发展和广泛应用,数值计算已成为求解科学技术问题的主要工具。在岩土工程方面,随着工程建设规模和复杂程度的不断加大,岩土工程所面临的荷载、岩土性质、边界条件等也愈加复杂,许多工程问题离开大型数值计算软件和高速电子计算机,是无法进行分析的。因此,数值计算方法已成为目前研究大型和复杂的岩土工程中温度、变形、应力、强度和稳定性等问题的主要手段之一。通过数值模拟计算,一方面可以用计算出的结果与模拟试验和实测的结果相互验证,互相补充;另一方面可以得到模拟试验和实测无法得到的计算结果,如全域的应力、应变、位移和温度分布规律。在试验中冻土和土内部的位移、应变等是很难测到的;再者,数值计算比模拟试验省钱、省时,也能考虑更多的影响因素。

本章节采用大型通用有限元分析软件 ANSYS 软件包进行计算。该软件最初由 John Swanson 博士开发,通过 30 多年的不断完善与补充,现已成为当今国际最知名的分析软件包之一。ANSYS 是一个大型的通用有限元分析软件,融结构、热、流体、电磁、声学分析于一体,能够进行结构静力分析、结构动力分析(模态分析、瞬态动力响应分析、随机振动分析)、结构屈曲失稳、非线性(几何非线性、材料非线性、单元非线性、边界非线性)、疲劳损伤与断裂、复合材料、热分析、热-结构耦合、流体耦合等多方面的数值分析计算。

ANSYS 有限元程序的主要技术特点:唯一实现前后处理、分析求解及多场分析统一数据库的大型 FEA 软件;独一无二的优化功能,唯一具有流场化功能的 CFD 软件;唯一能实现多场及多场耦合功能的软件;强大的非线性分析功能;快速求解器;智能化网格划分;可与大多数的 CAD 软件集成并有接口;良好的用户开发环境。

ANSYS 有限元程序被广泛应用于机械制造、土木建筑、地下工程、交通运输、电力工程以及宇航、化工等大多数工业领域,例如它是许多国家(包括中国)压力容器协会指定的计算软件。

3.5.2 模型建立与参数选取

红庆河副立井采用全深冻结施工,主冻结孔共设置 47 个,主要的冻结设计参数如表 3-12 所示。

表 3-12 副井冻结设计参数

钻孔参数	单位	副井
井筒净直径	m	10.5
冻结段最大开挖荒径	m	14.9
冻结深度	m	694

表 3-12(续)

钻孔参数		单位	副井
冻结壁厚度		m	4.7
主冻结孔	布置圈径	m	20.5
	开孔间距	m	1.37
	孔数	个	47
	孔深	m	680
防片帮孔	布置圈径	m	16
	开孔间距	m	2.094
	孔数	个	24
	孔深	m	70
积极冻结盐水温度		℃	−32～−30
维护冻结盐水温度		℃	−24～−22
开机至试挖		d	55

3.5.2.1 模型的建立

为了便于实现对冻结井筒温度场分布情况的有限元分析,假设条件如下:

① 假设土体均匀分布,且各向同性。

② 假设工程模型外边界与外界绝热,即没有热交换。

③ 假设不同土层间的纵向热传导忽略不计,将问题简化为平面问题。

④ 假设初始地温在同一水平土层中均一分布。

根据红庆河副立井冻结施工方案设计的技术参数和试验分析的热物理学参数,通过有限元软件 ANSYS 对实际地层进行建模。选取−350 m 粗粒砂岩为研究对象,并依照冻结打钻成孔的实际偏斜位置建立模型。几何模型采用 4 节点热实体单元 PLANE55,设定井心坐标为(0,0),外边界直径取 46 m。为了使数值模拟计算得更加精确,模型在冻结管位置周围对网格划分进行细化处理,并且认为模型的外边界是绝热的。

按照选定的单元类型与网格处理方式,对该层位的数值计算模型进行网格划分,模型建立如图 3-16 所示。

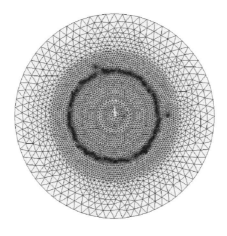

图 3-16 副井−350 m 层位几何模型示意图

3.5.2.2　热物理参数的选取

根据试验及相关资料，−350 m粗粒砂岩相关热物理参数见表3-13。

表3-13　岩土热物理参数

深度/m	岩性	密度/ (kg/m³)	含水率/%	导热系数/[W/(m·K)]		比热/[kJ/(kg·K)]	
				−10 ℃	20 ℃	−10 ℃	20 ℃
350	粗粒砂岩	2 350	9.07	2.04	1.84	0.856	1.107

3.5.2.3　焓的考虑与计算

在冻结过程中，岩土里的水结冰将放出潜热，对温度场有较大的影响，需要对这个问题充分考虑。岩土冻结的过程是相变导热过程，相变导热问题又称为 Stefan 问题。此类问题一个常用并且简易的求解方法是显热容法，其思想是把相变潜热折算成一个小的温度范围内的显热容，其大小由相变潜热和相变温度范围所决定，这样就可以转化为在同一区域内单相非线性瞬态导热问题。

ANSYS 热分析最强大的功能之一就是可以分析相变问题。在对冻结温度场进行数值模拟的过程中，可以通过材料属性中的焓值的变化来模拟岩土冻结的结冰潜热。而焓曲线根据温度可分为 3 个区间，即：在岩土冻结温度 t_s 以下，在岩土冻结固体开始融化温度 t_s 和冻土完全融化温度 t_f 之间，在冻结岩土完全融化温度 t_f 以上。根据比热容及潜热可计算各处的焓值，计算公式如下：

第 1 区间：

$$H = \rho c_s (t - t_0), t \leqslant t_s \tag{3-18}$$

第 2 区间：

$$H = H_s + \rho c^* (t - t_s), t_s < t \leqslant t_f \tag{3-19}$$

$$H_s = \rho c_s (t_s - t_0) \tag{3-20}$$

$$c^* = \frac{c_s + c_f}{2} + \frac{L}{t_f - t_s} \tag{3-21}$$

$$L = \frac{W}{1 + W} L_H \tag{3-22}$$

第 3 区间：

$$H = H_f + \rho c_f (t - t_f), t > t_f \tag{3-23}$$

式中　H——焓值，kJ/kg；

c_s——冻土比热，kJ/(kg·℃)；

c_f——未冻土比热，kJ/(kg·℃)；

c^*——相变区等效比热，kJ/(kg·℃)；

W——天然含水量，%；

L——相变潜热，kJ/kg；

L_H——水结冰潜热，一般取 335 kJ/kg。

根据上述理论与相关公式计算，可得到 3 个层位的焓值变化曲线如图 3-17 所示。

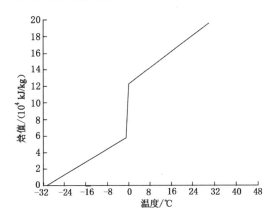

图 3-17 —350 m 粗粒砂岩焓值随温度变化曲线

3.5.2.4 初始与边界条件及盐水荷载

模型中各节点的初始温度、边界温度,依据测温孔相应地层深度的原始地温实测值。根据测温系统对地层原始地温的采集,—350 m 层位地温为 18.6 ℃。

冻结管内盐水荷载的降温过程,则通过冻结管外表面的温度变化规律来模拟。为了提高分析运算的精度,冻结管外表面的温度尽量做到准确取值,可按下式确定:

$$t(\tau) = t_2(\tau) + \frac{h}{H}[t_1(\tau) - t_2(\tau)] + \Delta t(\tau) \tag{3-24}$$

式中 $t_1(\tau)$——τ 时刻冻结管管头位置去路盐水温度,℃;

$t_2(\tau)$——τ 时刻冻结管管头位置回路盐水温度,℃;

h——研究层位的深度,m;

H——冻结管的有效冻结深度,m;

$\Delta t(\tau)$——冻结管内外温差,℃,可根据实测或经验取值。

对副井—350 m 粗粒砂岩冻结管外壁温度进行计算,得到温度分布如图 3-18 所示。

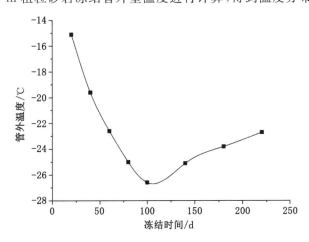

图 3-18 —350 m 地层冻结管外壁温度分布曲线

3.5.3 冻结温度场分布特征分析

对副井－350 m粗粒砂岩所建立网格模型进行数值模拟运算,得到了该层位的冻结壁发展在各个时期的温度场分布云图,如图3-19~图3-22所示。

由副井－350 m粗粒砂岩冻结壁发展各个阶段的温度场分布云图可以看出,随着冻结工程的运转,温度分布随时间快速而明显地变化。从图中能清晰地看到,冻结造孔的偏斜容易造成早期冻结壁发展的不均匀分布,可能形成冻结壁薄弱部位。从50 d冻结壁温度场分布云图来看,该层位的冻结壁已完成交圈,满足了冻结施工设计方案中的交圈期限。随着冻结时间的延长,地层温度不断下降,而相同负温部位分布的区域不断向冻结孔布置圈的两侧扩展,即冻结壁的厚度不断增大。

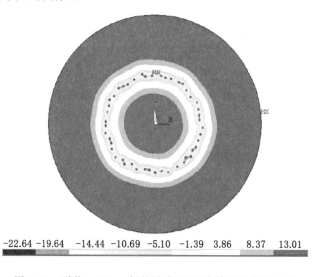

-22.64 -19.64　-14.44 -10.69　-5.10　-1.39　3.86　8.37　13.01

图3-19　副井－350 m粗粒砂岩50 d冻结壁温度场云图

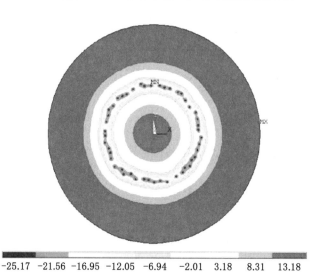

-25.17　-21.56 -16.95 -12.05　-6.94　　-2.01　3.18　8.31　13.18

图3-20　副井－350 m粗粒砂岩100 d冻结壁温度场云图

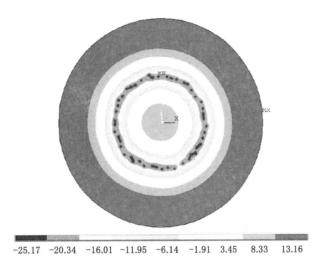

-25.17　-20.34　-16.01　-11.95　-6.14　-1.91　3.45　8.33　13.16

图 3-21　副井－350 m 粗粒砂岩 150 d 冻结壁温度场云图

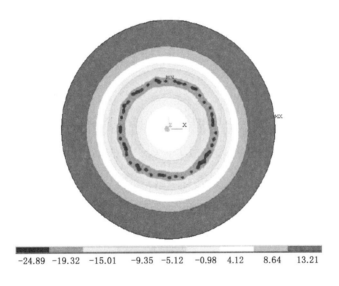

-24.89　-19.32　-15.01　-9.35　-5.12　-0.98　4.12　8.64　13.21

图 3-22　副井－350 m 粗粒砂岩 200 d 冻结壁温度场云图

以有限元软件数值模拟的结果为基础,采用面积法计算得到冻结壁发展各个时间阶段的冻结壁厚度、平均温度,其中冻结壁厚度取井筒平均值,而平均温度是对应于相应层位冻结孔间距最大位置,即相对薄弱部位的计算结果。数值模拟得到的温度场分布云图及各个阶段相应层位冻结壁主面位置的温度场特性,计算得到 3 个层位的冻结壁在各个时期的发展速度,如表 3-14 所示。

表 3-14　冻结壁发展预测

冻结天数/d	有效厚度/m	平均温度/℃	向内速度/(mm/d)	向外速度/(mm/d)
50	2.44	−7.03	25.74	23.03
100	4.18	−9.06	23.13	19.68

表 3-14(续)

冻结天数/d	有效厚度/m	平均温度/℃	向内速度/(mm/d)	向外速度/(mm/d)
150	5.59	−9.62	20.94	16.33
200	6.62	−9.86	19.03	14.06
250	7.64	−10.08	17.96	12.61

由表 3-14 计算结果可以看出,随着冻结时间的延长,冻结壁厚度不断增长,但增速逐渐变小,前期厚度每 50 d 平均增加约 50%,后期则为 10% 左右。在最薄弱位置的冻结壁平均温度逐渐降低,后期基本满足冻结施工设计要求。在冻结 150～200 d 期间,冻结单位控制的盐水温度有所提高,从而导致平均温度回升了 1 ℃ 左右。软件数值模拟的冻结壁厚度在后期较大。而按一般经验,单圈冻结布孔的影响范围在后期通常会趋于一个极限值。从计算结果来看,冻结壁发展速度随着冻结运转不断减小,每增加 50 d 向内的冻结壁发展速度平均减小 8.6%,向外发展速度平均减小 14.8%。受群孔效应的影响,同一时刻向内发展速度均大于向外发展速度。

依据副井的实际位置与偏斜情况,通过对所建立的数值模型进行模拟运算,能够获得开挖至相应层位时所揭露的井帮温度等数据。根据数值模拟及井筒掘进速度推算,在冻结 150 d 后井筒掘进至−350 m,计算得到井帮温度−4 ℃,而开挖后实际测得的井帮平均温度为−4.5 ℃。

3.6 井筒实测冻结壁温度与温度场演化特征分析

3.6.1 各井筒冻结过程简述

红庆河主井冻结站总标准制冷能力 1 557×10⁴ kcal/h,安装 9 台 HJLG25Ⅲ TA250 型螺杆机组和 9 台 HLG20Ⅲ DA185 型螺杆机组制冷系统。主井冻结站于 2013 年 7 月 7 日开机,2013 年 8 月 1 日深水文孔冒水(冻结 26 d),水文孔水位变化如图 3-23 所示,说明井筒各层位冻结壁已基本形成。

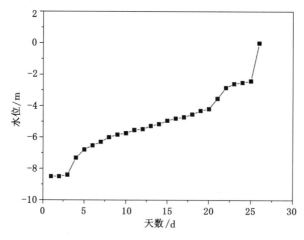

图 3-23 主井水文孔水位变化曲线

2013年8月25日井筒试挖(冻结50 d),2014年9月9日井筒箕斗装载硐室上室掘进、砌筑施工完毕,经过矿方和监理单位同意,冻结站停止冻结井筒,截至2014年9月9日共冻结430 d。主井盐水温度曲线如图3-24所示。井筒掘砌期间对每个段高井帮温度进行了监测,各段高的井帮温度如表3-15所示。全井筒井帮平均温度分布如图3-25所示。

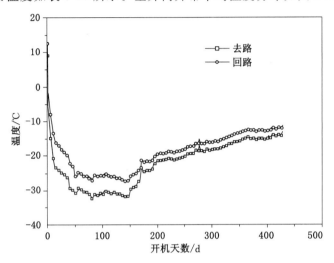

图 3-24　主井盐水温度曲线

表 3-15　红庆河主井井帮温度监测

日期	地层	模数	累深/m	东/℃	南/℃	西/℃	北/℃	东南/℃	西南/℃	东北/℃	西北/℃	平均温度/℃
2013-08-25	细砂	2	9.7	0.9	0	0	1	0.9	1	1.5	−0.1	0.65
2013-08-26	细粒砂岩	3	12.7	4	1	0.5	2	2	0.2	4	0	1.71
2013-08-29	细粒砂岩	4	18.1	0	−0.3	−0.8	−0.8	−0.5	−1	−0.2	−1	−0.58
2013-09-02	中粒砂岩	5	22.3	0	−1	−3	−0.7	−1.5	−1.5	−1	−1.3	−1.25
2013-09-04	中粒砂岩	6	26.5	−0.5	−1.1	−1	−1	−1.8	−1.6	−0.8	−1.2	−1.13
2013-09-08	中粒砂岩	7	30.7	−0.4	−1.9	−0.7	−1.2	−2.5	−1.3	−1	−1	−1.25
2013-09-10	泥岩	8	34.9	−1	−2	−0.9	−1.6	−2	−1.5	−2	−1.5	−1.56
2013-09-12	泥岩	9	39.1	−3	−3.2	−2.8	−2.3	−2.9	−3	−1.9	−3.6	−2.84
2013-09-14	细粒砂岩	10	43.3	−2.6	−3	−3	−3	−4	−4	−2.4	−4	−3.14
2013-09-15	泥岩	11	47.5	−2.5	−2.8	−3.4	−4.2	−3.2	−3.4	−3	−4.1	−3.33
2013-09-16	细粒砂岩	12	51.7	−4.5	−5.9	−7	−5.3	−4.5	−4.1	−5.4	−8	−5.59
2013-09-18	中粒砂岩	13	55.9	−5.1	−6.1	−6.2	−5.4	−4.6	−5	−6	−6.4	−5.60
2013-09-19	细粒砂岩	14	60.1	−4.1	−4.4	−4.8	−4	−4.9	−4.7	−3.4	−4.3	−4.33
2013-09-20	细粒砂岩	15	64.3	−4.6	−5.3	−5	−4.1	−5	−3.8	−4	−5.1	−4.61
2013-09-21	细粒砂岩	16	68.5	−5	−4	−4.3	−5.2	−3.5	−3.7	−5.2	−6	−4.61
2013-09-23	细粒砂岩	17	72.7	−4.2	−3.3	−4	−5.4	−2.6	−3.1	−4.8	−5.1	−4.06

表 3-15（续）

日期	地层	模数	累深/m	东 /℃	南 /℃	西 /℃	北 /℃	东南 /℃	西南 /℃	东北 /℃	西北 /℃	平均温度 /℃
2013-09-24	细粒砂岩	18	76.9	−2.5	−1.3	−2	−2.1	−1.9	−1.5	−0.9	−2.4	−1.83
2013-09-24	细粒砂岩	19	81.1	5	5.1	4.6	5.3	3.9	5.2	4.8	4.6	4.81
2013-09-25	细粒砂岩	20	85.3	4.6	5.2	4.8	4.9	4	4.5	3.8	2.9	4.34
2013-09-27	细粒砂岩	21	89.5	4.4	4.5	3.2	4.3	3	4.2	4.2	3.8	3.95
2013-09-28	细粒砂岩	22	93.7	4.3	3.6	3.8	4	3.9	2.9	4	3.4	3.74
2013-09-29	细粒砂岩	23	97.9	4	4.2	3.5	4.1	5.1	3	4.5	3.2	3.95
2013-10-01	细粒砂岩	24	102.1	4	4.3	3.6	4	4.2	3.9	4.3	3.8	4.01
2013-10-02	粗粒砂岩	25	106.3	3.1	3	3.1	3.2	3.5	3	3.4	3.1	3.18
2013-10-03	粗粒砂岩	26	110.5	3.5	2.9	3	2.7	4	3.1	2.9	3	3.14
2013-10-03	细粒砂岩	27	114.7	3.3	3	2.9	3	3.2	3.2	3.3	3.1	3.13
2013-10-04	粗粒砂岩	28	118.9	3	3.1	3.3	3	3.2	3.4	3.4	3.2	3.20
2013-10-05	细粒砂岩	29	127.3	3.2	3.3	3.5	3.4	3.5	3.2	3.4	3.3	3.35
2013-10-06	细粒砂岩	30	131.5	3.4	2.9	3.1	3	3.1	3.3	3.6	3.4	3.23
2013-10-07	中粒砂岩	31	135.7	3.1	2.9	3.1	3.2	3	3.3	3.3	3.1	3.13
2013-10-08	中粒砂岩	33	139.9	3	3.3	3.2	3.1	2.9	3	3.2	3.3	3.13
2013-10-09	细粒砂岩	35	144.1	2.9	3.1	3.3	3	3	3.2	3.1	3	3.08
2013-10-10	细粒砂岩	36	148.3	2.9	3.1	3.1	3	3.2	3.3	3.1	3.3	3.13
2013-10-10	细粒砂岩	37	152.5	3	3.1	3.2	3	3.2	3.1	3.1	3.3	3.13
2013-10-11	细粒砂岩	38	156.7	2.4	3	3.2	2.9	2.3	2.7	3	3.1	2.83
2013-10-12	细粒砂岩	39	168.7	2.5	1.8	3.2	3	2.4	1.9	2.9	3.3	2.63
2013-10-13	细粒砂岩	40	172.9	2.5	3.1	4.5	4.3	2.4	3.3	3.1	4	3.40
2013-10-14	含砾砂岩	41	177.1	3	3	4.4	4.7	4.6	2.8	4.5	4.4	3.93
2013-10-15	含砾砂岩	42	181.3	2.9	2.5	3.5	4	4.1	2.3	3.2	3.8	3.29
2013-10-16	含砾砂岩	43	185.5	2.5	3	3.2	3.5	2	2.6	2.5	2.3	2.70
2013-10-17	细粒砂岩	44	194.1	2.5	3.6	3	3.3	2.2	4.2	3.5	3.1	3.18
2013-10-18	细粒砂岩	45	198.3	2.3	3.5	2.8	3	2.3	3.9	3.4	3	3.03
2013-10-19	细粒砂岩	46	202.5	3	2.7	3.5	3.6	3.1	3	3.3	3.3	3.19
2013-10-20	细粒砂岩	47	206.7	3.2	2.7	3.5	3.3	3	3.1	3.4	3.4	3.20
2013-10-21	细粒砂岩	49	215.1	3.2	2	3.3	3.3	2.7	2.5	3.4	3.5	2.99
2013-10-22	细粒砂岩	50	219.3	3	2.5	2	3.5	2.8	2.6	2.8	3.4	2.83
2013-10-23	砂质泥岩	51	223.5	2.4	1.8	2	2.1	1.9	2.1	2.2	2.3	2.10
2013-10-24	粗粒砂岩	52	226.3	3	1.6	2.2	3.5	2.1	2.3	3.2	2.3	2.53
2013-10-25	细粒砂岩	53	230.5	2.7	2	2.4	3	2.3	2.2	2.8	2.7	2.51
2013-10-26	粗粒砂岩	54	234.7	2.1	3	2.6	2.4	2.2	2	1.8	2.3	2.30
2013-10-27	泥岩	56	243.1	2.5	1.7	1.5	1.9	2	1.9	2.3	1.8	1.95

表 3-15（续）

日期	地层	模数	累深/m	东/℃	南/℃	西/℃	北/℃	东南/℃	西南/℃	东北/℃	西北/℃	平均温度/℃
2013-10-28	细粒砂岩	57	247.3	2.2	2	1.8	2.1	1.9	2	2.5	2	2.06
2013-10-29	细粒砂岩	58	251.5	1.9	1.8	1.5	1.9	2	1.9	2.2	2.6	1.98
2013-10-30	细粒砂岩	59	257.1	1.9	1.8	1.7	2.2	1.6	1.7	2.3	2	1.90
2013-10-31	细粒砂岩	60	261.3	1.7	1.2	1.3	1.5	1.4	1.5	1.9	1.7	1.53
2013-10-31	细粒砂岩	61	265.5	2.7	1.6	1.8	2.6	2.1	1.2	2.8	1.7	2.06
2013-11-01	泥岩	62	269.7	2.3	1.7	1.5	1.3	1.3	1.8	2	1.4	1.66
2013-11-02	泥岩	63	273.9	2.3	2.5	1.1	2.4	2.2	2	1.8	1.8	1.95
2013-11-03	粗粒砂岩	64	276.9	2.5	1.2	1.6	1.3	2	1.2	2.1	1.1	1.63
2013-11-04	粗粒砂岩	65	280.9	0.8	0.4	0.3	0.3	0.9	0.3	1	0.2	0.53
2013-11-05	细粒砂岩	66	285.1	0.1	0.2	−0.4	−0.1	0.3	−0.4	0.4	0.1	0.03
2013-11-07	细粒砂岩	67	289.3	−1.1	−1.6	−1.3	−1	−1.7	−2	−0.9	−1.5	−1.39
2013-11-08	粗粒砂岩	68	293.5	−1.7	−2.4	−2.5	−2	−1.6	−2.6	−1.9	−1.8	−2.06
2013-11-09	粗粒砂岩	69	297.7	−1	−2.7	−2.8	−2.2	−1.8	−2.6	−1	−2.1	−2.03
2013-11-10	粗粒砂岩	70	301.9	−1.6	−2.3	−2.5	−2.3	−1.7	−2.2	−1.7	−1.9	−2.03
2013-11-11	粗粒砂岩	71	306.1	−0.6	−1.1	−0.7	−1.1	−0.6	−0.7	−0.5	−0.7	−0.75
2013-11-12	粗粒砂岩	72	310.3	−1	−1.3	−1.2	−1.3	−0.9	−1.1	−0.9	−1	−1.09
2013-11-13	粗粒砂岩	73	312.9	−0.7	−2	−0.8	−1	−0.9	−1	−0.8	−0.7	−0.99
2013-11-14	粗粒砂岩	74	317.5	−1.2	−1.5	−1.6	−1.4	−1.1	−1.4	−1.1	−1.5	−1.35
2013-11-15	砾岩	75	322.9	−1.3	−1.4	−1.6	−1.3	−1.2	−1.3	−1.2	−1.3	−1.33
2013-11-16	砾岩	76	327.1	−1.5	−1.8	−1.7	−1.5	−1.5	−1.6	−1.4	−1.6	−1.58
2013-11-17	粗粒砂岩	77	331.3	−1.8	−2	−1.9	−2	−1.7	−1.8	−1.9	−1.8	−1.86
2013-11-18	粗粒砂岩	78	335.5	−1.7	−1.9	−2	−2.1	−1.7	−1.6	−1.8	−1.9	−1.84
2013-11-19	粗粒砂岩	79	339.7	−2	−2	−2.3	−1.9	−1.7	−1.9	−1.8	−1.7	−1.91
2013-11-20	粗粒砂岩	80	340.2	−2.3	−2.4	−2.6	−2.3	−1.9	−2.1	−2	−2.1	−2.21
2013-11-21	粗粒砂岩	81	350.1	−2.5	−2.6	−2.8	−2.5	−2.3	−2.5	−2.3	−2.4	−2.49
2013-11-22	粗粒砂岩	82	354.4	−3	−3.1	−3.3	−2.7	−2.9	−2.8	−2.8	−2.9	−2.94
2013-11-23	粗粒砂岩	83	358.8	−3.2	−3.3	−3.6	−3.1	−3	−3.4	−3.2	−2.9	−3.21
2013-11-24	粗粒砂岩	84	363.3	−3	−3.3	−3.4	−3.3	−2.9	−3.2	−3	−3	−3.14
2013-11-24	粗粒砂岩	85	366.2	−3	−3.1	−3.3	−3.4	−2.9	−3.7	−3.2	−3.1	−3.21
2013-11-25	粗粒砂岩	86	369.0	−3.3	−3.1	−3.1	−2.9	−2.8	−3	−3.1	−2.9	−3.03
2013-11-26	粗粒砂岩	87	374.5	−3	−3.2	−2.9	−2.7	−2.7	−2.8	−2.9	−3	−2.90
2013-11-27	粗粒砂岩	88	378.2	−2.9	−3.6	−2.8	−2.8	−2.8	−3	−2.7	−3	−2.95
2013-11-28	细粒砂岩	89	386.0	−2.7	−3.4	−2.9	−3	−2.9	−2.8	−2.9	−2.8	−2.93
2013-11-29	细粒砂岩	90	388.3	−2.7	−3.6	−0.8	−3.3	−3.2	−6.4	−3	−3	−3.24
2013-12-01	细粒砂岩	92	396.7	−2.1	−5.4	−5.3	−3.2	−3	−3.6	−4.1	−3.3	−3.75

表 3-15（续）

日期	地层	模数	累深/m	东/℃	南/℃	西/℃	北/℃	东南/℃	西南/℃	东北/℃	西北/℃	平均温度/℃
2013-12-02	细粒砂岩	93	400.9	−3.5	−5.1	−4.3	−4.3	−4.4	−4.5	−3.7	−4.2	−4.13
2013-12-03	细粒砂岩	94	405.1	−3.6	−4.3	−5.7	−4.1	−3.7	−6.2	−4.9	−4.7	−4.73
2013-12-04	细粒砂岩	95	409.3	−3.7	−4.2	−5.3	−3.6	−4	−5.8	−4.1	−3.9	−4.33
2013-12-05	细粒砂岩	96	413.5	−4.3	−5.1	−4.2	−3.5	−4	−5.8	−4	−4.3	−4.40
2013-12-06	细粒砂岩	97	417.7	−5.2	−5	−4	−3.2	−5.1	−5.3	−3.2	−3.6	−4.33
2013-12-06	细粒砂岩	98	421.9	−4.1	−6.3	−7	−4.6	−6	−5.1	−3.5	−4	−5.08
2013-12-07	细粒砂岩	99	426.1	−3.5	−3.9	−4.3	−3	−3.6	−4.7	−2.8	−3.5	−3.66
2013-12-08	细粒砂岩	100	430.3	−2.6	−3.1	−4	−2.5	−2.5	−4.7	−3	−4.6	−3.38
2013-12-09	细粒砂岩	101	434.5	−3	−4.2	−4.2	−2.9	−3	−4.5	−3.2	−5	−3.75
2013-12-10	细粒砂岩	102	438.7	−3.6	−5.5	−5.2	−3.1	−5	−5.3	−3	−4	−4.34
2013-12-11	细粒砂岩	103	442.9	−3.7	−4.2	−5.1	−4	−4.6	−5	−2.9	−4.1	−4.20
2013-12-12	砂质泥岩	104	447.1	−6.9	−6.3	−4	−3.3	−5.8	−6.9	−5.7	−4.5	−5.43
2013-12-13	中粒砂岩	105	451.3	−6.2	−5.3	−5.1	−4	−4.6	−6.2	−5.3	−3.9	−5.08
2013-12-14	砂质泥岩	106	455.9	−8.3	−9.3	−7.1	−7.2	−9.5	−9.1	−8.1	−7	−8.20
2013-12-16	砂质泥岩	107	460.1	−6.1	−5.6	−6.9	−6.3	−7	−4.8	−7.3	−4.4	−6.05
2014-02-12	砂质泥岩	108	464.3	−9.1	−9.6	−8.2	−7.8	−9.3	−9	−9.1	−7.8	−8.74
2014-02-14	砂质泥岩	109	468.5	−7.9	−6.1	−6.5	−6.3	−7.5	−6	−6.2	−5.3	−6.48
2014-02-16	砂质泥岩	110	472.7	−6.2	−7	−6	−6.5	−7	−6.2	−6.3	−6.1	−6.41
2014-02-18	砂质泥岩	111	476.9	−6.2	−7	−6.4	−5.2	−6.8	−7	−5.2	−5.5	−6.16
2014-02-19	砂质泥岩	112	480.7	−5.9	−6.5	−6.4	−5.3	−1	−7	−5.4	5.3	−4.03
2014-02-20	含砾粗粒砂岩	113	484.9	−6.9	−6.9	−7	−4.6	−7.1	−7.1	−6.6	−5.7	−6.49
2014-02-21	含砾粗粒砂岩	114	489.1	−7	−6.5	−6.9	−5	−6.8	−7	−6.5	−6	−6.46
2014-02-23	粗粒砂岩	115	493.3	−7.1	−7.3	−7.3	−5.4	−6.7	−7.5	−7.7	−6.8	−6.98
2014-02-24	粗粒砂岩	116	499.4	−7.2	−7.1	−6.9	−5.6	−7	−7.2	−7.5	−7	−6.94
2014-02-26	粗粒砂岩	117	503.6	−6.5	−7.5	−7	−6	−6.8	−7.2	−7.6	−6.5	−6.89
2014-02-27	粗粒砂岩	118	507.8	−7	−7.2	−7.3	−6.5	−6.4	−7	−6.2	−5.9	−6.69
2014-02-28	粗粒砂岩	119	512.0	−6.9	−7	6.5	−7	−6.5	−4.2	−6.1	−6	−4.65
2014-03-01	粗粒砂岩	120	516.2	−7	−7.3	−6.8	−7.2	−6.4	−6.1	−5.9	−7	−6.71
2014-03-02	砾岩	121	520.4	−7.3	−7.6	−8	−7.5	−6.8	−6.9	−6.2	−7.8	−7.26
2014-03-03	砾岩	122	524.6	−7.2	−8	−7.5	−6.8	−7	−7	−6.5	−7.5	−7.19
2014-03-05	砾岩	123	528.8	−7	−8.2	−7.2	−7.4	−7.5	−8.1	−6.9	−7	−7.41
2014-03-06	中粒砂岩	124	533.0	−7.8	−6.1	−5.2	−6.1	−8.1	−9.2	−7.3	−7.9	−7.21
2014-03-08	砂质泥岩	125	537.2	−7	−7.2	−6.8	−6.9	−1.9	−7.5	−6.5	−8	−6.48
2014-03-09	砂质泥岩	126	541.4	−6.9	−7	−7	−6.5	−8.3	−8.5	−7.2	−7.1	−7.31

表 3-15(续)

日期	地层	模数	累深/m	东/℃	南/℃	西/℃	北/℃	东南/℃	西南/℃	东北/℃	西北/℃	平均温度/℃
2014-03-10	砂质泥岩	127	545.6	−7.2	−7.5	−6.9	−7.1	−8.1	−8	−7	−7.6	−7.43
2014-03-11	砂质泥岩	128	549.6	−7.1	−7	−6.2	−8	−7.9	−8.2	−7.5	−6.5	−7.30
2014-03-12	砂质泥岩	129	553.8	−6.5	−8.2	−7	−6.3	−8	−7.6	−6.5	−6	−7.01
2014-03-13	砂质泥岩	130	558.0	−7.2	−8	−7.5	−6.9	−7.8	−7	−6	−5.9	−7.04
2014-03-14	泥岩	131	562.2	−7.3	−8.1	−6	−7.1	−7.5	−8.8	−7	−6.3	−7.26
2014-03-15	泥岩	132	566.4	−7	−8	−6.8	−6.5	−7.6	−8.3	−7.4	−6.8	−7.30
2014-03-16	泥岩	133	570.6	−6.8	−8.2	−7	−6.8	−7.3	−8	−7.5	−7	−7.33
2014-03-17	泥岩	135	575.0	−7	−8.5	−7.2	−7.1	−6.8	−7.2	−7.6	−7.4	−7.35
2014-03-19	泥岩	136	579.2	−6.5	−7.9	−6.8	−7	−7.5	−8.4	−7	−6.9	−7.25
2014-03-21	泥岩	137	583.4	−7.5	−8.6	−9	−7.5	−8	−8.3	−7.2	−7	−7.89
2014-03-22	泥岩	138	587.6	−8	−7.9	−8.2	−6.2	−7.5	−8	−7	−8.1	−7.61
2014-03-23	泥岩	139	591.8	−9	−8.5	−7.2	−1.3	−8.6	−8.6	−8.9	−7	−7.39
2014-03-24	泥岩	140	596.0	−8.3	−8	−7.8	−8	−8.1	−9.2	−5	−7.6	−7.78
2014-03-25	中粒砂岩	141	600.2	−7	−7.2	−6.3	−7.4	−7.1	−6.1	−6	−5.5	−6.58
2014-03-27	中粒砂岩	142	603.7	−6.8	−7	−6.5	−7	−6.9	−6.8	−6.2	−6	−6.65
2014-03-28	中粒砂岩	143	607.9	−7	−6.8	−6.3	−7.2	−7	−6.5	−6.5	−6.1	−6.68
2014-03-29	中粒砂岩	144	612.1	−6.5	−7	−8	−7	−6.8	−6.6	−6.7	−6.3	−6.89
2014-03-31	中粒砂岩	145	616.3	−6.4	−6.2	−6	−5.1	−6	−7.4	−6.5	−6.2	−6.23
2014-04-01	中粒砂岩	146	620.5	−7	−6.5	−6.8	−6	−5.9	−7	−6.2	−6.4	−6.48
2014-04-02	中粒砂岩	147	624.7	−6.5	−6	−7	−6.2	−6	−6.8	−7.1	−6.5	−6.51
2014-04-04	中粒砂岩	148	628.9	−7	−6.2	−6.8	−7	−6.2	−6.2	−7	−6	−6.55
2014-04-05	中粒砂岩	149	633.1	−7	−7.3	−6.5	−6.5	−6.8	−7	−6.8	−6.5	−6.80
2014-04-07	中粒砂岩	151	641.5	−6.5	−7	−6.8	−7	−6.5	−5.9	−6.2	−6.4	−6.54
2014-04-08	中粒砂岩	152	645.7	−7	−6.5	−8	−7.5	−6.9	−6.8	−7	−6.5	−7.03
2014-04-09	中粒砂岩	153	650.0	−8	−7.1	−7.5	−6.5	−7	−6.5	−6.8	−7	−7.05
2014-04-11	中粒砂岩	154	654.2	−6.3	−6.3	−6	−5.2	−6.5	−5.9	−5.5	−6	−5.96
2014-04-14	含砾粗粒砂岩		664.0	−7	−6.8	−7.2	−6.1	−6.3	−7	−6	−5.9	−6.54
2014-07-27	粉砂岩		673.5	−6.3	−4.4	−4.7	−2.1	−4.6	−4.5	−1.5	−1.5	−3.70
2014-08-01	煤		680.0	0.2	0.2	−5	−1.1	0.4	−3.5	−0.9	−3	−1.59
2014-08-06	泥岩		687.0	0.3	0.6	0.3	0.1	0.1	0	−0.9	−0.1	0.05

红庆河副井冻结站选用新型双机双级螺杆压缩机进行双级压缩制冷,安装 W-SAHLG25ⅢTA250/20ⅢD200 型螺杆冷冻机组 7 台,LG25L20SY 型螺杆冷冻机组 2 台。设备总装标准制冷能力为 1 557×10⁴ kcal/h。副井冻结站于 2013 年 7 月 3 日开机运转,2013 年 8 月 1 日深水文孔冒水(冻结 30 d),2013 年 8 月 25 日井筒试挖(冻结 54 d),2014

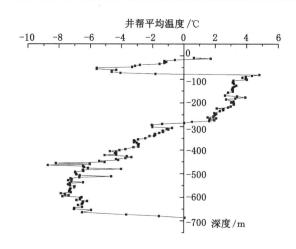

图 3-25 主井井帮平均温度分布图

年 8 月 23 日冻结站停机,冻结工期 417 d。

红庆河风井冻结站总标准制冷能力 418.4×10⁴ kcal/h(8 组),安装 8 台 LG25L20SY 型螺杆机组制冷系统。风井冻结站于 2013 年 7 月 6 日开机运转,2013 年 8 月 21 日深水文孔冒水(冻结 47 d),2013 年 8 月 29 日井筒试挖(冻结 55 d),2014 年 7 月 25 日冻结站停机,冻结工期 385 d。

红庆河中央二号风井冻结站总标准制冷能力 653.6×10⁴ kcal/h(10 组),安装 10 台 LG25L20SY 型螺杆机组制冷系统。中央二号风井冻结站于 2013 年 10 月 2 日开机运转,发现 26 个主冻结孔氯化钙堵孔,11 月 4 日所有堵孔处理完毕,2013 年 11 月 24 日深水文孔冒水(冻结 54 d),2013 年 12 月 3 日井筒试挖(冻结 63 d),2014 年 7 月 30 日开始壁座及套内壁施工,2014 年 10 月 18 日井筒套内壁施工结束,冻结站停机,冻结工期 382 d。

3.6.2 各井筒测温孔实测温度变化情况

红庆河各个井筒冻结期间测温孔不同埋深地层的温度变化情况如图 3-26～图 3-37 所示。

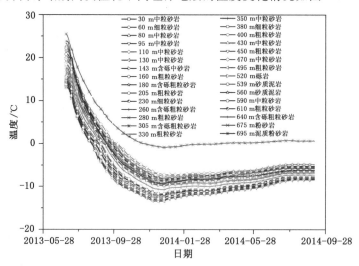

图 3-26 主井 t_1 测温孔各层位降温曲线

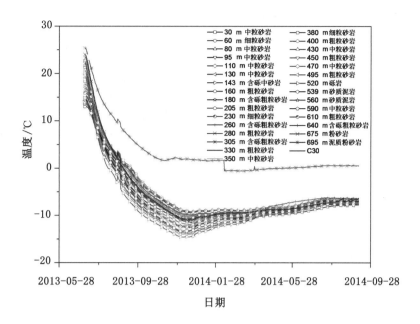

图 3-27 主井 t_2 测温孔各层位降温曲线

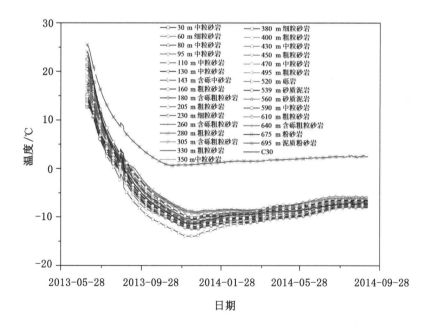

图 3-28 主井 t_3 测温孔各层位降温曲线

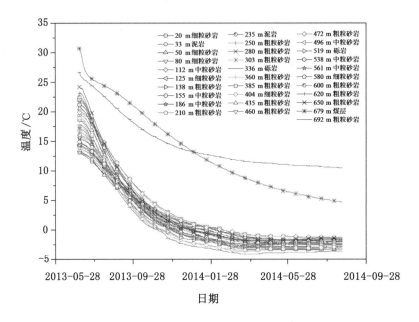

图 3-29　副井 t_1 测温孔各层位降温曲线

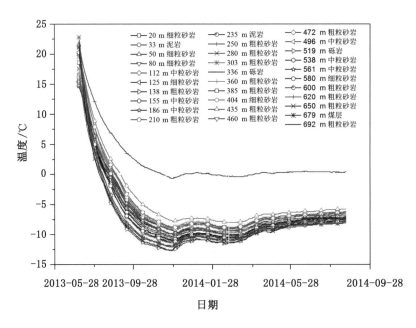

图 3-30　副井 t_2 测温孔各层位降温曲线

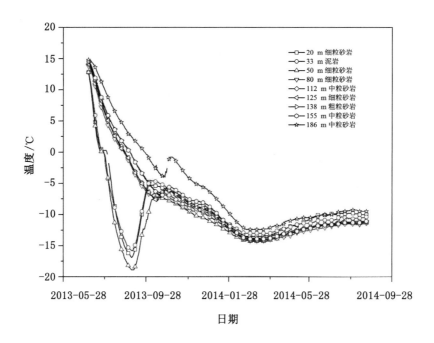

图 3-31　副井 t_3 测温孔各层位降温曲线

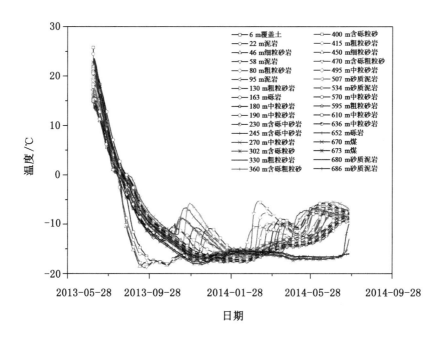

图 3-32　风井 t_1 测温孔各层位降温曲线

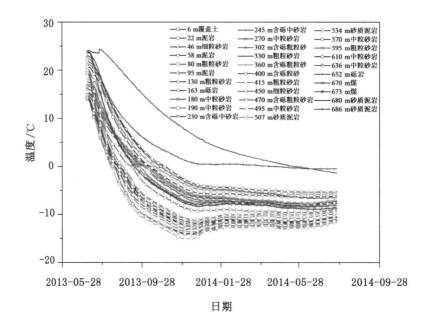

图 3-33　风井 t_2 测温孔各层位降温曲线

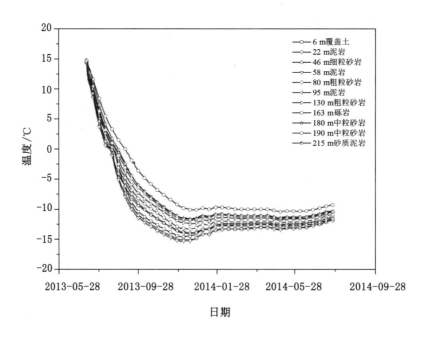

图 3-34　风井 t_3 测温孔各层位降温曲线

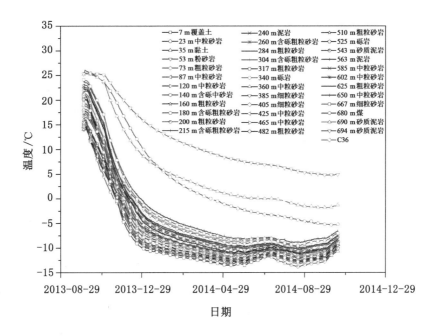

图 3-35　中央二号风井 t_1 测温孔各层位降温曲线

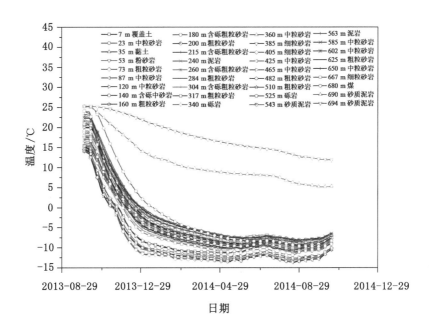

图 3-36　中央二号风井 t_2 测温孔各层位降温曲线

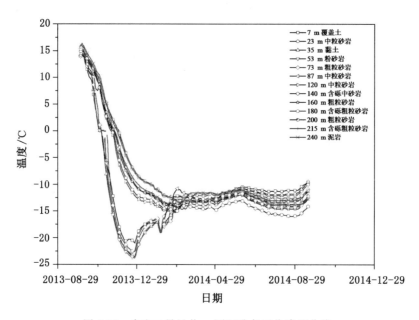

图 3-37　中央二号风井 t_3 测温孔各层位降温曲线

4 冻结井壁信息化监测技术与实测数据分析

人工地层冻结是一个随时间变化的动态复杂过程。冻土帷幕的性状受到制冷系统运行状况、地质条件、边界散热、施工工况等诸多因素的影响。冻土性质、冻土帷幕的结构状态都是温度的函数,而冻土帷幕温度场是随时间变化的。为了保证冻土帷幕的安全和有效,必须实时掌握相关的各种参数。因此,人工地层冻结法是必须实行信息化施工的一种工法。没有全面、准确、实时的监测,冻结工程的安全将无法得到保证。因此,有必要对地层冻结信息化技术进行研究。

4.1 冻结信息化监测技术的基础

4.1.1 一线总线技术原理

目前,常用的微机与外设串行总线主要有我们熟悉的 I2C 总线、SPI 总线和 SCI 总线。其中,I2C 总线是以同步串行两线方式进行通信(1 条时钟线,1 条数据线),SPI 总线是以同步串行三线方式进行通信(1 条时钟线,1 条数据输入线,1 条数据输出线),SCI 总线是以异步方式进行通信(1 条数据输入线,1 条数据输出线)。这些总线至少需要有 2 条或 2 条以上的信号线。

一线总线技术(1-Wire Bus)是由美国达拉斯半导体公司在 20 世纪 90 年代末提出并制定的。与上述总线不同,一线总线技术只采用 1 根信号线,既传输时钟,又传输数据,还可用于能量传输,而且数据传输是双向的。其在线路简单、硬件开销少、成本低廉、便于总线的扩展和维护等方面有着无可比拟的优势。该公司还陆续推出了多种一线总线器件,但应用最广泛的还是其一线温度传感器。

一线总线是一种在微处理器与一线总线器件之间的低功耗数据总线。一线总线系统主要由 3 部分组成,构成一个主从式通信网络。第一是总线主机或总线管理者,它通过软件程序控制总线通信的进行;第二即用于连接总线网络的连接导线,因其只需 1 根数据线和 1 根参考地线,故称其为"一线",通常用双绞线即可;第三为服从一线总线协议的一线总线器件,即为从机。随着一线总线技术的发展,已涌现出越来越丰富的一线器件,如一线温度、湿度、CO_2、AD/DA、I/O 等,本报告仅限于讨论一线温度传感器。

一线总线适用于单个主机系统,能够控制 1 个或多个从机设备。主机往往是微控制器,从机即是各种一线总线器件,他们之间的数据交换只通过 1 条数据线。当只有 1 个从机设备时系统可按单节点系统操作;当有多个从机设备时,则系统按多节点系统操作。采用一线总线技术的信息化监控架构如图 4-1 所示。

4.1.2 针对自动化温度采集系统的应用开发

由于一线总线技术适于长距离、多点环境温度监测的特点,构成的监测系统信息多、处理量大,往往需要由一个自动监测系统进行巡检、处理、打印、存储等。

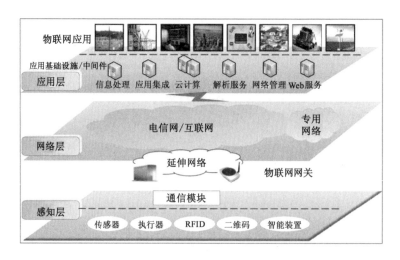

图 4-1　信息化监测架构图

（1）监测模块设有 RS485 接口，可为每只模块配置一个地址，与监测上位机构成主从式网络。

（2）当单个模块的监测容量不能满足要求时，可扩充模块，从而使系统的监测容量大幅增加。理论容量为 $256 \times 48 = 12\ 288$。

（3）RS485 接口可支持较长的通信距离（$\leqslant 1\ 200$ m），使系统的设计更为灵活，在某些情况下，可使监测范围得以有效延长。

（4）当 RS485 通信距离不能满足要求或作业现场不便于架线通信时，监测模块可实现无线通信，从而在更广的范围与更复杂的监测环境中实施监测。

（5）监测模块设计可全面展现模块功能的通信协议，在上位机的控制下，将监测模块的信息以及监测模块所接温度传感器的信息反馈给上位机。

4.1.3　监测模块的运行模式设计

一线总线监测模块区别于其他模块的一大特点是，它需要一个搜索过程，只有通过搜索过程，监测模块才能掌握一线总线的负载情况，即模块接有多少只温度传感器，每只温度传感器的 ID 码，只有得到这些负载情况，模块才能够实现对一线总线负载的控制与监测。

起初同国内其他厂家的产品一样，在我们以往的试验样机中，模块的运行总是先执行搜索，待搜索完成后再进入监测运行。在这种模式下，由于负载工况条件的变化，尤其在负载较重的情况下，每次上电进行搜索有可能会产生结果不一致的情况，这都会造成传感器数量以及传感器排列顺序变化的情况发生。由于监测多是按照传感器 ID 排列顺序（即编号，编号可通过模块的通信功能进行修改），这样就会出现某只温度传感器的温度数据被当作来自另外一只传感器，从而造成监测信息的谬误，即所谓"张冠李戴"。

经过这一产品的应用实践，我们体会到，对于一个相对稳定的监测系统，其所接的总线负载在一定时间内总是保持不变的，如果将监测模块的运行模式划分为两种，即搜索模式与监测模式，这样对于确定的一线总线负载，在一次可靠的搜索模式运行完成后，监测模块以后只需要运行监测模式，从而杜绝由于总线负载的暂时性能变化而造成的监测信息错误的情况发生。

（1）监测模块的电源设计

按照自动化系统中的监测单元设计,监测模块配置外接 12 V DC 或 24 V DC 直流电源。由于监测模块的电路基于高性能、低功耗单片机设计,外围器件较少,总线接口上的诸多温度传感器为分时巡回工作模式,使整个模块的功耗降低。

（2）监测模块的指示灯设计

由于模块本身不设数显、键盘等人机接口装置,为了指示其工作状态,设计了一些指示灯,具体如下:

① 电源指示灯:当模块接通外接电源时,指示灯即亮。

② 模式指示灯:当模块处于搜索状态时,指示灯亮;当搜索完成后,指示灯闪烁;监测状态时指示灯熄灭。

③ 通信指示灯:每当模块接收上位机一帧数据,指示灯即闪烁一次。

④ 监测指示灯:指示温度采集,在一线器件搜索过程中,指示灯高频闪烁;当模块处于监测状态时,指示灯每闪烁一次表示取得一次温度信息。

（3）测温模块的原理结构

根据监测模块预实现的功能,监测模块的原理框图设计如图 4-2 所示。

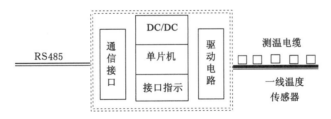

图 4-2　监测模块原理图

监测模块为一个以单片机为核心的电子装置。在单片机的监控下,通过驱动电路实现对一线总线负载的监测,通过通信接口电路将监测模块接至 RS485 标准的通信网络,监测模块本身还设有模式开关、运行指示灯等,以便于设置、指示监测模块的运行状态。

（4）测温模块的硬件设计

1）单片机的选择

测温模块作为一线总线的主机或管理者,它的核心为一片单片微机,通过单片机的接口驱动设计并按照一线总线协议编程,就可以实现对一线总线的管理。在测温模块的设计中,单片机是监测模块的控制核心,选择适当的单片机与开发平台对模块的性能与开发效率具有至关重要的作用。

单片机系统的设计原则是选择合适的单片机,用尽可能少的外围器件实现系统的功能。就测温模块的功能来讲,主要有以下几方面的特点:

① 单片机内部 RAM 资源的使用

针对实现 48 点的温度测量,每一点的温度需占据 4 个字节（2 个备用）,48 点共需 192 个字节。另外,与上位机的串口通信缓冲区、ROM 码搜索、堆栈都需要一定的内存,因此内部 RAM 不应少于 512 个字节。

② 单片机内部 EEPROM

为实现对监测模块信息及传感器信息的掉电记忆,监测模块中需引入 EEPROM,为使得硬件设计简化,首选具有内部 EEPROM 的单片机,考虑到监测模块的容量配置及需记忆的参数量,EEPROM 的容量选择 512 个字节。

③ 单片机的其他资源

与上位机通信需要一个异步通信串口,一线总线接口应为一个三态输入/输出,另需若干个 I/O 控制位。

原来的试验模块采用 51 系列单片机 89C52 设计,相对监测模块需要完成的功能,该款单片机存在着内部资源有限、需扩充相应的外部电路等问题,这增加了硬件的复杂度,降低了模块的可靠性。根据监测模块的资源需求,这里采用 AVR 系列单片机中的 ATMEGA16 单片机。

2) 一线总线的驱动电路设计

① 驱动电路原理设计

一线总线的长度主要取决于一线总线的驱动能力,因为一线器件是不能更改的。这里根据对一线总线的性能分析,设计出如下一线总线驱动电路。

如图 4-3 所示,该电路的组成可划分为 3 个部分,即由 T_1、R_1、C_1、R_5 组成下拉驱动,由 T_2、R_2、C_2、R_6 组成上拉驱动,由 T_3、R_7、C_4 组成强力上拉驱动。无论任何时间,3 个场效应管最多只能有 1 个导通,在不产生一线通信时(休眠状态),3 个管均不导通。

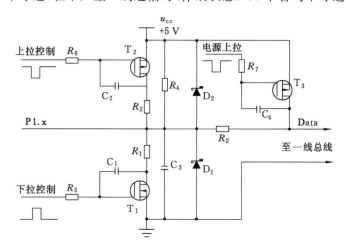

图 4-3 一线总线强力驱动电路原理图

强力上拉驱动是当不为一线总线器件提供单独的电源线时所设。若在强力上拉端出现一个负脉冲时,T_3 管的导通将把数据线拉至高电平,这一状态将用于在对一线器件执行命令的间隙对一线器件的后备电容供电。这样在命令执行时,保证一线器件有足够的能量对主动者的命令做出响应。

② RS485 通信接口

在构成一个监测系统时,测温模块往往会放置在接近测温现场的位置。而集中了监测功能的上位机,有可能其安装位置远离现场,故选用 RS485 接口(由于计算机通常只提供 RS232 接口,这样在接入上位机时,需经 RS232 至 RS485 的转换)。

利用单片机上的 USART,在单片机外围扩充 MAX485 芯片,就建立了监测模块的外部通信接口。与上位机间为主从式、半双式的通信方式。在通信模块的输入端设有抑制浪涌电压的 VTS 保护与限流保护。

③ 模块的供电与运行指示

为了减小模块的体积,采用直流供电方式。由于 12 V DC 和 24 V DC 容易取得,市场上有各种规格的 12 V DC 和 24 V DC 电源(如线性一体化电源与开关电源)。故测温模块的供电电压取 12 V DC 和 24 V DC 模式。

测温模块的内部电路均设计为 +5 V DC 供电,故需对外接的 12 V DC 或 24 V DC 在测温模块内部实施 DC/DC 变换。

为反映测温模块的工作状态与通信状态,在硬件电路中还设有 4 个发光二极管指示,它们由单片机的 I/O 口直接指示。

4.1.4　温度传感器

采用美国达拉斯半导体公司出品的一线总线数字温度传感器,其所采用的数字温度传感器包括 3 部分:64 bit 闪速 ROM、温度传感器、非易失性温度报警触发器 TH 和 TL。其测温原理是:内部计数器对一个受温度影响的振荡器的脉冲计数,低温时振荡器的脉冲可以通过门电路,而当到达某一设置高温时振荡器的脉冲无法通过门电路。计数器设置为 −55 ℃时的值,如果计数器到达 0 之前,门电路未关闭,则温度寄存器的值将增加,这表示当前温度高于 −55 ℃。同时,计数器复位在当前温度值上,电路对振荡器的温度系数进行补偿,计数器重新开始计数直到回零。如果门电路仍然未关闭,则重复以上过程。其通信原理如下:

(1) 系统通过反复操作,搜索传感器序列号。

(2) 启动所有在线传感器做温度 A/D 变换。

(3) 逐个读出在线传感器变换后的温度数据。

4.2　深井冻结信息化监测系统

冻结温度场、冻结站设备运行监测等采用计算机技术、通信技术、显示技术和计算机控制技术(简称"4C"技术),分层分级的结构形式。由于采用了分散控制、集中操作、分级管理和分而自治的设计原则,计算机与现场是充分隔离的,现场干扰影响不到计算机,数据采集器放置在现场并采用串行通信的方式与上位计算机进行通信,一台上位计算机可控制多台数据采集器,数据采集器与传感器之间采用模块式连接,这样就使得现场测点分散到各模块,模块分散到数据采集器,构成分级机构形式,某一测点或某一模块出现故障只影响相关部分,对整个系统无影响。

依据测温资料,定期分析冻结温度场的变化情况,以指导、调整、加强冷量调配。

4.2.1　冻结信息化监测的内容

冻结信息化监测主要以温度信号为主,但也应包含更广泛的内容,如冻结站的压力、流量、运行状况等其他模拟信号与开关信号。从信号监测的角度来看,模拟信号与开关信号几乎涵盖所有的信号,实现这两种信号的监测将意味着可在一般意义上实现所有信号的监测。

(1) 温度场信号监测

地层冻结监测主要还是针对冻结温度场与冻结站的工作状况监测,是冻结监测系统的核心内容。

① 温孔内纵向地层的温度监测。判断地层冻结现状、发展速度、冻结壁强度的主要依据，也是地层冻结监测中的核心内容。由于冻结深度的增加，所需监测的地层也相应增加，每个测温孔的监测容量会达到 50 点以上。

② 结器回水的温度监测。比较各冻结器的进、回水温度，冻结器结霜情况，从而推断具体冻结器周边的地层冻结状态。

③ 冻结站内盐水箱、盐水干管的温度监测。用于判断整个冻结系统的制冷与冷量消耗情况。

④ 井帮温度，井筒开挖后工作面井帮温度监测。冷凝器的温度监测，用于判断冷冻机的工作状况与制冷效率。

（2）其他模拟信号监测

在冻结监测中，除了大量的温度信号外，还有一些其他模拟信号。

盐水干管流量，包括进水与回水流量。主要用于判断整个冻结系统的制冷与冷量消耗、盐水消耗情况，通常采用电磁流量计测量，流量计输出 4～20 mA 的模拟信号。

盐水干管压力，主要用于监测盐水回路的工作状况，异常时报警，通常采用二线制的压力传感器，输出 4～20 mA 的模拟信号。

盐水液位变化，主要用于监测盐水箱内盐水液位变化的情况，异常时报警，防止盐水意外漏失。

水文孔水位变化监测，主要对水文孔内水位变化情况及冒水量进行监测，采用回路导通式电流信号进行监测。

冻结站内视频监控，掌握冻结站内突发异常情况，可实现全方位无盲区监控。

冻结站内氨浓度，主要用于监测冻结站内空气中氨浓度状况，对空气中氨浓度发生异常时进行声光报警，防止制冷系统氨管路泄漏。

开关信号，主要用于监测冻结站内制冷机组的运行状态、工况指标。作用：监测冷冻机的运行与否，它利用冷冻机控制柜上的主接触器的辅助触点引出运行状态信号。

4.2.2　冻结信息化监测系统的构成与监测方法

冻结信息化监测系统主要包括：监控计算机、调制解调器、光电隔离器、数据采集模块、终端传感器等，如图 4-4 所示。

（1）监测系统的计算机管理软件

采用专用冻结温度场监测系统软件包，软件包为菜单式用户界面，人机对话方便，数据自动打印、存储，同时可方便地将测量数据进行远距离传送。

监测系统的软件用 VB 编写，具有多工程同时运行的功能。使用时先将工程信息、冻结系统、各种钻孔编号、测点和传感器属性、监测数据等参数输入数据库，选择好显示窗口时间长度、常用采样间隔、特殊采样间隔、特殊采样的温度上下限、通信端口设置和外围监测模块后，计算机将自动进行数据采集，采集到的数据自动录入数据库，并以时间曲线的形式显示在软件主界面上。在此界面上可以进行人机互动的曲线、数据动态查询。从数据库挖掘相关的实测数据，可进行冻土帷幕厚度计算，根据温度场模型便可以绘出温度场的云图。软件系统还可按照设定的格式进行数据、图形报表和文件输出。

（2）温度监测系统的实现方式

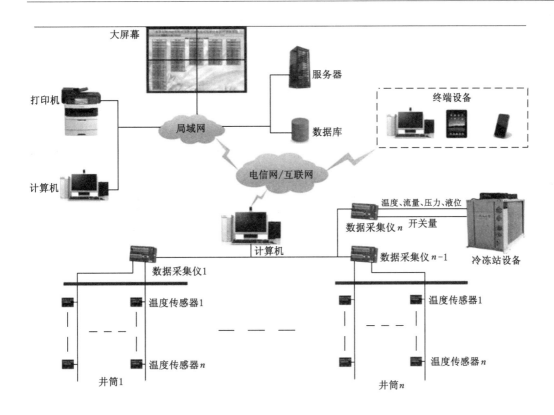

图 4-4　冻结信息化监测系统图

　　地层温度监测,测温孔的布置必须合理,一般应在冻土帷幕界面上,沿冻土帷幕内边界、冻土帷幕中部、冻土帷幕外边界方向按照一定间距布置。选取冻结钻孔孔间距较大的 3 个位置,分别布置 3 个测温孔。把若干个传感器装封在耐低温套装内制成冻土测温电缆。根据测点的设计,把测温电缆置入测温孔中,确保待监测的特定岩性深度位置均布置传感器,经标定校核后,测温电缆通过专用接口接入数据采集器,最后集中接入微机管理系统,构成冻土测温网络。通过冻结壁温度监测可判断冻土扩展速度,冻结壁交圈均匀与否,预测井壁与冻土零度线之间的距离,掌握温度场在竖向和径向上的变化规律;根据地层情况和实际需要设置。

　　冻结器盐水回水的监测,与冻土温度传感器相同。采用美国达拉斯半导体公司出品的一线总线数字温度传感器,用于盐水温度的测量。传感器宜封装严密,用不锈钢封装制成管道专用测温传感器,在冻结系统的去回路盐水管上均应设置测孔,在孔内安装,让传感器探头进入冻结管与盐水接触,再将各冻结管上传感器汇总接入一线总线就可以构成冻结器盐水回水的测温系统。监测每个冻结器的盐水回路温度,用来判断冻结器的工作情况。为方便在冻结沟槽内布置测线,采用具有较长分支的测温电缆,实践中常将分支的长度确定为1.2 m。

　　井帮温度监测:掘砌期间每天或每段高安排技术人员下井对井帮温度进行观测,检测井帮温度、冻土零度线位置、段高、岩性、井筒中心温度等。观测采用数字温度仪、钢卷尺等,并填报井下测温记录。进一步分析冻结壁的强度和厚度,并将监测及分析结果上报给矿方和监理单位,为掘砌工作及冻结合理开机配组提供科学依据。用单点测温仪不定期监测各测温元件,以获得参数的准确性及井下实测井帮温度。必要时在水文孔、测温孔内进行纵向测温。

根据冻结目的设计好全面的监测方案,根据监测方案利用钻孔机具钻成测孔,在相应的测点埋入已经编号、接线的传感器,将传感器信号线同总线相连,再由信号采集模块与计算机相连,设定好计算机监测管理软件中的各项信息和参数。待冻结系统开始工作后,便可由系统自动进行监测,并由管理软件的查询、报表、显示功能提供冻结施工实时动态过程,为施工决策提供相关依据。

（3）风井冻结信息化监测系统

上位计算机可控制 15 台数据采集器,每台数据采集器可带 6 个通道扩展模块,每个通道扩展模块可接 36 个测点,整个系统最多可接 3 240 个测点。主要监测仪器有:电流表、压力表、温度计及多路数字温度仪等。具体采用的监测仪表如表 4-1 所示。

表 4-1　冻结法施工主要监测仪器一览表

序号	仪器设备名称	规格型号	单位	数量	备注
1	数字温度检测仪	CW-500	台	4	冻结器、冻土
2	温度计算机采集系统		套	1	冻结器、冻土
3	测温元件		个	136	冻土
4	数字式温度检测仪	JM624	台	1	井帮温度
5	测试电缆		m	2 380	检测系统
6	插入式涡街流量计	LUCB-300	台	1	盐水系统
7	水表	DN50	台	1	盐水系统
8	液位声光报警器		台	1	盐水系统
9	电测水位仪		台	1	水文孔

风井冻结工程在冻结期间进行了多项监测项目,为井筒安全顺利通过冻结段发挥了重要作用,主要监测仪器有:电流表、压力表、温度计、JM624 点温计及 CW-500 多路数字温度仪等。所选用的监测仪性能稳定、精度高,为冻结工程提供了较准确的监测数据。

风井设置 3 个测温孔,利用数字仪器连接测温线及探头,对井筒不同地层冻土的温度变化情况进行监测,并进行数据收集、整理和分析,从而判断各地层冻结壁形成情况。

风井冻结站内各汽化器安装探头,监测汽化温度,分析各个机组的运转效率,地沟槽冻结器头部安装探头。

（4）副井信息化监控系统

副井冻结站使用自动化影像监控系统,实现了冻结车间各系统全方位、立体式监控,实时监控各系统、设备的运行状况,有效地预防各类事故的发生,实现了冻结车间自动化管理。

副井冻结场温度 OC-100 监控系统对测温孔温度实时监控,准确、及时反映冻土的发展变化,为冻结分析提供了可靠数据。

4.2.3　冻结施工预测预报技术分析

在立井冻结施工过程中,及时了解不同深度、不同岩性地层下冻结壁交圈时间及其形成特性是实现科学施工的前提和基础。在实际冻结工程中,包括岩土参数在内的多种参数都是动态的、非线性的和不可逆的,需对冻结法施工进行"动态预报"。为此,需要通过设置各种测量元件和仪器,实时收集实测数据和工程施工的反馈信息,对下一阶段的施工信息进行分析预测。

目前,有关科研单位已利用神经网络理论对矿井的诸多问题进行深入研究,通过建立冻结法信息化施工的预测模型,对深厚软岩地层下立井井壁的冻结施工信息进行分析。但由于立井冻结施工的工期长,地质条件复杂,影响因素众多,关于利用神经网络对冻结施工信息预测的研究还在不断发展中。

从神经网络的结构看,神经网络是由大量神经元通过连接而构成的自适应非线性动态系统。神经元又称为处理单元,是一个多输入单输出的信息处理单元,它是神经网络的最基本的组成部分。神经网络 BP 算法是一种误差反向传播算法,其主要思想是把学习过程分成 2 个阶段:第 1 阶段(正向传播过程),给出输入信息通过输入层经隐含层逐层处理并计算每个单元的实际输出值;第 2 阶段(反向传播过程),若在输出层未曾得到期望的输出值,则将网络的权值通过某一误差函数用最速下降法逐级向前调整各层权值及每个神经元的闭值,使网络的输出期望误差向最小的方向发展,直到输出误差在所选定的范围内为止。

应用神经网络系统理论,合理确定输入参数及输出参数,在学习训练的基础上,建立矿井筒冻结施工信息的神经网络预测模型。采用人工神经网络自适应、自学习功能的非精确原理来预测冻结壁的施工参数,其输入变量的属性及其数量均不受限制,有助于解决传统精确逻辑推理不易描述和解决的问题,是将人工智能技术引入立井冻结施工研究的成功尝试,采用该模型可对冻结壁的交圈时间、内外侧扩展范围、平均扩展速度、有效厚度、井帮温度、荒径范围、平均温度等特性参数进行工程预报,并对实测数据及预测数据进行对比分析,为井筒工程的安全快速施工提供了科学依据和技术保障。

4.3　冻结凿井井壁监测技术与实测数据分析

针对西部软弱岩层中冻结法凿井的特点和条件,依据《红庆河煤矿主副风井井筒施工期间监测项目实施方案》,对红庆河煤矿立井井筒进行了温度、水压、应力、应变及湿度等实测,分析了高强高性能大体积混凝土浇筑后的温度场、壁间水压以及应力应变的时空分布规律,为深冻结井大体积高强混凝土施工中的温度应力控制以及西部地区冻结深井的建设提供理论支持和相应的技术指导。

4.3.1　井壁监测内容

（1）井壁混凝土温度监测

对于深厚含水软岩冻结立井井筒,井壁混凝土温度在很大程度上影响着井壁和冻结壁的力学特性。因此,对井壁混凝土温度变化过程的监控是必要的。

通过外壁外侧温度测试可以反映冻结壁的稳定状态,通过内壁混凝土温度测试可以反映混凝土水化热的高低,通过壁间温度测试可合理确定合适的壁间充填注浆时机。

（2）壁间水压监测

实时监测内层井壁的受力情况。

（3）冻结压力监测

深厚含水软岩冻结井筒外壁所承受的压力主要为冻结压力，冻结压力是指冻结井筒掘砌后，由于冻结壁的变形、冻土蠕变、土的冻胀，以及混凝土热量扩散造成冻结壁局部融化后，再回冻冻胀而作用于井壁上的临时荷载。

（4）井壁钢筋应力及混凝土应变监测

对于深厚含水软岩冻结立井井筒，一般采用双层钢筋混凝土复合井壁结构进行支护，井筒掘砌施工期间，外层井壁合理的受力性状是保证整个井筒安全施工的关键。钢筋应力和混凝土应变可全面反映外层井壁的受力特性。

（5）井筒内湿度监测

湿度监测旨在掌握内壁拆模后，吊盘以下的内壁表面湿度情况，以利于对已成井壁进行养护。

4.3.2　井壁监测方法

为了确保监测系统长期的稳定性和可靠性，采用精度高、抗干扰性强、稳定性好的振弦式传感元件作为一次仪表，振弦式频率检测仪作为二次仪表。测试元件随工程施工埋入井壁中，其中外荷载采用压力传感器量测，壁间水压采用孔隙水压力计量测，钢筋应力采用钢筋计量测，混凝土应力应变采用混凝土应变计量测。

根据监测内容确定传感器的规格和数量，并将其在实验室内逐个做好标定、接头防水处理等准备工作；当井筒掘砌到指定位置时，埋设传感器，将传感器及其导线通过防水接线盒与集中电缆相连接，通到地面观测站，按时进行观测。

每个观测水平布置一根多芯铠装屏蔽信号控制电缆，电缆通过钢丝绳悬吊于井口固定盘上，电缆与元件引出线的接头要严格密封，确保监测元件正常工作。

监测元件埋设及测试电缆固定工作需要施工单位大力协助，监测工作由天地科技建井研究院煤矿深井建设技术国家工程实验室负责管理。

4.3.3　立井冻结工程监测方案

4.3.3.1　立井冻结工程监测原理

振弦式传感器的振动弦为预先拉紧的金属丝弦，弦的拉应力变化时会影响其自振频率的变化。振弦式传感器就是基于振弦频率的测量，求得引起振弦所受张力变化的物理量。其理论基础是受力弦的自振频率与所受力在一定范围内成正比关系，简要推导如下：

如图 4-5 所示，有一根均匀柔软的细弦，受张力 T 和自重作用，平衡时与 x 轴相重合。现研究细弦在 xOy 平面内的横向微小振动问题。设弦在某一横向力作用下开始振动，某一时刻弦的形状为 OCD，在 x 轴方向取微弧段 ds 作为分离体，则 ds 微段在 x 轴方向的力平衡方程为：

$$T'\cos\alpha' - T\cos\alpha = 0 \qquad (4-1)$$

由于弦的振动很小，则在振动过程中弦上的切线倾角也很小，即 $\alpha \approx 0$，$\alpha' \approx 0$，故 $\cos\alpha \approx \cos\alpha' \approx 1$，则式变为：

$$T' \approx T \qquad (4-2)$$

设弦上各点在 y 轴方向的位移为 u，且 $u = f(x,t)$。ds 微段在 y 轴方向所受的总力为：

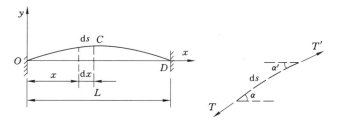

图 4-5　弦的振动原理示意图

$T'\sin \alpha' - T\sin \alpha - \rho_1 g \mathrm{d}s$，根据牛顿第二定律可知：

$$T'\sin \alpha' - T\sin \alpha - \rho_1 g \mathrm{d}s = \rho_1 g a \qquad (4\text{-}3)$$

式中　ρ_1——金属弦的线密度，kg/m；

$\qquad g$——金属弦的重力加速度，m/s^2；

$\qquad a$——弦所具有的运动加速度，m/s^2。

当 $\alpha \approx 0$ 时，有：

$$\left.\begin{array}{l} \sin \alpha \approx \tan \alpha = \dfrac{\partial u(x,t)}{\partial x} \\[3mm] \sin \alpha' \approx \tan \alpha' = \dfrac{\partial u(x+\mathrm{d}x,t)}{\partial x} \\[3mm] \mathrm{d}s = \sqrt{1 + \left[\dfrac{\partial u(x,t)}{\partial x}\right]^2}\,\mathrm{d}x \approx \mathrm{d}x \end{array}\right\} \qquad (4\text{-}4)$$

由于在 t 时刻弦沿 y 轴方向的加速度可表示为位移的函数，即 $\partial^2 u(x,t)/\partial^2 t$，根据式 (4-1) 和式 (4-4)，则式 (4-3) 可写为：

$$T\left[\dfrac{\partial u(x+\mathrm{d}x,t)}{\partial x} - \dfrac{\partial u(x,t)}{\partial x}\right] - \rho_1 g \mathrm{d}x \approx \rho_1 \dfrac{\partial^2 u(x,t)}{\partial t^2} \qquad (4\text{-}5)$$

式 (4-5) 左边括号内是由于 x 产生 $\mathrm{d}x$ 的改变量而引起的 $\partial u(x,t)/\partial x$ 的改变量，可用二阶微分代替：

$$\dfrac{\partial u(x+\mathrm{d}x,t)}{\partial x} - \dfrac{\partial u(x,t)}{\partial x} \approx \dfrac{\partial}{\partial x}\left[\dfrac{\partial u(x,t)}{\partial x}\right]\mathrm{d}x = \dfrac{\partial^2 u(x,t)}{\partial x^2}\mathrm{d}x$$

则

$$\left[T\dfrac{\partial^2 u(x,t)}{\partial x^2} - \rho_1 g\right]\mathrm{d}x \approx \rho_1 \dfrac{\partial^2 u(x,t)}{\partial t^2}\mathrm{d}x$$

有

$$\dfrac{T}{\rho_1}\dfrac{\partial^2 u(x,t)}{\partial x^2} \approx \dfrac{\partial^2 u(x,t)}{\partial t^2} + g \qquad (4\text{-}6)$$

由于预先张紧的弦在振动时张力较大，则 $\partial^2 u/\partial t^2 \gg g$，故式 (4-6) 右端可忽略 g 的影响，得到关于 $u(x,t)$ 的一维波动方程：

$$\dfrac{\partial^2 u}{\partial t^2} = \dfrac{T}{\rho_1}\dfrac{\partial^2 u}{\partial x^2} \qquad (4\text{-}7)$$

现用数学物理方程中的分离变量法来求解式 (4-7)。设

$$u(x,t) = u(x)\sin \omega t \qquad (4\text{-}8)$$

将式 (4-8) 代入式 (4-7) 可得：

$$\frac{\mathrm{d}u^2}{\mathrm{d}x^2} + \frac{\rho_1 \omega^2}{T} u = 0 \qquad\qquad (4\text{-}9)$$

微分方程式(4-9)的通解为：

$$u(x) = C_1 \sin\left(x\sqrt{\frac{\rho_1 \omega^2}{T}}\right) + C_2 \cos\left(x\sqrt{\frac{\rho_1 \omega^2}{T}}\right) \qquad\qquad (4\text{-}10)$$

在一般的振弦式传感器中，弦的两端是固定的，则边界条件为 $u\big|_{x=0} = 0, u\big|_{x=L} = 0$。因此有：$C_2 = 0$，$C_1 \sin\left(L\sqrt{\frac{\rho_1 \omega^2}{T}}\right) = 0$。

显然 $C_1 \neq 0$，则：

$$L\sqrt{\frac{\rho_1 \omega^2}{T}} = n\pi \quad (n = 0, 1, 2, 3, \cdots)$$

即

$$\omega = \frac{n\pi}{L}\sqrt{\frac{T}{\rho_1}} \quad (n = 0, 1, 2, 3, \cdots) \qquad\qquad (4\text{-}11)$$

将式(4-11)和 $C_2 = 0$ 代入式(4-10)，再代入式(4-8)，当给定初始条件时，可以确定 C_1 值，并得到式(4-7)的解。此解为级数方程，由一系列驻波叠加而成。

当 $n = 1$ 时，由式(4-8)可得振弦的频率表达式为：

$$f = \frac{\omega}{2\pi} = \frac{1}{2\pi} \cdot \frac{\pi}{L}\sqrt{\frac{T}{\rho_1}}$$

即

$$f = \frac{1}{2L}\sqrt{\frac{T}{\rho_1}} \qquad\qquad (4\text{-}12)$$

将 T 及 ρ_1 均除以钢弦的横截面积 A，可得

$$\frac{T}{A} = \sigma, \frac{\rho_1}{A} = \rho$$

式中　σ——振弦中的张应力，$\mathrm{N/mm^2}$；

ρ——金属弦的密度，$\mathrm{kg/m^3}$。

由式(4-12)可得：

$$f = \frac{1}{2L}\sqrt{\frac{\sigma}{\rho}} \qquad\qquad (4\text{-}13)$$

式(4-13)为弦的应力与弦的频率之间的关系，振弦式传感器就是根据这一原理制成的。由式(4-13)还可知 f 与 σ 之间为非线性关系。在实际测量时并不以式(4-13)作为 f 与 σ 之间的换算依据，而是根据所测频率值，再依据标定曲线(被测物理量与频率的关系曲线)直接换算出所测物理量的变化。

4.3.3.2　监测元件的性能及选择

(1) 监测元件的性能

目前，土木结构测试中使用的多为振弦式频率传感器，它具有结构简单、可靠，制作安装方便，性能稳定，抗干扰能力强，可靠性高，适宜长期观测等优点。

① 灵敏度

用 $E\varepsilon$ 取代式(4-13)中的 σ，两边平方得

$$f^2 = \frac{1}{4L^2} \frac{E\varepsilon}{\rho}$$

灵敏度为

$$K = \frac{\mathrm{d}f}{\mathrm{d}\varepsilon} = \frac{E}{8L^2 f\rho} \qquad (4\text{-}14)$$

由式(4-14)可知,灵敏度 K 与 f、L 成反比,与 E 成正比,减小 f、L 或增大 E,均有利于提高灵敏度。

② 非线性

由式(4-13)可知,振弦式传感器的输出与输入特性是非线性的,如图 4-6 所示。

当弦的张应力 σ 在 $\sigma_1 \sim \sigma_2$ 范围内变化时,对应的频率为 $f_1 \sim f_2$,此段特性曲线较平直。应选择好初始频率 f_0,使传感器的工作频率位于该段内。一般钢弦的振动频率在 1 000～2 000 Hz 之间,基本可以获得小于 10% 的非线性误差。

若在标定时将标定曲线表达成频率的平方与所测量物理量之间的关系,也与初始频率有关。如压力传感器的标定曲线常表示为:

$$f^2 - f_0^2 = KP \qquad (4\text{-}15)$$

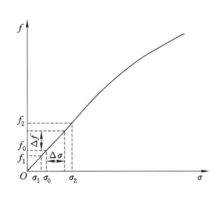

图 4-6　振弦式传感器的特性曲线

式中　P——传感器受力膜所承受的压力,MPa;

　　　f——传感器受压后的测量频率值,Hz;

　　　f_0——传感器未受力时的初始频率值,Hz;

　　　K——与传感器构造及加载情况有关的系数。

③ 密封防潮性

振弦式传感器的密封防潮性能直接影响测试结果的正确性和测试工作的成败。每个传感器在使用前都要根据使用地点的防潮要求进行密封防潮试验。试验的方法是将传感器放入压力容器内,在水中浸泡 3 d,检查是否有渗漏水。只要出现渗漏水,传感器的自振频率就不稳定。已漏水的传感器必须经重新检验安装后方可使用。

④ 稳定性

振弦式传感器的稳定性常以初频的稳定性加以衡量。一般认为在不受力的情况下静置 1 年,初频的飘移在 10 Hz 以内者具有良好的稳定性。

(2) 监测元件的选择

本项目测试使用的传感器如下:

① 温度传感器

采用数字化温度传感器(图 4-7),其主要技术指标如下:

测温范围:$-55 \sim +125$ ℃;

测温精度:± 0.5 ℃;

测温分辨率:$9 \sim 12$ 位($0.062\ 5$ ℃)。

② 孔隙水压力计

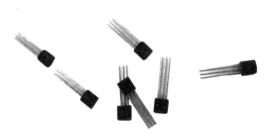

图 4-7　数字化温度传感器

孔隙水压力计也称为渗压计(图 4-8),是用于测量土体内部孔隙水压力或渗透压力的传感器,其主要技术参数如下:

量程:8 MPa;

准确度:1.0%F.S.;

重复性:0.4%F.S.;

分辨率:0.01%F.S.;

稳定性:年漂移不大于其准确度,可接长电缆,准确度不受影响。

图 4-8　振弦式孔隙水压力计

③ 土压力盒

振弦式双膜压力盒(图 4-9),其主要技术指标如下:

最大外径:150 mm;

高度:20 mm;

信号:频率 0～5 000 Hz;

测量范围:0～8.0 MPa;

灵敏度:≤0.85。

④ 钢筋计

振弦式钢筋应力计(图 4-10)用来监测混凝土或其他结构中钢筋及锚杆的应力。内置温度传感器同时监测安装位置的温度,自动进行实时温度补偿,提高传感器在不同气候条件下的适应性及监测数据的准确性。主要技术指标如下:

规格:$\phi10$～$\phi40$ mm;

最大拉应力:250 MPa;

工作温度：－25～60 ℃；

分辨率：±0.05％F.S.；

综合误差：±1.0％F.S.。

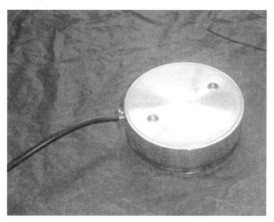

图 4-9　振弦式双膜压力盒

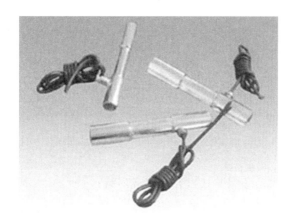

图 4-10　钢筋应力计

⑤ 混凝土应变计

振弦式混凝土应变计(图 4-11)，与 GSJ-2A 型电脑检测仪配套使用，输入传感器常数，测频调零后，可直接显示微应变(ε)值。其主要技术指标如下：

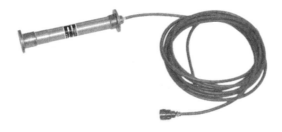

图 4-11　振弦式混凝土应变计

量程：2 000 $\mu\varepsilon$；

准确度：1.0%F.S.；

重复性：0.4%F.S.；

分辨率：0.5 $\mu\varepsilon$；

可接长电缆，不影响其准确度。

⑥ 监测仪表

二次仪表采用多点振弦频率检测仪，最多可同时检测 32 个通道的各类振弦式传感器（图 4-12），仪表配有后备电池，即使靠电池工作也能维持两年的工作时间。该数据采集仪具有以下特点：

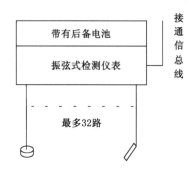

图 4-12　振弦式检测仪表连接示意图

a. 优异的长期稳定性、抗干扰性、精度高、灵敏度高；

b. 可同时连接多种类型的传感器，如电阻式、应变式等；

c. 监测方式多样：既能即时监测，又可定时自动监测，既能由计算机控制监测，又可脱离计算机自行监测；

d. 具备组网监测功能，该采集仪可并联组成网络；

e. 配备专用软件及附属硬件，可开展远程监测。

基于一线总线测温技术，测温系统由温度传感器、测温电缆、测温采集模块、RS485 通信线、终端计算机等组成。为解决远距离有线传输电缆无法敷设问题，采用无线通信技术，在系统中增加远程无线数传模块及天线。使用 DS18B20 数字温度传感器，超五类绞线焊接制作测温电缆，利用 433 MHz 无线数字传输模块进行 RS485 信号的远距离传输，并通过 232 转 485 实现监控计算机的终端连接，借助 BTM-8000 模块及组态软件实现温度实时自动采集、存储。井口温度采集站及井口温度采集机箱内部，如图 4-13 所示；收发天线图与测试终端通信模块，如图 4-14 所示。

副井井壁温度监控界面，如图 4-15 所示。

壁间水压测试：在内外层井壁间埋设孔隙水压计（图 4-16），并将测试线引至地面，使用手持钢弦频率仪（图 4-17）进行手动采集观测。

湿度监测：由于采集量的特殊性以及技术水平的限制，传感器与采集器终端之间距离不宜过大，一般控制在 20 m 以内。项目监测尝试将传感器、采集器均放置于井下，在地面通过绞线供电和通信。采用 DHT11 数字化湿度传感器，BTM 系列湿度采集模块，12 V 开关电源供电，433 MHz 无线传输 485 信号。

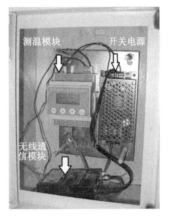

图 4-13　井口温度采集站及井口温度采集机箱内部

图 4-14　收发天线图与测试终端通信模块

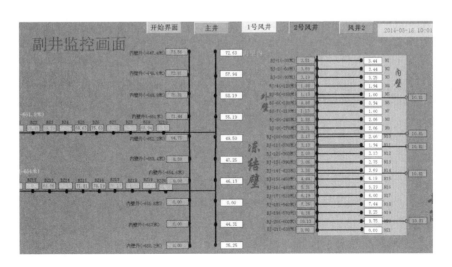

图 4-15　副井井壁温度监控界面

图 4-16　孔隙水压计

图 4-17　钢弦频率仪

由于井壁测试系统监测内容较多,涉及压力、温度、应力、孔隙水压力等多种类型信息,并且要予以长时间、不间断地监测,因此必须实施自动监测方案。整个监测系统的结构如图 4-18 所示。

监控主机:采用通用计算机,硬件上辅以通信模块,其上运行专用工程监测软件,可以实时显示监测信息,并可以实现这些信息的报表、趋势曲线等管理功能。

多功能数据采集仪:为便于井壁测试工作长期智能进行,采用多功能数据采集仪,它可以同时实现温度、压力、应力等信号的监测,使现场的仪表配置最简化,占用空间小,方便现场操作。

监测传感器:根据测试需要,这里监测需要配置温度、压力、应力等多种类型传感器,并按照测试要求布设在相应的点位。

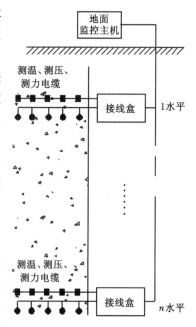

图 4-18　井壁压力监测系统图

4.3.3.3　监测元件的标定

(1) 标定的意义

传感器的标定(又称率定),是通过试验建立传感器输入量与输出量之间的关系,即求取传感器的输出特征曲线(又称标定曲线),它是取得准确实测数据的依据。由于传感器在制造和装配过程中的差异,即使仪器相同,其标定曲线也不尽相同。因此,应根据各种传感器的不同测量精度要求,在使用前进行逐个标定。

(2) 标定方法

由于传感器的种类不同,使用条件不同,其标定方法也各异。常用的方法是用一种标准设备,产生一系列的非电量(如一个确定的压力、应变等)作为输入量输入标定的传感器中,分别得出传感器各对应的输出量,然后将每组输入、输出量画到坐标纸上,求出关系点并连成曲线,即为该传感器的标定曲线。此外,也可以用一个标准的测试系统测量未知的非电量,再用待标定的传感器测量同一个非电量,然后把两个结果做比较,得出传感器的一系列性能指标。

　　标定造成的误差是一种固定的系统误差,对测试结果影响较大,故再标定时应尽量降低标定结果的系统误差、减小偶然误差,以提高测量精度。为此,在标定时应做到:

　　① 标定条件应尽量与实际测量条件一致;

　　② 最大标定值应为传感器的最大量程值;

　　③ 作为标准设备或标准系统所具有的精度等级要高于待标定传感器及其测量系统的精度等级;

　　④ 增加重复标定的次数,以减少标定中可能出现的偶然误差。

　　(3) 压力传感器的标定

　　项目测试采用的压力传感器主要测量支护体所受的地层压力值,具体标定方法是将压力盒的受力膜单面直接承受油压,其标定系统如图 4-19 所示。此方法简便易控,目前比较常用。其通过油泵的压力变化模拟压力盒所受的接触压力,再由频率仪测读出压力传感器的频率变化,从而建立起油压与频率之间的关系,即得到压力传感器的标定曲线。

　　由于振弦式传感器的非线性性质,在标定过程中将其回归为二次抛物线方程,可以更精确地反映传感器的特性,也可使测试结果更为可靠。

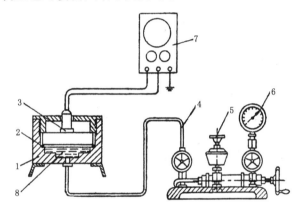

1—试验罐;2—密封圈;3—压力盒;4—油路;5—手摇油泵;6—标准压力表;7—仪表。

图 4-19　压力传感器标定系统

　　(4) 钢筋计的标定

　　本项目测试采用的钢筋测力传感器,是直接在压力试验机上进行标定的。图 4-20 为采用电阻应变测试系统在压力机上标定振弦式钢筋。

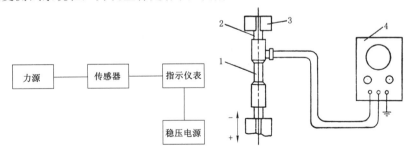

1—钢筋计;2—传力棒;3—夹板;4—频率仪。

图 4-20　钢筋计标定系统

4.3.3.4 监测水平及元器件布置

根据红庆河煤矿二号风井井筒检查孔地质柱状图和井壁结构设计图,确定二号风井外壁共布置 3 个测试水平,内壁共布置 4 个测试水平,各水平对应的岩层性质和井壁结构特征见表 4-2。

表 4-2　各监测水平岩层性质及井壁结构特征

井壁类型	监测水平/m	岩石性质	所在层位岩层厚度/m	井壁厚度/mm	竖筋直径/mm	环筋直径/mm	混凝土强度等级
外壁	180	含砾粗砂岩	11.34	550	25	25	C50
	350	中粒砂岩	21.36	550	25	25	C50
	550	砂质泥岩	5.52	600	32	32	C60
	615	粗粒砂岩	29.11	600	32	32	C60
内壁	615	粗粒砂岩	29.11	1 500	32	32	C70
	560	砂质泥岩	2.09	1 500	32	32	C65
	360	中粒砂岩	21.36	1 150	25	25	C50

注:本章水平均指埋深水平。

根据测试内容,各类测试元件埋设方案如下:

(1) 温度传感器

井壁温度监测是沿井筒高度方向每间距 30 m 布置一组测点。主井壁间布置 17 个测点,内壁布置 16 个测点(共 33 个测点);副井壁间及内壁各布置 21 组温度测点(共 42 个测点);一号风井壁间及内壁各布置 20 组温度测点(共 40 个测点);二号风井壁间及内壁各布置 21 组温度测点(共 42 个测点)。测温点布置如图 4-21 所示。

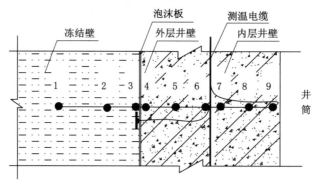

图 4-21　测温点布置示意图

在壁座位置处沿井筒径向布置水平测温线缆,使用风钻在冻结壁钻凿 1 个 500~700 mm 的钻孔,将测点按预定间距通过钢筋插入钻孔内部(图 4-22)。主井壁座布置 2 条水平测温线,共计 20 个测点;副井壁座布置 2 条水平测温线以及 2 条垂直测温线,共计 40 个测点;一号风井壁座布置 2 条水平测温线,共计 16 个测点;二号风井壁座布置 3 条水平测温线以及 1 条垂直测温线,共计 37 个测点。

图 4-22　内壁测温传感器布设

（2）孔隙水压计

将监测通信电缆吊挂于正北方向，在外壁外侧的北、东、南和西 4 个方向各布置 1 个测点，每个测点埋设 1 个孔隙水压计，用于监测冻结壁解冻后壁后水压力的变化规律。每个监测水平共需孔隙水压计 4 个。

（3）土压力盒

将监测通信电缆吊挂于正北方向，在外壁外侧的北、东、南和西 4 个方向各布置 1 个测点，每个测点埋设 1 个土压力盒，用于监测冻结壁施加的水平压力（冻结壁融化后即外部地层压力）。每个监测水平共需土压力盒 4 个。

（4）钢筋计

将监测通信电缆吊挂于正北方向，在东北、东南、西南和西北 4 个方向各布置 1 个测点，每个测点埋设环向、竖向钢筋计各 1 个，每一外壁监测层位共计 8 个钢筋计。

套内壁时，在东北、东南、西南和西北 4 个方向的内壁内侧和外侧分别布置 1 个测点，每个测点埋设 1 个环向钢筋计，每一内壁监测层位共计 8 个钢筋计。

（5）混凝土应变计

将监测通信电缆吊挂于正北方向，在外壁的东北、东南、西南和西北 4 个方向各布置 1 个测点；每个测点埋设环向、竖向混凝土应变计各 1 个，为了校正测量数据，在东北方向的井壁外侧埋设 1 个无应力计，外壁每一监测层位共计 9 个混凝土应变计（图 4-23）。

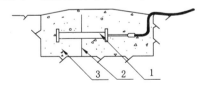

1—混凝土应变计；2—隔离板；3—井壁混凝土。
图 4-23　应变计埋入示意图

套内壁时，在东北、东南、西南和西北 4 个方向各布置 1 个测点，每个测点埋设环向、竖向及径向钢筋计各 1 个，每一内壁监测层位共计 12 个混凝土应变计。

测试水平元件的实际布设严格按设计方案进行，如图 4-24 所示。

各冻结井壁壁间及内壁温度测点布置详见表 4-3，各冻结井壁壁座温度测点布置详见表 4-4、表 4-5，二号风井冻结井壁应力监测元件布置见表 4-6。

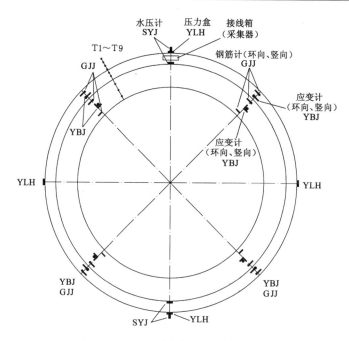

图 4-24　测试水平各类传感器布置示意图

4.3.3.5　监测元件安装要求及技术保障

整个测试系统是由监测元件、接线盒、多芯电缆、接线箱、采集仪、计算机构成。其中,工作面监测元件的埋设和接线以及电缆的敷设是系统建立的关键。

（1）电缆线的敷设

① 在地面将通信线缆与钢丝绳缠绕固定;

② 用吊桶下放测试电缆（测试电缆敷设在悬吊钢丝绳上）,要求每隔 30 m 设置一只电缆卡,将缆线与井壁固定;

③ 电缆线一次性下放到井筒工作面（测试水平）;

④ 完成电缆的下放后,电缆线及钢丝绳均在封口盘上固定。

（2）测试元件在地面上的准备工作

① 在地面上选择环向及竖向钢筋,确定钢筋计布设位置,并将钢筋计的两端向外伸出的固定杆与环向及竖向钢筋进行对焊连接;

② 在地面上预制长 400 mm、ϕ10 mm 的钢筋,用于压力盒在井下安装的固定,每个压力盒配 3 根钢筋。

（3）测试元件的埋设及注意事项

① 用定位罗盘确定预定方位,将监测元件安置到预定位置;

② 在对应位置埋设压力盒,并将压力盒周边的预制短钢筋与井壁固定牢固;

③ 测试元件埋设定位后,布置和固定好传感元件,进行元件尾线和测试电缆线的连接,将接线头装入接线盒,密封好;

④ 在地面进行量测,采集各传感元件的初读数;

⑤ 埋设时,要求压力盒的受力膜平行于井帮,误差应小于 10°,埋设位置不允许有较大的误差。

表4-3 各冻结井壁壁间及内壁温度测点位置及编号

主井测点			副井测点			一号风井测点			二号风井测点		
深度/m	壁间编号	内壁编号	深度/m	壁间编号	内壁编号	深度/m	壁间编号	内壁编号	深度/m	壁间编号	内壁编号
35	BJ-1	N-1	30	FJ BJ-1	FJ N-1	30	FJ BJ-1	FJ N-1	30	FJ2BJ1	FJ2NB1
70	BJ-2	N-2	60	FJ BJ-2	FJ N-2	60	FJ BJ-2	FJ N-2	60	FJ2BJ2	FJ2NB2
105	BJ-3	N-3	90	FJ BJ-3	FJ N-3	90	FJ BJ-3	FJ N-3	90	FJ2BJ3	FJ2NB3
140	BJ-4	N-4	120	FJ BJ-4	FJ N-4	120	FJ BJ-4	FJ N-4	120	FJ2BJ4	FJ2NB4
180	BJ-5	N-5	150	FJ BJ-5	FJ N-5	150	FJ BJ-5	FJ N-5	150	FJ2BJ5	FJ2NB5
215	BJ-6	N-6	180	FJ BJ-6	FJ N-6	180	FJ BJ-6	FJ N-6	180	FJ2BJ6	FJ2NB6
250	BJ-7	N-7	210	FJ BJ-7	FJ N-7	210	FJ BJ-7	FJ N-7	210	FJ2BJ7	FJ2NB7
285	BJ-8	N-8	240	FJ BJ-8	FJ N-8	240	FJ BJ-8	FJ N-8	240	FJ2BJ8	FJ2NB8
318	BJ-9	N-9	270	FJ BJ-9	FJ N-9	270	FJ BJ-9	FJ N-9	270	FJ2BJ9	FJ2NB9
360	BJ-10	N-10	300	FJ BJ-10	FJ N-10	300	FJ BJ-10	FJ N-10	300	FJ2BJ10	FJ2NB10
410	BJ-11	N-11	330	FJ BJ-11	FJ N-11	330	FJ BJ-11	FJ N-11	330	FJ2BJ11	FJ2NB11
440	BJ-12	N-12	360	FJ BJ-12	FJ N-12	360	FJ BJ-12	FJ N-12	360	FJ2BJ12	FJ2NB12
485	BJ-13	N-13	390	FJ BJ-13	FJ N-13	390	FJ BJ-13	FJ N-13	390	FJ2BJ13	FJ2NB13
510	BJ-14	N-14	420	FJ BJ-14	FJ N-14	420	FJ BJ-14	FJ N-14	420	FJ2BJ14	FJ2NB14
545	BJ-15	N-15	450	FJ BJ-15	FJ N-15	450	FJ BJ-15	FJ N-15	450	FJ2BJ15	FJ2NB15
580	BJ-16	N-16	480	FJ BJ-16	FJ N-16	480	FJ BJ-16	FJ N-16	480	FJ2BJ16	FJ2NB16
615	BJ-17		510	FJ BJ-17	FJ N-17	510	FJ BJ-17	FJ N-17	510	FJ2BJ17	FJ2NB17
			540	FJ BJ-18	FJ N-18	540	FJ BJ-18	FJ N-18	540	FJ2BJ18	FJ2NB18
			570	FJ BJ-19	FJ N-19	570	FJ BJ-19	FJ N-19	570	FJ2BJ19	FJ2NB19
			600	FJ BJ-20	FJ N-20	600	FJ BJ-20	FJ N-20	600	FJ2BJ20	FJ2NB20
			630	FJ BJ-21	FJ N-21				630	FJ2BJ21	FJ2NB21

表4-4　主、副井筒冻结井壁壁座温度测点位置及编号

主井壁座水平测点			副井壁座水平测点			副井壁座垂直测点		
位置/mm	第5模	第8模	位置/mm	第9模	第5模	位置	北侧标号	西侧编号
-400	下1	上1	-400	FZB1	FZB11	第1模	NBN1	NBW1
-200	下2	上2	-200	FZB2	FZB12	第2模	NBN2	NBW2
0	下3	上3	0	FZB3	FZB13	第3模	NBN3	NBW3
200	下4	上4	300	FZB4	FZB14	第4模	NBN4	NBW4
500	下5	上5	600	FZB5	FZB15	第5模	NBN5	NBW5
800	下6	上6	900	FZB6	FZB16	第6模	NBN6	NBW6
1100	下7	上7	1200	FZB7	FZB17	第7模	NBN7	NBW7
1400	下8	上8	1500	FZB8	FZB18	第8模	NBN8	NBW8
1700	下9	上9	1800	FZB9	FZB19	第9模	NBN9	NBW9
2000	下10	上10	2100	FZB10	FZB20	第10模	NBN10	NBW10

表4-5　风井井筒冻结井壁壁座温度测点位置及编号

一号风井壁座水平测点			二号风井壁座水平测点					二号风井壁座垂直测点	
位置/mm	第7模	第5模	位置/mm	第9模	第6模	位置/mm	第3模	位置	编号
-400	上1	下1	-1100	FJ2_BZS1	FJ2BZZ1	-700	FJ2BZX1	第2模	FJ2CZ1
-200	上2	下2	-900	FJ2_BZS2	FJ2BZZ2	-500	FJ2BZX2	第3模	FJ2CZ2
0	上3	下3	-700	FJ2_BZS3	FJ2BZZ3	-300	FJ2BZX3	第4模	FJ2CZ3
300	上4	下4	-500	FJ2_BZS4	FJ2BZZ4	-100	FJ2BZX4	第5模	FJ2CZ4
600	上5	下5	-100	FJ2_BZS5	FJ2BZZ5	300	FJ2BZX5	第6模	FJ2CZ5
900	上6	下6	300	FJ2_BZS6	FJ2BZZ6	700	FJ2BZX6	第7模	FJ2CZ6
1200	上7	下7	700	FJ2_BZS7	FJ2BZZ7	1100	FJ2BZX7	第8模	FJ2CZ7
1500	上8	下8	1100	FJ2_BZS8	FJ2BZZ8	1500	FJ2BZX8	第9模	FJ2CZ8
			1500	FJ2_BZS9	FJ2BZZ9	1900	FJ2BZX9	第10模	FJ2CZ9
								第11模	FJ2CZ10

表4-6　二号风井冻结井壁应力监测元件布置

监测水平	埋设深度/m	水压计/个				压力盒/个				钢筋计/个								应变计/个											
										环向				竖向				环向				竖向				径向			
		北	东	南	西	北	东	南	西	东北	东南	西南	西北	东北	东南	西南	西北	东北	东南	西南	西北	东北	东南	西南	西北	东北	东南	西南	西北
二号风井外壁	185	1	—	1	—	1	1	1	1	1	1	1	1	1	1	1	1	1	1	1	1	1	1	1	1	—	—	—	—
二号风井外壁	350	1	1	1	1	1	1	1	1	1	1	1	1	1	1	1	1	1	1	1	1	1	1	1	1	—	—	—	—
二号风井外壁	550	—	—	1	—	1	1	1	1	—	—	1	1	—	—	1	1	—	—	1	1	—	—	1	1	—	—	—	—
二号风井外壁	615	1	1	1	1	1	1	1	1	1	1	1	1	1	1	1	1	1	1	1	1	1	1	1	1	—	—	—	—
二号风井内壁	615	1	—	1	—	—	—	—	—	1	1	1	1	1	1	1	1	1	1	1	1	1	1	1	1	1	1	1	1
二号风井内壁	560	—	—	—	—	—	—	—	—	1	1	1	1	1	1	1	1	1	1	1	1	1	1	1	1	—	—	—	—
二号风井内壁	360	1	—	—	—	—	—	—	—	1	1	1	1	1	1	1	1	1	1	1	1	1	1	1	1	1	1	1	1
共计		5	2	5	2	4	4	4	4	6	6	7	7	6	6	7	7	6	6	7	7	6	6	7	7	2	2	2	2

4.3.3.6　监测元件地面与井下安装

（1）井壁压力传感器测点布置

井壁压力监测传感器的布置均以井筒内风筒位置作为 0°方向，按顺时针方向参照井壁监测方案进行。原监测方案中计划对二号风井 3 个地层深度井壁进行监测，计划安装传感器 124 个，实际监测中，由于 185 m 水平外壁监测后不久，露在井壁外的线路被炸坏，暂时无法恢复，遂决定在原设计的基础上再增加一个监测水平，根据地质柱状图选埋深 550 m 砂质泥岩作为新增监测水平。这样，实际监测层位为 4 个层位，实际安装振弦传感器 154 个，各层位传感器安装情况见表 4-7。

表 4-7　二号风井各监测水平的传感器配置统计表

编号		1		2		3		增
		计划	实际	计划	实际	计划	实际	实际
深度		180 m	185 m 外	350 m	350 m 外 360 m 内	615 m	615 m 外 615 m 内	550 m 外 560 m 内
岩性		含砾粗粒砂岩		中粒砂岩		粗粒砂岩		砂质泥岩
层厚/m		11.34		21.36		29.11		
累深/m		187.19		366.61		637.55		
压力盒	井帮	4	4	4	4	4	4	4
渗压计	井帮	2	2	2	4	2	4	—
	壁间	2	2	2	2	2	2	—
钢筋计	外壁环向	4	4	4	4	4	4	4
	外壁竖向	4	4	4	4	4	4	4
	内壁内侧环向	2	—	4	4	4	4	4
	内壁外侧环向	2	—	4	4	4	—	4
	内壁竖向	—	—	—	—	—	4	4
应变计	外壁环向	4	4	4	4	4	4	4
	外壁竖向	4	4	4	4	4	4	4
	外壁无应力计	—	—	1	1	1	1	—
	内壁内侧环向	2	2	4	4	4	4	4
	内壁外侧环向	2	—	4	—	4	—	
	内壁外侧径向	—	—	2	4	2	4	
	内壁竖向	—	—	2	4	2	4	4
	内壁无应力计	—	—	1	1	1	1	
振弦传感器总计		32	22	46	48	46	48	36
温度计	井帮	4	4	4	4	4	4	4
	外壁	2	2	2	2	2	2	2
	内壁	3		3		3		

（2）井壁压力测点安装

① 外壁 185 m 水平

2014 年 3 月 30 日晚上 22 时开始井下传感器安装接线,埋设 XYJ-4 型压力盒 4 个,CL-X2-B 型钢筋计 8 个,XJH-2 型混凝土应变计 8 个,XJS-6 型水压计 2 个,井下安装 VWC-32 采集器 1 台,3 月 31 日 9 时开始采集数据。

② 外壁 350 m 水平

2014 年 5 月 3 日地面主电缆与钢丝绳绑扎固定,5 月 4 日下午采取电缆吊桶下放方式敷设主通信电缆,5 月 5 日下午 16 时开始井下传感器安装接线,安装 XYJ-4 型压力盒 4 个,CL-X2-B 型钢筋计 8 个,XJS-6 型水压计 2 个,XJH-2 型混凝土应变计 8 个,地面安装 DT80g 主机 1 台,CEM20 扩展模块 3 台,为避免爆破炸断线缆,对传感器井壁外引线加套管并临时固定,5 月 10 日开始数据采集。

③ 外壁 550 m 水平

2014 年 6 月 21 日地面进行测试主电缆与钢丝绳固定,6 月 25 日夜里利用吊桶下放并固定主电缆,6 月 27 日凌晨 4 时开始井下传感器安装接线。共计安装 XYJ-4 型压力盒 4 个,CL-X2-B 型钢筋计 8 个,XJH-2 型混凝土应变计 8 个,传感器出井壁的引线仍加胶管进行保护,提前进行了接线,6 月 30 日开始数据采集。

④ 外壁 615 m 水平

2014 年 7 月 4 日地面进行测试电缆与钢丝绳固定,7 月 9 日采用吊桶下放测试电缆,共计安装 XYJ-4 型压力盒 4 个,CL-X2-B 型钢筋计 8 个(竖向 4 个、环向 4 个),XJH-2 型混凝土应变计 8 个(竖向 4 个、环向 4 个),XJS-6 型水压计 2 个,7 月 17 日开始数据采集。

⑤ 内壁 615 m 水平

2014 年 8 月 19 日 13 时井下安装,共计安装 CL-X2-B 型钢筋计 8 个(竖向 4 个、环向 4 个),XJH-2 型混凝土应变计 12 个(竖向、环向、径向各 4 个),XJS-6 型水压计 2 个,应力计 1 个,8 月 20 日开始数据采集。

⑥ 内壁 560 m 水平

2014 年 8 月 28 日晚上 20 时下井安装应变计,共计安装 CL-X2-B 型钢筋计 8 个(外环 4 个、内环 4 个),XJH-2 型混凝土应变计 8 个(竖向 4 个、环向 4 个),8 月 29 日下午安装钢筋计,8 月 29 日开始采集数据。

⑦ 内壁 360 m 水平

2014 年 9 月 19 日 18 时开始安装,20 日凌晨 2 时安装结束,共计安装 CL-X2-B 型钢筋计 8 个(外环 4 个、内环 4 个),XJH-2 型混凝土应变计 12 个(竖向、环向、径向各 4 个),XJS-6 型水压计 2 个,9 月 25 日下午 16 时开始采集数据。

4.4　井壁压力监测数据分析

4.4.1　数据计算方法

混凝土应变和钢筋应力计算时,由于应变计埋设在水工结构物或其他混凝土结构物中,因此要同时考虑变形和温度的双重作用。混凝土应变具体计算公式为:

$$\varepsilon_{m} = K\Delta F + b'\Delta T = K(F - F_{0}) + (b - a)(T - T_{0}) \tag{4-16}$$

式中 ε_{m}——被测结构物的应变量，10^{-6}；

a——被测结构物的线膨胀系数，$10^{-6}/℃$；

K——应变计的测量灵敏度，$10^{-6}/F$；

ΔF——应变计实施测量值相对于基准值的变化量，F；

F——应变计的实时测量值，F；

F_{0}——应变计的基准值，F；

b——应变计的温度修正系数，$10^{-6}/℃$；

ΔT——温度实时测量值相对于基准值的变化量，℃；

T——温度的实时测量值，℃；

T_{0}——温度的基准值，℃。

K、b 均为常数，其值由混凝土应变计出厂时测定给出。

钢筋应力计算与混凝土相似，不再赘述。

4.4.2 冻结压力监测分析

二号风井 -185 m、-350 m、-550 m、-615 m 四个监测水平壁后冻结压力发展变化情况如图 4-25～图 4-28 所示。从壁后冻结压力的变化曲线看，差异较大，-185 m 和 -350 m 监测水平所反映的壁后压力比较正常，而 -550 m 监测水平上监测得到的南侧壁后压力表现异常，-615 m 监测水平除南侧壁后压力曲线正常外，其余两只传感器测得的壁后压力均异常。实际土压力传感器监测得到的壁后冻结压力既包括施工引起地层扰动后地压重新分布对井壁的作用，也包括内侧冻结壁因外壁浇筑解冻再重新回冻产生的冻结压力，及壁间充填注浆施工过程中人工干预井壁产生的附加压力。

从正常的壁后冻结压力变化曲线看，壁间注浆前 -185 m 和 -350 m 位置处测得的压力都不超过 1 MPa，后期由于壁间注浆原因，壁后冻结压力出现短时激增，而后压力逐渐降低，趋于稳定。

其原因在于：外壁掘砌后，受井筒开挖及下部井筒爆破施工影响，地层应力重新分布，壁后压力开始有个瞬时显现，随着开挖工作面逐渐远离监测水平，地层压力重分布基本稳定，

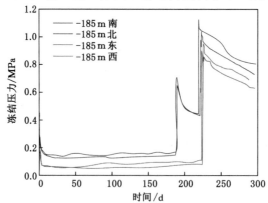

图 4-25 -185 m 层位壁后冻结压力

（注：各曲线终点处从上至下顺序与图例一致，下同）

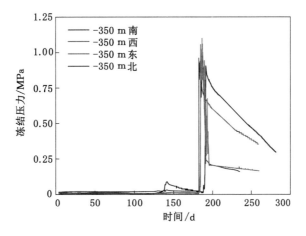

图 4-26 −350 m 层位壁后冻结压力

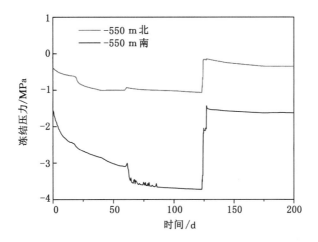

图 4-27 −550 m 层位壁后冻结压力

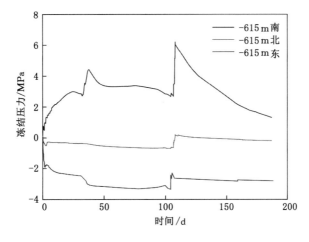

图 4-28 −615 m 层位壁后冻结压力

而壁后围岩回冻所引发的冻结压力逐渐显现，并且随着时间的延长，外壁周边围岩全部回冻，冻结压力逐渐趋于稳定。从上述正常壁后压力曲线来看，井筒浅部壁后压力不大，冻结压力比较小，而由于壁间注浆压力较高，由此引发的后期壁后附加压力效果显著。

需要注意的情况是，在采用土压力盒监测软岩地层冻结压力时，即使将压力盒受压膜紧贴岩面，但因围岩塑性变形比土小得多，受尺寸效应影响，压力盒盒体又承担了相当部分的围岩压力，对受压膜感受围岩压力还是有很大影响的，这也不难理解实际监测壁后压力普遍较小，而井壁钢筋受力较大的原因。

此外，异常的冻结压力表现为负数，而且冻结压力负值绝对值还较大，而对于正常安装的压力盒在正常受力的情况下是不会出现负值状况的。根据土压力传感器的结构构造，当土压力盒受压膜正面受挤压时，得到的数据必为正数，而当土压力盒盒体侧向受挤压时，受压膜此时某一方向必定松弛，也就使得监测数据变为负值。另外，后期壁间注浆时这些异常的土压力盒此时能够正常感受附加压力，说明土压力盒工作是正常的，只是其受力异常。结合－550 m 和－615 m 监测水平钢筋竖向应力和混凝土竖向应变综合分析，可以认定，壁后土压力盒一直处于侧向挤压状态，即盒体侧向受力大于受压膜正向受力状态，那么只有一种可能情况发生，即该层位井壁竖直方向有一定的位移，且变形随时间增大，曲线显示套壁施工后壁后围岩解冻加剧了这种位移。

4.5　内外井壁钢筋应力实测数据分析

4.5.1　外壁钢筋环向应力

二号风井－185 m、－350 m、－550 m、－615 m 4 个监测水平外壁钢筋环向应力发展变化情况如图 4-29～图 4-32 所示。对比各曲线图不难发现，4 个监测水平的外壁钢筋环向应力的变化趋势大体相同，均呈台阶状变化，即：外壁浇筑后钢筋环向压应力迅速增长，套壁前趋于稳定或增幅放缓；内部的套壁施工后，外壁钢筋环向压应力出现第一次骤降，之后再次恢复缓慢增长状态，并趋于稳定；壁间重提注浆后，外壁钢筋环向压应力出现第二次骤降，降幅普遍大于前次，之后钢筋环向压应力普遍趋于稳定，个别仍有小幅增长。

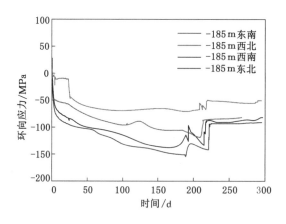

图 4-29　－185 m 外壁环向钢筋应力

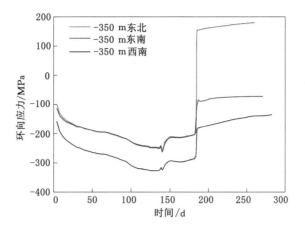

图 4-30 -350 m 外壁环向钢筋应力

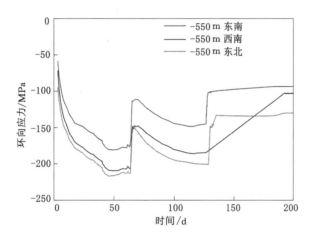

图 4-31 -550 m 外壁环向钢筋应力

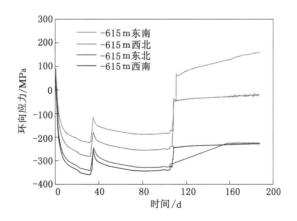

图 4-32 -615 m 外壁环向钢筋应力

外壁钢筋环向应力呈现上述走势与施工工艺密切相关,下面以内壁套壁和壁间充填注浆两个事件为节点,将外壁钢筋环向应力的发展变化分3个阶段来分别分析:

第一阶段(外壁浇筑—套内壁前):外壁浇筑初期(大体在前10 d左右)钢筋环向压应力急剧增长,之后增长逐步放缓,且套壁前上部监测水平的钢筋环向压应力变化基本稳定,而下部监测水平的钢筋环向压应力仍处于小幅增长阶段。这主要是由于井筒开挖后,原有地压平衡被破坏,加之井筒掘进爆破对地层扰动的影响使得前期井壁快速承压,钢筋环向压应力出现激增,后期随着外壁周边解冻的围岩再次回冻产生的冻结压力作用在外壁上,使得外壁钢筋环向应力继续小幅增加,直至周边围岩彻底恢复冻结,钢筋环向压应力达到稳定。

第二阶段(套内壁—壁间注浆前):一方面,内壁浇筑施工产生大量水化热,尤其是下部井筒内壁厚度大,混凝土强度等级高,集中产生的水化热势必通过外壁传导扩散至壁后冻结围岩中去,造成围岩二次解冻,作用到外壁的冻结压力迅速降低,当内壁浇筑远离测试水平,内壁水化热散失后,壁后围岩二次回冻,作用在外壁的冻结压力再次小幅增加,外壁钢筋环向压应力同样呈现小幅增长,并重新稳定。另一方面,内壁形成后,阻止外壁向内进一步的挤压变形,分担了一部分地层压力,对外壁环向钢筋应力的降低也发挥了积极的作用。

第三阶段(壁间注浆及之后):壁间充填注浆是通过高压注浆泵把水泥浆液挤压进内外壁间缝隙中,随着浆液的凝固,内外层井壁相互紧密贴合,形成可以可靠传力共同承压的复合井壁。如果说壁间注浆前,内壁是被动参与并分担外壁的部分荷载的话,那么,壁间注浆后,内壁则是更加主动地承担了更多的围岩压力,从而出现外壁钢筋环向压应力骤降的情况,甚至局部出现应力方向改变,环向钢筋由受压变为受拉。

从4个监测水平外壁钢筋环向应变的变化数值看,在充填注浆前,−350 m监测水平钢筋环向压应力最大达到326.9 MPa,位于西南方向;−550 m监测水平钢筋环向压应力最大达到216.6 MPa,位于东北和西北两个方向;−615 m监测水平钢筋环向压应力最大达到357.9 MPa,位于西南和东北两个方向。壁间充填注浆后,钢筋环向应力有明显降低,但最大压应力所在方向未发生变化。井壁环向钢筋为HRB400钢筋,其屈服应力为400 MPa,总体看各监测水平的钢筋环向应力均小于屈服应力。

4.5.2 外壁钢筋竖向应力

二号风井−185 m、−350 m、−550 m、−615 m等4个监测水平外壁钢筋竖向应力发展变化情况如图4-33~图4-36所示。对比发现,外壁钢筋竖向受力相对复杂,但总体趋势有共同之处,即:外壁浇筑后钢筋拉应力有小幅降低,之后相对稳定,套壁前拉应力开始增加,套壁一段时间后,拉应力开始逐渐降低,壁间注浆后,拉应力骤降,最终趋于稳定。

上述走势原因分析:外壁浇筑后一周左右时间内外壁钢筋拉应力迅速下降,原因在于周边围岩应力重分布形成了可靠的围抱力,并与上下段外壁彼此连接形成了整体,因此,钢筋拉应力出现降低,并始终保持在一定的水平,即拉应力降低后稳定。但有例外情况,−550 m、−615 m监测水平的外壁竖向钢筋拉应力相对于−185 m和−350 m水平外壁普遍较大,竖筋拉应力在外壁浇筑后短时间内大幅增加。分析其原因在于:周边围岩提供的围抱力不足,监测水平以下的外壁状况相似,造成局部井壁开裂下坠,靠竖向钢筋吊挂负担井壁质量,直至下部井壁出现可靠的围抱力托住上部外壁为止,如−550 m西南方向竖筋拉应力,即拉应力升高后稳定。如下部井壁所处围岩仍未形成可靠围抱力,

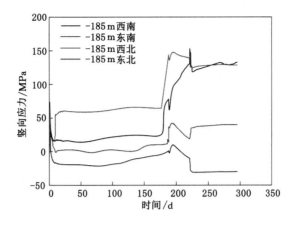

图 4-33 −185 m 外壁竖向钢筋应力

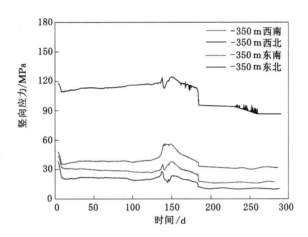

图 4-34 −350 m 外壁竖向钢筋应力

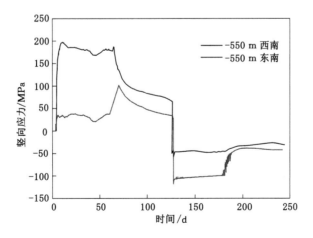

图 4-35 −550 m 外壁竖向钢筋应力

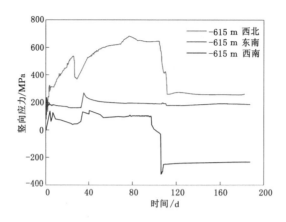

图 4-36 −615 m 外壁竖向钢筋应力

则势必造成竖筋屈服,存在井壁局部拉断的可能,这从−615 m 监测水平西北方向竖筋拉应力可以看出。

外壁竖筋拉应力在内壁浇筑前基本稳定在某一应力水平,直至内壁施工。套壁前一周,钢筋竖向拉应力开始小幅增加,套壁后钢筋拉应力逐步降低,原因是:随着内壁施工的靠近,水化热传导到围岩,使得壁后围岩解冻,冻结压力降低,围岩围抱力不足,外壁竖筋拉应力增加,围岩重新回冻后,围岩围抱力增加,竖筋拉应力降低。

壁间充填注浆后,内壁参与承担荷载,外壁的拉应力通过壁间的摩擦接触传递到内壁,使得外壁钢筋竖向拉应力得以降低。此外,外壁接茬及变径位置处浇筑并不密实,壁间注浆时,高压浆液进入该结合部,对于监测水平的外壁来讲,来自上下接茬部位的浆液挤压,有可能使得竖筋拉应力降低并转变为压应力。

从外壁竖筋拉应力监测结果看,−550 m 和−615 m 外壁局部竖筋拉应力较大,−615 m 外壁西北方向井壁存在拉裂可能。

4.5.3 内壁钢筋环向应力

二号风井−360 m、−560 m、−615 m 3 个监测水平内壁钢筋环向应力发展变化情况如图 4-37~图 4-41 所示。

对比上述 3 个监测水平的内壁钢筋环向应力,容易看出内壁环向钢筋应力分布趋势总体相同,即:内壁浇筑后 1~5 d 环向钢筋有过短暂的小幅受拉状态,随后环向钢筋转为受压状态,壁间充填注浆前钢筋环向压应力基本达到稳定,壁间注浆后,内壁环向钢筋应力均呈现瞬时激增现象,壁间注浆后,内壁环向压应力逐渐小幅回落至稳定。

出现上述变化的原因是:内壁厚度大,为大体积混凝土,浇筑初期水化热集中释放,而环向钢筋处于内壁内外侧,由于内外表面与井壁内部核心存在较大的温度梯度,这样内壁呈现出内涨外缩的局面,内壁核心区域混凝土的膨胀使得内外两侧环向钢筋产生拉应力,而随着内壁热量的向外释放,这种拉应力则逐步减小并消失。此外,内壁形成后,阻止了外壁进一步向内的挤压变形,被动地参与并承担了外壁传递来的围岩压力,这就使得内壁环向钢筋产生压应力,壁间充填注浆前,内壁的压应力基本维持稳定。

壁间充填注浆后,在内外壁间形成高压区,在高压浆液的作用下,这样内壁环向钢筋压应力呈现瞬时激增。浆液凝固后,内壁环向钢筋压应力有所降低,内外壁统一成一体,形成

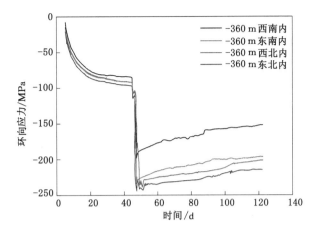

图 4-37　-360 m 内壁内侧环向钢筋应力

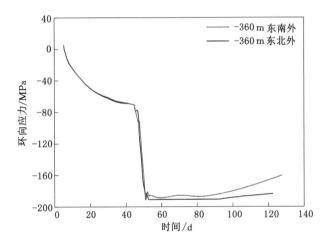

图 4-38　-360 m 内壁外侧环向钢筋应力

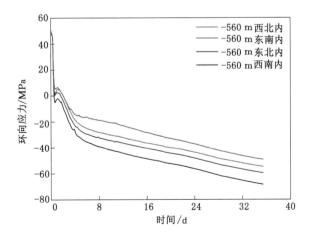

图 4-39　-560 m 内壁内侧环向钢筋应力

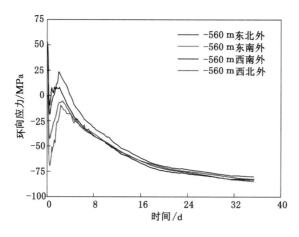

图 4-40 —560 m 内壁外侧环向钢筋应力

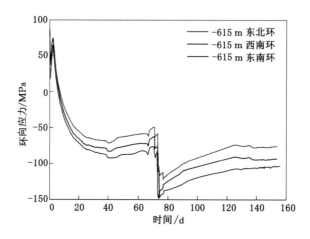

图 4-41 —615 m 内壁环向钢筋应力

传力可靠的复合井壁,这样在围岩压力作用下,复合井壁内压力重新分布,内壁钢筋环向应力达到平衡。

—360 m 内壁内侧环向钢筋压应力最大值壁间注浆前为 96.26 MPa,壁间注浆后趋于 183.8 MPa;外侧环向钢筋压应力最大值壁间注浆前为 70.65 MPa,壁间注浆后趋于 196.5 MPa。—560 m 内壁由于监测系统异常,后期数据缺失。—615 m 内壁环向钢筋压应力最大值壁间注浆前为 91.27 MPa,壁间注浆后趋于 94.47 MPa。

4.5.4 内壁钢筋竖向应力

二号风井—615 m 监测水平内壁钢筋竖向应力发展变化情况如图 4-42 所示。从图中可知,内壁竖向钢筋应力变化形式总体与环向钢筋应力类似,即内壁施工后竖向钢筋受力由受拉状态逐渐变为受压状态,壁间注浆前,竖向钢筋压应力发展达到稳定,壁间充填注浆后,竖向钢筋压应力出现短时激增,而后有小幅降低并最终稳定。

原因类似,该监测水平内壁厚度 1 500 mm,为大体积混凝土,浇筑后沿井壁径向存在较大的温度梯度,核心区温度高,内外侧温度低,核心区域混凝土的膨胀受到竖向钢筋的限制,这样在浇筑初期竖向钢筋内产生一定拉应力,而随着内壁继续施工,在上部井壁荷载的作用

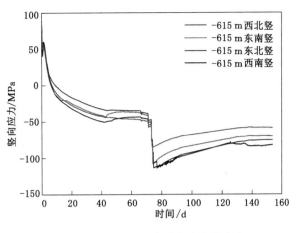

图 4-42 －615 m 内壁竖向钢筋应力

下,监测水平竖向钢筋压应力逐渐显现,并逐步增大直至稳定。壁间充填注浆后,内外壁成为整体,外壁的竖向荷载通过壁间的接触摩擦传递到内壁,短时出现激增,而后趋于稳定。

4.6 内外井壁应变实测数据分析

4.6.1 外壁混凝土环向应变

二号风井－185 m、－350 m、－550 m、－615 m 4 个监测水平外壁混凝土环向应变发展变化情况如图 4-43～图 4-46 所示。

对比上述曲线不难发现,4 个监测水平的外壁混凝土环向应变发展趋势存在共同之处,即:外壁浇筑后混凝土环向压应变迅速增长,套壁前混凝土压应变趋于稳定或增幅趋缓,内壁套壁施工后,外壁环向压应变出现快速增长迹象,然后压应变逐步降低,至壁间充填注浆前压应变趋于稳定或降幅趋缓,壁间充填注浆使得外壁环向压应变骤降,壁间注浆后,外壁混凝土环向应变基本稳定。

以内壁套壁和壁间充填注浆两个事件为节点,将外壁混凝土环向应变的发展变化分为3 个阶段来分别分析。

第一阶段(外壁浇筑—套内壁前):由于井筒开挖后,原有地压平衡被破坏,加之井筒掘

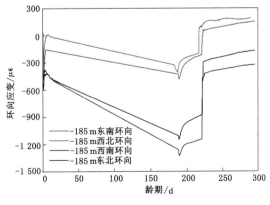

图 4-43 －185 m 外壁环向应变

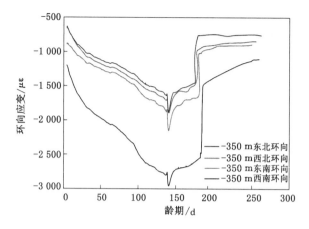

图 4-44　—350 m 外壁环向应变

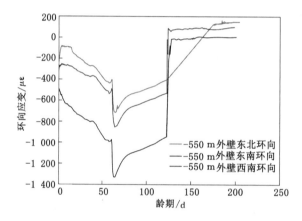

图 4-45　—550 m 外壁环向应变

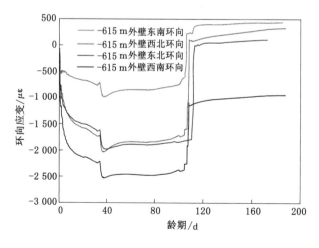

图 4-46　—615 m 外壁环向应变

进爆破对地层扰动的影响使得前期井壁快速承压,混凝土环向压应变快速增加,后期随着外壁周边解冻的围岩再次回冻产生的冻结压力,作用在外壁上,使得外壁混凝土环向应变不断小幅增加。

第二阶段(套内壁—壁间注浆前):内壁的浇筑施工,水化热的大量释放,使得外壁混凝土产生一定的温度变形,即外壁温度升高,产生体积膨胀,相互挤压,使得环向压应变出现快速增长,随着热量的散失,混凝土收缩,混凝土环向压应变降低。此外,内壁浇筑后,内外壁紧密贴合,内壁阻止了外壁进一步向内的挤压变形而逐步参与承担外部压力,这样外壁环向应变降低,并逐步趋于稳定。

第三阶段(壁间注浆及之后):壁间充填注浆使得外壁由原来的单侧受力状态变为内外作用的双侧受力状态,使得内壁更多地参与承受外部压力,这样外壁环向应变出现骤降,由于壁间充填注浆压力较高,甚至超过壁后围岩压力,以至于个别方位外壁受力状态发生改变,由受压变为局部受拉,出现环向拉应变,如−185 m水平西北方位、−550 m水平东北方位、−615 m水平西北方位受壁间注浆影响都不同程度地出现环向拉应变,但数值都不大,对井壁安全不会构成影响。

4.6.2　外壁混凝土竖向应变

二号风井−185 m、−350 m、−550 m、−615 m 4个监测水平外壁混凝土竖向应变发展变化情况如图4-47~图4-50所示。

对比图4-47~图4-50不难发现,二号风井4个监测水平外壁的拉应变具有如下共同特征,即:初期外壁拉应变快速增长,之后增速放缓,逐步稳定,套内壁后拉应变出现一次骤降,之后又重新小幅增长,重新趋于稳定,壁间充填注浆时拉应变出现二次骤降,之后再次趋于稳定。

出现上述变化的原因分析如下:由于冻结井筒外壁施工为自上而下逐段砌筑,这就意味着外侧井壁是逐段吊挂在上层井壁下部的,浇筑初期井壁强度较低,加之混凝土受拉能力较差,因此,在自重的作用下,井壁竖向产生竖向拉应变,且迅速增长。当壁后围岩能够提供可靠的围抱力后,井壁竖向变形趋于稳定,竖向拉应变增幅降低并逐步稳定。内壁浇筑后,内外壁相互接触挤压,外壁的竖向变形受到内壁的限制,外壁竖向应变出现一定程度的降低。壁后充填注浆后内外壁结合成一共同承载的复合井壁,内外壁相互结合更为紧密,内壁对外

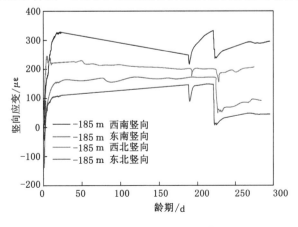

图 4-47　−185 m外壁竖向应变

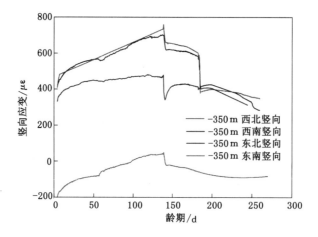

图 4-48　−350 m 外壁竖向应变

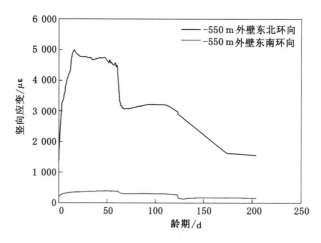

图 4-49　−550 m 外壁竖向应变

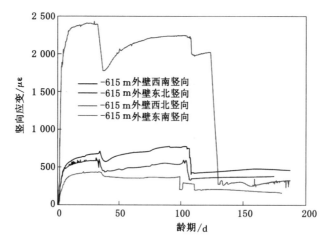

图 4-50　−615 m 外壁竖向应变

壁竖向变形的约束作用更加明显,因此,壁间注浆后外壁的竖向拉应变均大幅降低。

此外,4 个层位外壁混凝土拉应变均超过混凝土的极限拉应变,表明在井筒向下掘砌施工中,外壁会出现环向裂缝,这在实际施工中已经证实,外壁确实存在很多环向裂缝。不过值得注意的是:−550 m 监测水平的东北方位和−615 m 监测水平的西北方位混凝土竖向拉应变相对其他方位明显偏大,分析认为该方位井壁存在竖向开裂的可能性。

4.6.3 内壁混凝土环向应变

二号风井−360 m、−560 m、−615 m 3 个监测水平内壁混凝土环向应变发展变化情况如图 4-51～图 4-53 所示。

对比 3 个曲线图可见,3 个监测水平内壁环向应变发展趋势基本相似,即:内壁浇筑后环向压应变先骤降,而后较快增长,再缓慢减小;壁间充填注浆时内壁环向压应变出现短时激增,而后快速回落。

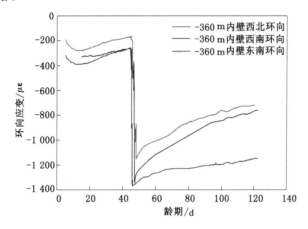

图 4-51 −360 m 内壁环向应变

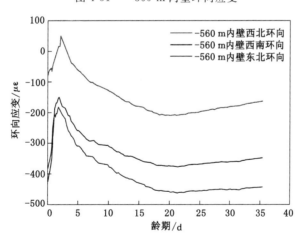

图 4-52 −560 m 内壁环向应变

原因分析如下:内壁厚度大,为大体积混凝土,浇筑初期水化热集中释放,而混凝土环向应变计位于内壁内侧(靠近模板),由于内壁表面与井壁内部核心存在较大的温度梯度,这样便出现内壁浇筑后环向压应变因内壁与表面较大温差原因而快速骤降;此外,内壁形成后,

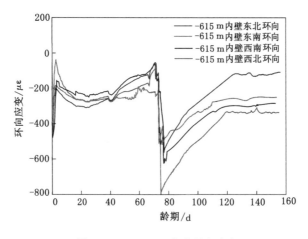

图 4-53 −615 m 内壁环向应变

阻止了外壁进一步向内的挤压变形,被动地参与并承担了外壁传递来的围岩压力,这就使得内壁混凝土产生环向压应变的增长。后期井壁温度继续降低,混凝土再次因温度应力产生收缩变形,导致环向压应变逐渐降低。壁间充填注浆受注浆压力影响内壁环向压应变出现瞬时激增,之后内壁环向压应变再次降低,降幅逐步缩小。总体来讲,内壁环向压应变普遍较小,处于安全状态。

4.6.4 内壁混凝土竖向应变

二号风井−360 m、−560 m、−615 m 3 个监测水平内壁混凝土竖向应变发展变化情况如图 4-54~图 4-56 所示。

从上述 3 个监测水平内壁竖向应变的发展变化来看,内壁浇筑后竖向压应变因内壁厚度不同而有一定差异,下部内壁为大体积混凝土,水化时间长,浇筑之后的一段时间内,由于井壁表面与内部核心区域温差较大,造成内部靠近表面部位出现一定程度的混凝土竖向拉应变。随着上部井壁的继续施工,在上部井壁荷载的作用下,拉应变减小并逐步过渡为压应变,并逐渐小幅增大,随着内壁温度的继续降低,井壁混凝土出现过冷收缩,内壁混凝土因温度降低而产生的拉应力逐渐增大,当温度应力超过自重应力时,便产生拉应变。后期停止冻

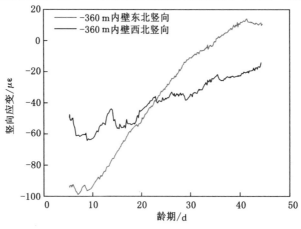

图 4-54 −360 m 内壁竖向应变

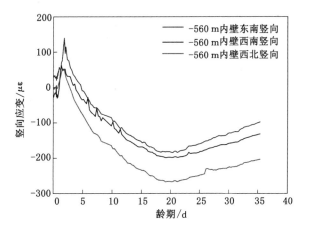

图 4-55　－560 m 内壁竖向应变

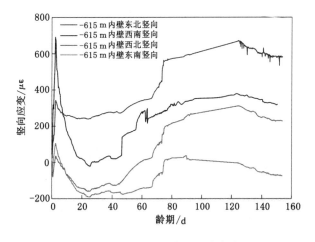

图 4-56　－615 m 内壁竖向应变

结后,井壁温度逐步回升,这种温度应变也逐步减小。

对比上述 3 个水平,由井壁竖向压应变减小的时间点可以发现这样的事实,－615 m 监测水平大致在 40 d 后,－560 m 监测水平大致在 20 d 后,－360 m 监测水平大致在 10 d 后开始出现压应变逐渐缩小并逐步转变为拉应变,即混凝土温度在低于 15～20 ℃ 以下开始产生温度应变。因此,对于这种内部大体积混凝土从控制温度裂缝的角度看,采用钢纤维来降低温度应变是非常有意义也是非常必要的。

4.6.5　内壁混凝土径向应变

二号风井－360 m、－615 m 2 个监测水平内壁混凝土径向应变发展变化情况如图 4-57、图 4-58 所示。

从上述 2 个监测水平内壁径向应变的发展变化来看,内壁径向应变主要以压应变为主,数值相对较小,并有压应变逐渐降低的趋势,其中,－615 m 内壁后期 2 个方位径向应变变化显著,压应变减小并逐步过渡为拉应变现象,出现径向受拉的原因为大体积混凝土降温过程中体积收缩产生的拉应变,且时间延长拉应变显著增加,后期有降低趋势。其原因为内壁

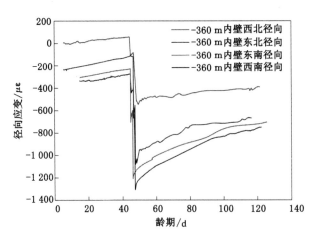

图 4-57 －360 m 内壁径向应变

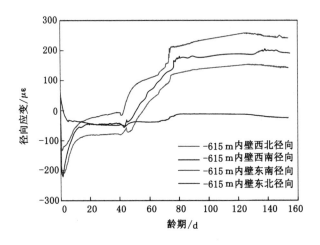

图 4-58 －615 m 内壁径向应变

持续降温,温度应变增加,直至后期停止冻结后,井壁温度逐步回升,这种温度应变出现减弱趋势。

通过对二号风井冻结压力、井壁钢筋应力、混凝土应变监测,可以得出如下结论:

(1)白垩纪、侏罗纪软岩地层冻结压力主要为含水岩层中自由水冻结产生的冻结压力,现场实测所获取的冻结压力普遍较小。其中,包含相当部分的非冻结原因产生的压力,如井筒爆破掘进引发的围岩挤压,壁间充填注浆产生的人为附加压力等。需要注意的是:采用土压力盒监测软岩地层压力时,即使将压力盒受压膜紧贴岩面,但因围岩塑性变形比土小得多,受尺寸效应影响,压力盒盒体又承担了相当部分的围岩压力,对受压膜感受围岩压力还是有很大影响的,这也不难理解实际监测壁后压力普遍较小,而井壁钢筋受力较大的原因。因此,获取的冻结压力在指导后续工程时,建议只做定性参考借鉴。

(2)对于外壁钢筋受力,环向钢筋均为压应力,套壁前外壁钢筋环向压应力相对较大,最大值为 357.9 MPa,小于钢筋屈服强度;竖向钢筋为拉应力,多数套壁前达到稳定,套壁及壁间充填注浆后因内壁参与承载而降低,但－615 m 监测水平东北方向竖向钢筋拉应力明显过大,监测数据表明超过钢筋屈服应力,存在井壁拉裂的可能性。对于内壁钢筋受力,环向钢筋和竖向钢筋均为受压状态,壁间注浆均使环向钢筋和竖向钢筋压应力增大,但都远小于钢筋屈服应力;内壁环向应变、竖向应变和径向应变均以压应变为主,数值相对较小。

(3)对于外壁混凝土,环向应变为压应变,套壁前压应变逐渐增大,-350 m 外壁西南方位最大达到 2 936 $\mu\varepsilon$,接近混凝土极限应变,套壁和壁间充填注浆后混凝土环向压应变明显降低。竖向应变为拉应变,套壁前混凝土竖向拉应变达到最大,套壁和壁间充填注浆后外壁竖向拉应变明显降低,注意到外壁拉应变普遍超过混凝土的极限拉应变,但对于自上而下施工外层井壁,外壁环向出现细小裂缝也是正常的,但在 -550 m 监测水平东北方向和 -615 m 监测水平西北方向外壁竖向拉应变过大,分别为 4 984 $\mu\varepsilon$ 和 2 405 $\mu\varepsilon$,表明该位置外壁存在拉裂的可能性。

(4)对于内壁混凝土应变,由于内壁厚度大,且连续集中浇筑,因此温度应变凸显,浇筑初期内外温差较大出现拉应变,后期井壁过冷混凝土收缩再次产生较大的拉应变,且不论环向、竖向还是径向均如此。因此,为控制内壁因温度应力而产生拉应变出现裂缝,井壁内添加钢纤维是很有必要的。

(5)井筒套壁结束后,壁间充填注浆在内壁施工结束后宜尽早进行,一方面,可以防止冻结壁解冻后壁间串水;另一方面,壁间注浆促使内外壁形成统一整体,加速让内壁承担起壁后围岩压力的重任。

(6)内壁施工和壁间充填注浆在很大程度上改善了外壁的受力状态。

5　冻结井筒防治水技术研究

5.1　冻结孔环形空间封水技术

主冻结管距离马头门及硐室较近,且副井冻结管穿过马头门,为防止因冻结壁解冻后冻结器外环形空间导水可能造成的淹井事故的发生,需在冻结孔施工时,对所有主冻结孔在相应的层位进行缓凝水泥浆置换,以有效封堵冻结管与地层的环形空间。经专家论证会论证,确定冻结孔环形空间置换深度为冻结孔底部往上150 m。

冻结孔深度达到要求后,首先将钻杆全部提升至井盘取下钻头,而后再将钻杆下入孔底,用泥浆泵和打钻循环浆液将缓凝水泥浆液送至孔底,且事先准确计算压入的缓凝水泥浆液量和打钻循环浆液量。缓凝水泥浆液注完后立即提出钻杆,快速下放冻结管。

5.1.1　封水缓凝浆液

缓凝时间要求:应确保其初凝时间大于36 h,并根据现场实际情况调整实验配方参数。

封堵浆液材料:采用普通硅酸盐水泥、缓凝剂等配制成复合浆液。如风井采用JS-1型缓凝剂、纤维素、水泥(32.5号普通硅酸盐水泥),其采用的配比见表5-1。

表 5-1　缓凝剂水泥浆凝结时间试验结果

缓凝剂名称	占水泥百分比/%	试验材料用量			水灰比	初凝时间/h
		水泥/g	水/mL	外加剂/g		
JS-1	0.2	400	280	0.8	0.7	38
	0.3	400	280	1.2	0.7	37
JS-2	0.2	400	280	0.8	0.7	35
	0.3	400	280	1.2	0.7	34
JS-3	0.2	400	280	0.8	0.7	55
	0.3	400	280	1.2	0.7	54

置换每孔需水泥浆量的理论计算:

充填初始参数:孔径210 mm,冻结管外径140 mm,钻杆外径89 mm、内径69 mm,地面管路内径65 mm。

充填高度:固管高度150 m。

计算结果(不计损耗):单孔需浆液量5.2 m³。

5.1.2　封水装备与工艺

封水装备有:注浆泵(钻机的泥浆泵可代替)、配置水泥浆的专用搅拌箱(以下简称搅拌箱,容积约6 m³)、搅拌水泥浆用的搅拌机,以及电子秤、比重秤、泥浆含沙量测管、泥浆黏度测定漏斗。

每个冻结孔终孔测斜合格后，钻机施工人员要先将泥浆调配至密度 1.13～1.18 g/cm³，黏度调配至 24～30 s，在钻机调配泥浆冲孔的同时要不断地测量泥浆含沙量，将含沙量控制在不高于 2%。红庆河煤矿地层多为细砂岩、粉砂岩，建议调配泥浆冲孔的时间在 1～3 h。

在冻结孔即将终孔时，钻机施工人员要在预计下管的时间前 12～15 h，将搅拌箱清理干净并通知技术人员浸泡纤维素。技术人员在收到信息后，提前将称量好的纤维素倒入搅拌箱内，且搅拌箱内要加入提前计算好定量的清水，加入纤维素后，开始间歇性搅拌纤维素清水或者浸泡纤维素清水 12～15 h。

待纤维素搅拌清水 12～15 h，钻机造孔泥浆调配至设计值时，开始加入计算好的缓凝剂，注意加入缓凝剂时要缓慢倒入，便于其快速溶解于纤维素清水。

加入缓凝剂后，混合液至少要搅拌 30～45 min，然后再加入提前计算好的水泥数量。待水泥加入完毕，水泥浆浆液要一直搅拌，且注浆前搅拌时间不少于 30 min。注浆前，可以测量水泥浆浆液密度，确保缓凝水泥浆浆液配比符合实验室配方要求。

待所有的水泥浆浆液配比搅拌完毕后，开始准备注浆工作。在注浆前，要计算好钻机钻杆至孔底的总长度，计算出钻杆内的容积方量；注意检查各注浆管路连接是否通畅、正确。

注浆步骤：

① 将预先搅拌好的水泥浆用注浆专用泥浆泵通过泥浆管路、孔内钻具注入孔底，制好的水泥浆全部注入完毕。

② 关闭注浆泥浆泵，开启钻机正常循环的泥浆泵，用一定量（即为提前计算好的钻杆容积存储方量）的泥浆将钻杆内水泥浆压入孔底，同时将孔内泥浆快速置换上来。

③ 压入定量的泥浆后，停止泥浆泵循环泥浆，紧接着起钻具下管，不得耽误；同时用清水冲洗泥浆管路系统内的水泥浆，并将起出孔外的钻具用清水逐根冲洗钻具内壁，防止钻具内壁固结水泥，影响测斜和泥浆冲洗量。

5.1.3　封水施工保证措施

（1）在泥浆泵站附近建一个水泥浆搅拌池，并配置一台强制式泥浆搅拌机，要求成立专职的水泥浆制作班。水泥浆制作班应严格按照水泥浆的试验配比进行搅拌作业，并按照工程部下发的每孔水泥浆需用量进行调配。

（2）在钻孔施工前应对水泥浆的配比委托实验室进行试验，确保水泥浆的初凝时间，满足钻具起出、冻结管下放以及冻结管水压试漏时间。

（3）注浆前孔内钻具应提离孔底 500 mm，注浆过程中严禁上下窜动钻具，防止两浆液混合。

（4）钻具起完，立即下管，两名电焊工同时作业，这样可以缩短下管时间。同时要求电焊工作业过程中应确保焊接质量。

（5）下管过程中浮力过大，加入适量的水来克服浮力。

（6）冻结管下放结束后，马上进行水压试漏，试漏不合格的应立即将冻结管拔出。

（7）配管人员在地面组配冻结管时应仔细检查管材是否存在质量问题，对于有夹渣、夹皮现象的管子不得使用，避免因管材质量而导致试漏不合格。

（8）在冻结造孔终孔水泥浆置换时，要考虑该层位可能会失水的问题，因此，水泥浆置换后要及时起钻具并下管。

5.1.4 冻结孔环向空间封水效果

副井井筒马头门实际揭露的冻结管情况如图 5-1 所示,采取上述方案,充填密实可靠,能够满足工程需要。

图 5-1 副井冻结管与地层环形空间充填效果

5.2 内外壁间水压传导规律研究

5.2.1 壁间水压

水压计埋设位置及数量:主井壁间埋设 4 个水压计,深度分别为 580 m、440 m、318 m、180 m;副井壁间埋设 6 个水压计,深度分别为 600 m、425 m、330 m、295 m、270 m、150 m;一号风井壁间埋设 4 个水压计,深度分别为 390 m、330 m、300 m、180 m;二号风井壁间埋设 4 个水压计,深度 615 m 的 2 个、360 m 的 2 个。

主井 440 m 水压计出现短路、580 m 水压计稳定性出现问题,318 m 和 180 m 位置水压计运行稳定。副井 600 m 和 270 m 传感器出现问题,剩余 4 个水压计目前运行稳定。一号风井 390 m 和 330 m 水压计出现问题,剩余 2 个运行稳定。二号风井 360 m 的水压计出现问题,其余 3 个运行稳定。各井筒壁间水压变化情况如图 5-2 所示。

从 4 个井筒壁间水压监测结果看,稳定运行的水压计测得的壁间水压变化不大,主井 318 m 壁间水压为负值,180 m 壁间水压在 0.17 MPa 左右。副井 600 m 水压计出故障前为 0.77 MPa,425 m 壁间水压为 4.37 MPa,330 m 壁间水压为 0.86 MPa,295 m 壁间水压为 3.3 MPa,150 m 壁间水压为 0.96 MPa。一号风井 300 m 壁间水压在 0.52 MPa 左右,

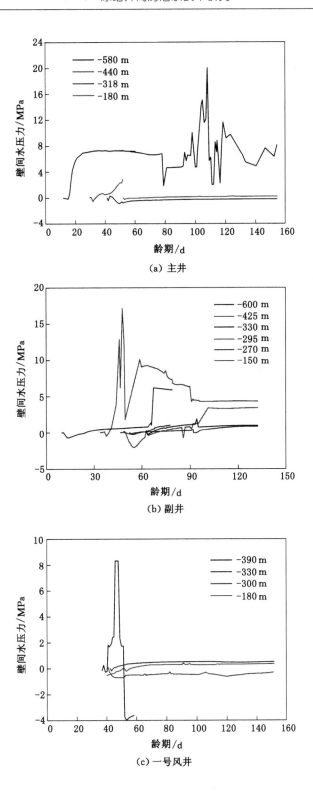

(a) 主井

(b) 副井

(c) 一号风井

图 5-2 各井筒壁间水压变化曲线

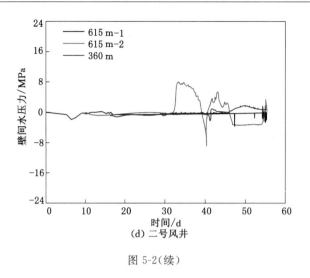

图 5-2(续)

180 m壁间水压在 0.31 MPa 左右。二号风井 615 m 壁间水压接近 0,360 m 壁间水压为0.64 MPa。

从壁间水压监测结果可得出,除个别不稳定测点壁间水压变化较大外,其余稳定测点测得的水压均比较小,可以认为目前壁间尚未充水。

5.2.2 壁后水压

二号风井 -185 m、-350 m、-615 m 等 3 个监测水平壁后孔隙水压力发展变化情况如图 5-3～图 5-5 所示。

从 3 个深度水平壁后水压变化情况图中可发现一个共同点,即水压的变化受施工影响显著,受外壁浇筑、内壁套壁及壁间充填注浆等施工工序影响,可将壁后水压变化情况分为4 个阶段来描述:

(1) 第一阶段:外壁浇筑后,内壁浇筑前。壁后水压经历先迅速降低而后逐渐增长过程,这主要是由于外壁混凝土浇筑后,水化热快速大量释放,在靠近外壁的一定厚度冻结壁内形成较大的温度梯度,随着热量向冻结壁纵深的不断传导,围岩解冻深度逐渐加大,直至达到热力平衡,这期间,壁后水压呈现快速降低的走势。随着外壁水化热量的散失,外壁与

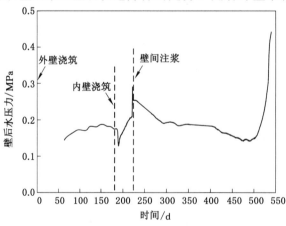

图 5-3 -185 m 水平壁后水压力

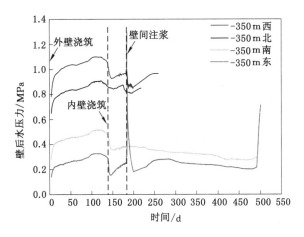

图 5-4 −350 m 水平壁后水压力

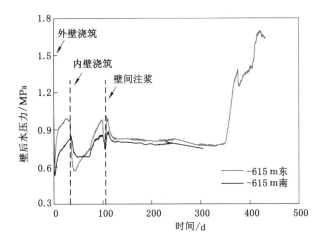

图 5-5 −615 m 水平壁后水压力

周边围岩的温度梯度逐步缩小,已解冻的围岩开始逐步回冻,在冻结压力驱使下,壁后水压力不断增长,围岩再次全部冻结后,壁后水压再次升高。

(2)第二阶段:内壁浇筑后,壁间充填注浆前。在井筒内壁套壁施工自下逐渐靠近,经过和远离测试层位过程中,壁后水压呈现快速降低而后再次增长的过程。这主要是由于,套壁施工过程中,内壁水化热会经外壁传导至壁后冻结围岩中,壁后冻结围岩原有的热力平衡会改变,冻结围岩会因吸收的热量而重新解冻,解冻后的围岩过冷后再次重新冻结。这个过程中,壁后水压力也会相应呈现先降低后升高的走势。此外,通过对比 3 个不同深度水平该阶段壁后水压变化的幅度,可以发现,不同内壁厚度也即不同水化热释放量对壁后水压也有较大影响,−615 m 监测水平内壁厚度大,水化热释放剧烈,导致壁后围岩迅速解冻,水压快速消散。

(3)第三阶段:壁间充填注浆及之后。3 个深度水平壁后水压力均呈现瞬时激增,而后逐渐回落的现象,以−185 m 和−350 m 两个层位表现突出。井壁壁间注浆壁后水压力出现瞬时激增的原因在于,一方面壁间出现高压后,外壁出现向外膨胀趋势,在冻结壁与外壁之间形成相互挤压;另一方面,高压浆液有可能沿着外壁接茬渗透到壁后,这样在外壁壁后形成高压区,从监测曲线可看出,壁间充填注浆使壁后孔隙水压力增大2～3倍。壁间注浆后,浆液凝固,壁后冻结壁压力逐渐消散,并重新恢复原来的平衡状态。

(4) 第四阶段:随着井筒停冻时间的延长,冻结壁逐渐解冻,在冻结壁完全解冻之前,壁后水压始终呈现平稳或略有降低的走势,直到冻结壁在某一天局部完全解冻,使冻结壁内外侧围岩导通,这样地下水在原有地层压力的作用下迅速进入冻结壁内侧与井壁之间的区域,从而使得壁后所测水压短时间快速增长。从3个监测水平的壁后水压变化看,-615 m监测水平冻结壁在2015年7月中旬化透,-350 m监测水平在2015年9月中旬化透,-185 m监测水平在2015年8月下旬化透。二号风井2014年10月18日冻结停机,根据壁后水压监测,冻结壁完全解冻至少需要9个月的时间。从所测得的壁后水压数值看,-615 m监测水平最高水压为1.7 MPa,-185 m和-350 m监测水平从所获取的水压数据看尚未达到稳定,仍有待观察。

总体来讲,壁后水压分布比较复杂,冻结壁未解冻前仅受壁后围岩冻融状态影响,壁后水压会有小幅的波动,冻结壁解冻后,冻结壁内外侧水力联系导通,壁后水压短时间内快速增长,并逐步恢复至地层的原始水压。

5.2.3 水压监测分析

通过壁后水压监测与分析,可以得出:

(1) 在冻结壁尚未解冻前,监测得到的水压很小,壁后水压主要受冻结壁解冻和回冻影响,壁后解冻水压降低,壁后回冻水压升高。冻结壁尚未解冻,壁后水压不会对井壁构成影响,为分析其对井壁的影响应做长期观测。

(2) 内壁施工和壁间充填注浆在很大程度上改善了外壁的受力状态。

(3) 井筒套壁结束后,壁间充填注浆在内壁施工结束后宜尽早进行。一方面,可以防止冻结壁解冻后壁间串水;另一方面,壁间注浆促使内外壁形成统一整体,加速让内壁承担起壁后围岩压力的重任。

(4) 内壁施工结束,壁间温度因井壁厚度的不同而存在一定的差异,但4个井筒壁间温度均不低于4 ℃,水压监测表面壁间无水,可完全满足壁间充填注浆的要求,除一号风井需及时组织壁间充填注浆外,主井、副井及二号风井有相当长的一段时间可供组织壁间充填注浆施工,建议套壁施工结束井筒排水后立即开展壁间充填注浆,自下而上一次完成壁间注浆施工。

(5) 壁间注浆压力不宜过大,应控制壁间注浆压力,尽量避免改变外壁受力状态。

5.3 井壁温度变化规律及壁间注浆研究

5.3.1 外层井壁温度监测分析

二号风井-185 m、-350 m、-615 m水平对外壁水化升温过程有完整的监测,-547 m水平因爆破炸断线缆原因外壁水化升温的过程未监测到,-615 m及-185 m在内壁施工至该位置时出现短路,内壁水化对外壁的温度影响未采集到,-350 m和-547 m在内壁套壁施工超过该位置一段时间后出现短路。外壁各监测水平温度变化情况如图5-6～图5-9所示。

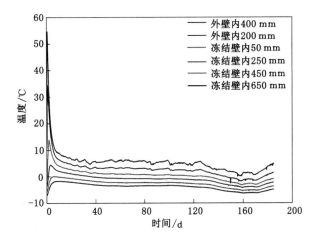

图 5-6　－185 m 水平外壁及冻结壁温度曲线

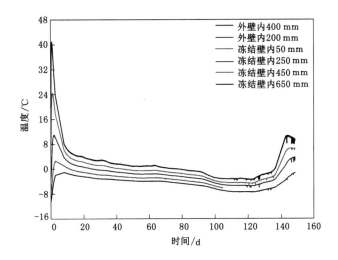

图 5-7　－350 m 水平外壁及冻结壁温度曲线

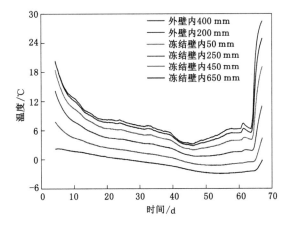

图 5-8　－547 m 水平外壁及冻结壁温度曲线

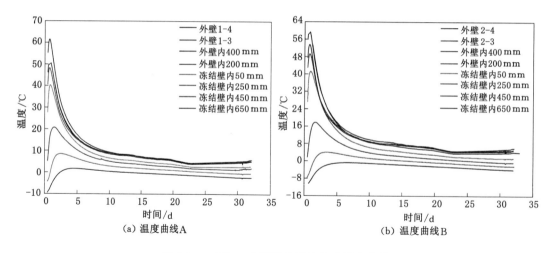

(a) 温度曲线A   (b) 温度曲线B

图 5-9   −615 m 水平外壁及冻结壁温度曲线

外壁混凝土水化热引起的周边冻土解冻为外壁正温养护创造了一定的条件,有利于混凝土早期强度的提高。−185 m 水平外壁处于正温状态的时间为 127 d,全断面进入负温状态的时间为 158 d。−350 m 水平外壁处于正温状态的时间为 44 d,全断面进入负温状态的时间为 75 d。−547 m 及 −615 m 外壁在套壁前全断面始终处于正温状态。

−185 m、−350 m、−615 m 外壁温度径向分布情况如图 5-10 所示。4 个水平对应的地层岩性、井壁结构参数、水化升温情况、外壁正温时间、冻结壁升温及回冻情况统计见表 5-2。从温度变化曲线图可以看出:

表 5-2   外壁水平测点温度变化情况统计表

监测水平/m	地层岩性	强度等级	外壁厚度/mm	水化峰值温度/℃	升温历时/h	套壁前外壁正温时间/d	冻结壁内250 mm起始温度/℃	冻结壁内250 mm峰值温度/℃	冻结壁内250 mm回冻时间/d	备注
−180	含砾粗粒砂岩	C50	550	54.63	17	127	−3.75	4.38	36	
−350	中粒砂岩	C50	550	45.75	16	44	−3.31	11.00	26	
−547	砂质泥岩	C60	600	—	—	全部	—	—	未回冻	未采集到初值
−615A	粗粒砂岩	C60	600	61.50	16	全部	5.19	20.75	未回冻	
−615B	粗粒砂岩	C60	600	60.31	18	全部	1.69	17.75	28	

(1) 外壁浇筑水化反应较快,水化热短时间大量释放,外壁温度迅速升高。外壁浇筑后 16～18 d 井壁温度达到峰值,−185 m 和 −350 m 水平 C50 段外壁最高温度为 45.75～54.63 ℃,−615 m 水平 C60 段外壁最高温度超过 60 ℃。

(2) 外壁浇筑对冻结壁的影响显著。从外壁水平测温情况看,外壁浇筑水化升温对冻结壁温度的影响很大,冻结壁内越靠外壁的测点温度波动幅度越大,越远离外壁冻结壁温度

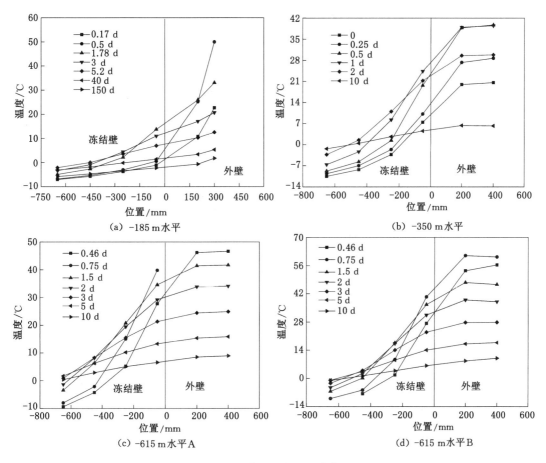

图 5-10　外壁温度径向分布图

波动相应越小,外壁的浇筑对冻结壁内各测点都带来了较大的温度升幅,最远测点(−650 mm)位置温度升幅近 10 ℃,随着外壁水化热的释放及外壁与冻结壁内热量的重新分布,外壁内温度迅速回落,冻结壁内温度经历持续小幅上升后逐渐缓慢回落,直至两壁达到相对稳定的热量平衡。

5.3.2　套壁施工前外壁表面温度分析

各井筒套壁开始壁间温度分布情况如图 5-11 所示。各井筒随着深度的增加,外壁表面温度逐渐升高,主井井口至 360 m 外壁表面均为负温,360 m 以下为正温。副井井口至 90 m 外壁表面为正温,120～210 m 为负温,210 m 以下为正温。一号风井 510 m 以上外壁表面均为负温,510 m 以下为正温。二号风井套壁前外壁表面均为正温。

根据二号风井外壁水平径向温度分布监测,外壁混凝土内部温度回落稳定后,内部温度相对于外壁表面的要低 2～3 ℃,根据这样的温差来推算,主井、副井 420 m 以上,一号风井套壁前 570 m 以上在套壁前外壁全部处于负温状态。二号风井 180～420 m 之间套壁前外壁全断面处于负温状态。

5.3.3　壁座温度分析

主井、副井、一号风井壁座混凝土强度等级均为 C70,二号风井壁座混凝土强度等级为

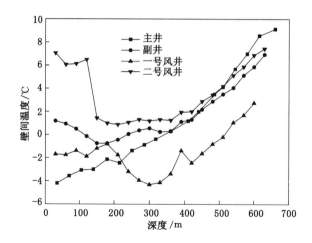

图 5-11 套壁施工前外壁表面温度分布图

CF70,主井和一号风井采用建华外加剂,副井和二号风井采用科创外加剂。

主井壁座布设 2 个测温水平,分别在第 5 模和第 8 模;副井壁座布设 2 个测温水平,分别在第 5 模和第 9 模;一号风井壁座布设 2 个测温水平,分别在第 5 模和第 7 模;二号风井壁座布设 3 个测温水平,分别在第 3 模、第 6 模和第 9 模,各井筒壁座温度测点径向分布如图 5-12 所示。

各井筒壁座施工过程中,各层位温度测点温度变化情况如图 5-13～图 5-18 所示。

各井筒壁座水化升温峰值温度、升温历时情况统计见表 5-3。从表中各井筒壁座位置水化升温峰值温度统计结果看,副井峰值温度相对最高,水化升温时间最长,一号风井峰值温度相对最低,水化升温时间相对较短。二号风井水化升温温度相对稳定,平均值在72.7 ℃左右。

主井壁座第 8 模和副井壁座第 9 模位置的径向温度分布情况如图 5-19、图 5-20 所示。

通过对比主、副井壁座温度径向分布,主井壁座混凝土浇筑后 1.5～2 d,混凝土水化升温基本达到峰值,之后的 4 d 壁座内部核心区及表面温度均呈现快速降低趋势,核心区降温速率基本在 6 ℃/d 左右,之后开始小幅降低。总体来看,主井壁座径向温度分布均呈整体平缓回落趋势,各测点降温速率差异不大,内部与表面温差未明显拉大。副井壁座混凝土浇筑后约 2.5 d,混凝土水化升温基本达到峰值,自第 3 d 开始,首先壁座表面温度出现较大的快速回落,而内部核心区混凝土温度回落滞后 2～3 d 时间,核心区温度回落主要出现在浇筑后的第 5～10 d,壁座径向温度各测点降温速率存在较大差异。这样造成了副井壁座位置内部与表面温差过大,从图中可以看到井壁表面与内部核心温差在第 5 d 和第 6 d 都已经超过25 ℃,导致温度裂缝的出现。

壁座位置为大体积混凝土,为有效控制混凝土水化热,缩小壁座位置内外温差,减少温度裂缝,应重点控制混凝土的施工配合比,限定水泥用量、调整外加剂掺量,降低水化峰值温度。同时,注意避免人为因素拉大混凝土内部与表面的温差,在淋水养护的同时,注意保持混凝土表面的温度。

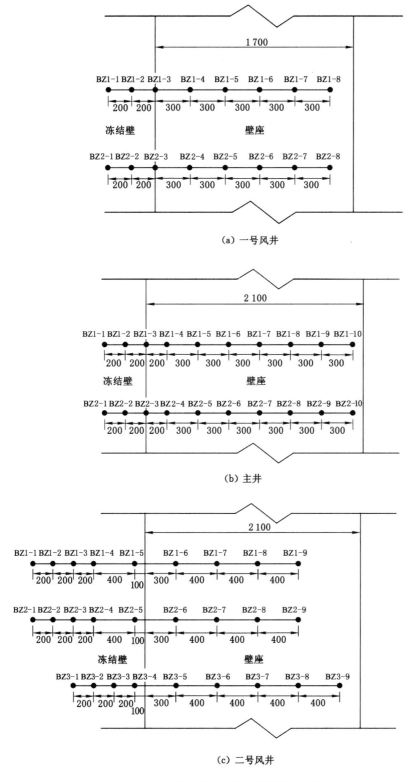

（a）一号风井

（b）主井

（c）二号风井

图 5-12 壁座水平测点分布图

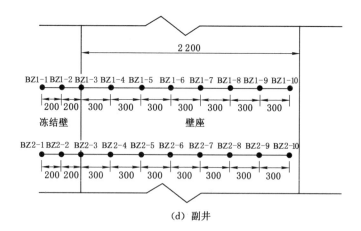

（d）副井

图 5-12（续）

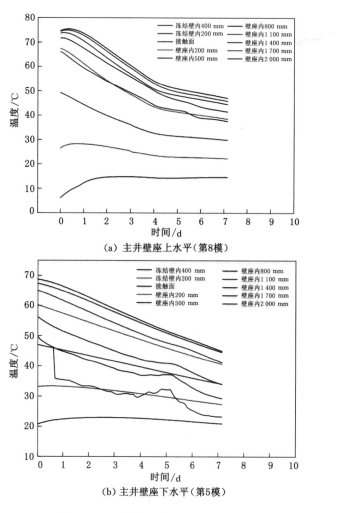

图 5-13 主井壁座水平径向测温曲线

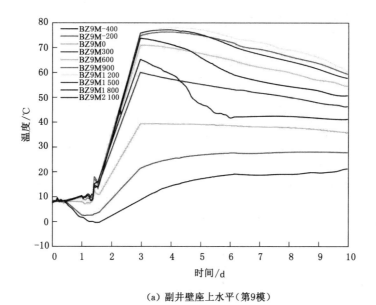

（a）副井壁座上水平（第9模）

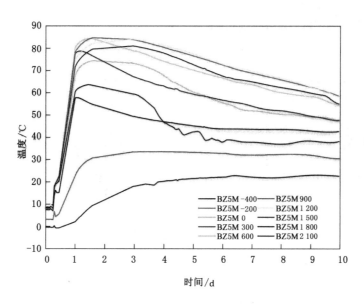

（b）副井壁座下水平（第5模）

图 5-14 副井壁座径向测温曲线

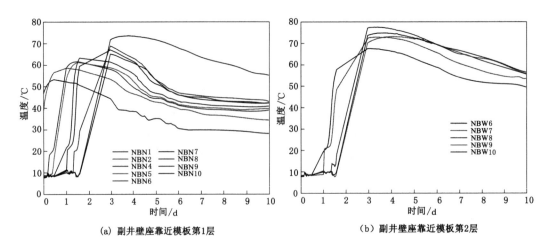

(a) 副井壁座靠近模板第1层　　　　　　(b) 副井壁座靠近模板第2层

图 5-15　副井壁座靠近模板竖筋垂直测温曲线

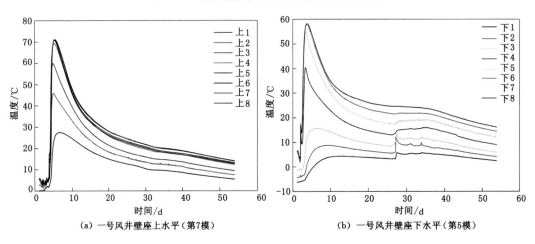

（a）一号风井壁座上水平（第7模）　　　　（b）一号风井壁座下水平（第5模）

图 5-16　一号风井壁座径向测温曲线

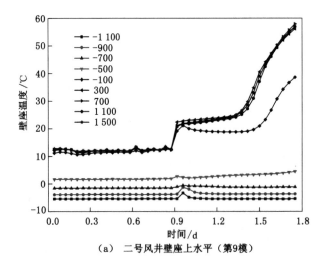

（a）二号风井壁座上水平（第9模）

图 5-17　二号风井壁座径向测温曲线

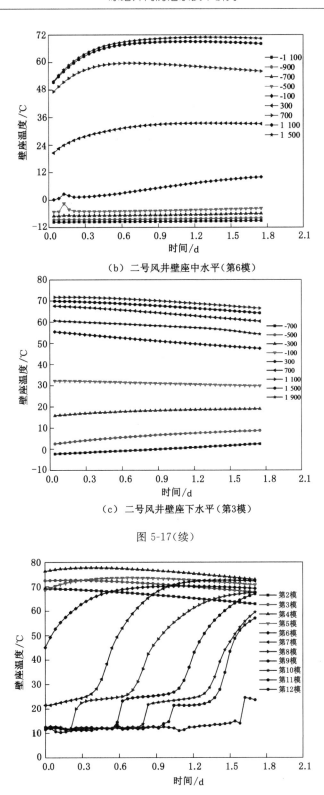

（b）二号风井壁座中水平（第6模）

（c）二号风井壁座下水平（第3模）

图 5-17（续）

图 5-18　二号风井壁座靠近模板第 2 层竖筋垂直测温曲线

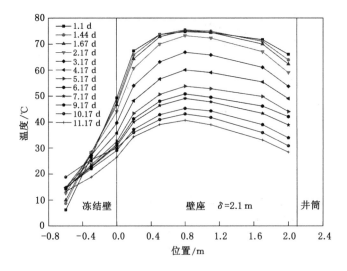

图 5-19　主井壁座上水平第 8 模径向测温曲线

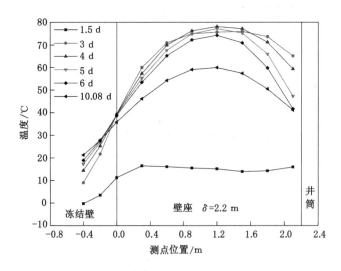

图 5-20　副井壁座上水平第 9 模径向测温曲线

表 5-3　壁座水平测温峰值温度及升温时间情况统计表

监测层位	壁座混凝土浇筑时间	水化升温峰值温度/℃	温度峰值出现时间	水化升温历时/h	最高温度测点径向位置/mm	备注
主井第 5 模	04-19 13:00	68.69	04-21 16:00	51	800	
主井第 8 模	04-20 14:00	75.44	04-22 0:00	34	800	
一号风井第 5 模	04-26 15:00	58.19	04-28 6:00	39	900	
一号风井第 7 模	04-28 9:00	71.19	04-30 0:00	39	900	
副井第 5 模	05-14 4:00	84.25	05-16 18:00	62	600	

表 5-3(续)

监测层位	壁座混凝土浇筑时间	水化升温峰值温度/℃	温度峰值出现时间	水化升温历时/h	最高温度测点径向位置/mm	备注
副井第 9 模	05-15 6:00	78.06	05-17 18:00	60	1 200	
二号风井第 3 模	08-09 8:00	71.75	08-11 1:00	41	1 100	
二号风井第 6 模	08-10 10:00	70.94	08-12 7:00	45	1 500	
二号风井第 3 模*	08-09 8:00	72.63	08-11 5:00	45		
二号风井第 4 模*	08-09 15:00	77.75	08-11 9:00	42		
二号风井第 5 模*	08-10 3:00	73.56	08-11 17:00	40		
二号风井第 6 模*	08-10 10:00	70.19	08-12 3:00	41		
二号风井第 7 模*	08-11 1:00	72.56	08-12 11:00	34		

注：* 为采用垂直线测温。

5.3.4 壁间及内壁温度分析

5.3.4.1 主井壁间及内壁温度

主井壁间及内壁各测点位置温度变化情况如图 5-21 所示。各测点对应井壁结构参数、壁间最高温度、内壁最高温度、内壁与壁间温差、内壁水化升温时间、小时最大温升如表 5-4 所示。

表 5-4 主井壁间与内壁温度测点监测信息汇总表

深度位置/m	外壁厚度/mm	内壁厚度/mm	内壁混凝土强度等级	壁间最高温度/℃	内壁最高温度/℃	内壁壁间温差/℃	内壁升温历时/h	小时最大温升/℃	备 注
35	800	800	C50	47.75	66.69	18.94	14	9.06	
70	550	800	C40	49.38	67.31	17.93	17	6.94	
105	550	800	C40	44.88	59.38	14.50	—	—	
140	550	800	C40	44.13	44.63	0.50	—	—	内壁测点未放开
180	550	800	C50	60.44	74.69	14.25	19	10.69	
215	550	800	C50	53.25	49.94	−3.31	—	—	内壁测点未放开
250	550	800	C50	55.06	73.06	18.00	15	10.75	
285	550	1 150	C50	57.94	74.06	16.12	15	10.06	
318	550	1 150	C50	68.44	95.75	27.31	15	16.50	
360	550	1 150	C50	49.31	73.06	23.75	—	—	
410	550	1 150	C60	51.69	51.06	−0.63	—	—	内壁测点未放开
440	550	1 150	C60	48.00	67.69	19.69	17		
485	600	1 500	C60	58.94	—	—	—		内壁测点故障
510	600	1 500	C60	55.25	58.00	2.75	11	13.37	
545	600	1 500	C65	62.13	83.13	21.00	—		通信有中断

表 5-4(续)

深度位置/m	外壁厚度/mm	内壁厚度/mm	内壁混凝土强度等级	壁间最高温度/℃	内壁最高温度/℃	内壁壁间温差/℃	内壁升温历时/h	小时最大温升/℃	备注
580	600	1 500	C65	57.31	84.25	26.94	21	13.75	
615	600	1 500	C70	53.50	54.25	0.75	26	—	后期线路故障
660	600	1 500	C70	40.81		—	—	—	内壁无测点
壁座	2 100		C70	75.44			34		
壁座	2 100		C70	68.69			51		

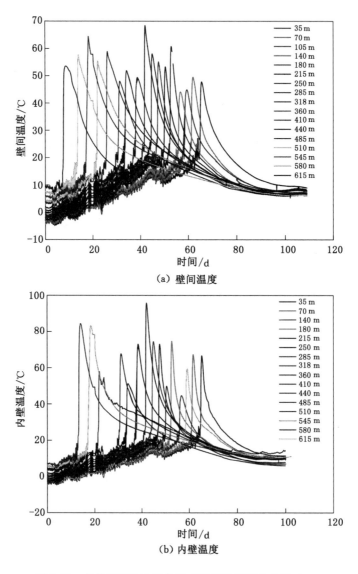

（a）壁间温度

（b）内壁温度

图 5-21 主井壁间及内壁各测点位置温度变化曲线

对于具有 1 500 mm 厚度的 C70、C60、C65 段内壁，从水化放热最高温度看，顺序为 C65>C60>C70，C65 段水化升温最高，内壁温度超过 80 ℃，C60 段水化升温其次，内壁温度接近 60 ℃，由于 C70 段仅有 615 m 位置处一个测点，峰值相对较低，结合壁座位置 2 100 mm 厚度大体积 C70 混凝土的水化升温情况综合看，C70 水化升温峰值较 C60 峰值低；从水化反应时间看，顺序为 C70>C65>C60，C70 混凝土水化反应时间最长，壁座位置水化升温时间超过了 50 h，壁座以上 C70 段内壁水化升温时间也超过了 24 h，C65 段内壁水化升温时间超过 20 h，C60 段内壁水化升温时间短于 20 h；从小时最大温升看，C65 最大，达到 13.75 ℃/h。

对于具有 1 150 mm 厚度的 C60、C50 段内壁，从水化放热最高温度看，C50>C60；对具有 800 mm 厚度的 C50、C40 段内壁，从水化放热最高温度和小时最大温升看，C50>C40。

对壁厚不同、强度等级相同的 C50、C60 段内壁，从水化放热最高温度和小时最大温升看，差别不显著。因此，主井混凝土强度等级的变化对水化升温的影响较为明显，而井壁厚度对于水化升温的影响不显著。

5.3.4.2　副井壁间及内壁温度

副井壁间及内壁各测点位置温度变化情况如图 5-22 所示，各测点对应井壁结构参数、壁间最高温度、内壁最高温度、内壁与壁间温差、内壁水化升温时间、单位时间水化热最大温升，如表 5-5 所示。

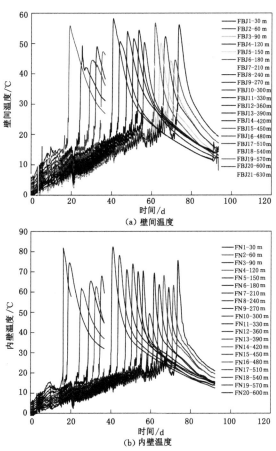

图 5-22　副井壁间及内壁各测点位置温度变化曲线

表 5-5　副井壁间与内壁温度测点监测信息汇总表

深度位置/m	外壁厚度/mm	内壁厚度/mm	内壁混凝土强度等级	壁间最高温度/℃	内壁最高温度/℃	内壁壁间温差/℃	内壁升温历时/h	小时最大温升/℃	备注
30	850	900	C50	56.13	75.63	19.50	15	12.44	
60	850	900	C50	44.56	63.19	18.63	18	7.25	
90	600	900	C40	44.31	62.25	17.94	19	5.32	
120	600	900	C40	52.25	68.13	15.88	18	12.57	
150	600	900	C40	50.13	63.63	13.50	16	5.63	
180	600	900	C50	56.69	69.38	12.69	16	9.38	
210	600	900	C50	50.75	49.38	—		—	内壁测点未放开
240	600	900	C50	50.31	70.50	20.19	15	10.57	
270	600	900	C50	54.38	70.19	15.81	16	9.50	
300	600	1 250	C50	51.63	73.94	22.31	18	10.56	
330	600	1 250	C50	54.00	71.13	17.13	17	9.25	
360	600	1 250	C50	50.63	78.19	27.56	20	9.31	
390	600	1 250	C50	58.19	82.38	24.19	18	11.94	
420	600	1 250	C60	—	—	—	—	—	线路故障
450	600	1 250	C60	47.31	67.88	20.57	22	7.35	
480	600	1 250	C65	49.00	62.75	13.75	24	6.16	
510	600	1 600	C60	44.50	65.38	20.88	32	5.18	
540	600	1 600	C60	49.25	61.88	12.63	24	5.25	
570	600	1 600	C65	55.88	74.50	18.62	25	8.12	
600	600	1 600	C65	—	—	—	—	—	通信及线路故障
630	600	1 600	C70	—	—	—	—	—	通信及线路故障
壁座		2 200	C70	84.25			62		
壁座		2 200	C70	78.06			60		

对于具有 1 600 mm 厚度的 C60、C65 段内壁,C65 段水化放热最高温度高于 C60;对于 1 250 mm 厚度的 C50、C60 段内壁,水化放热最高温度 C50 高于 C60,水化反应时间 C50 短于 C60,小时最大温升 C50 高于 C60;对于 900 mm 厚度的 C40、C50 段内壁,水化放热最高温度 C50 高于 C40,水化反应时间 C50 短于 C40,小时最大温升 C50 高于 C40;对于不同厚度(900 mm 和 1 250 mm)、相同强度等级的 C50 内壁,水化峰值温度厚壁的略高于薄壁的,水化升温历时厚壁的略长于薄壁的,小时最大温升二者相差不大。

5.3.4.3　一号风井壁间及内壁温度

一号风井壁间及内壁各测点位置温度变化情况,如图 5-23 所示。各测点对应井壁结构参数、壁间最高温度、内壁最高温度、内壁与壁间温差、内壁水化升温时间、单位时间水化热最大温升见表 5-6。

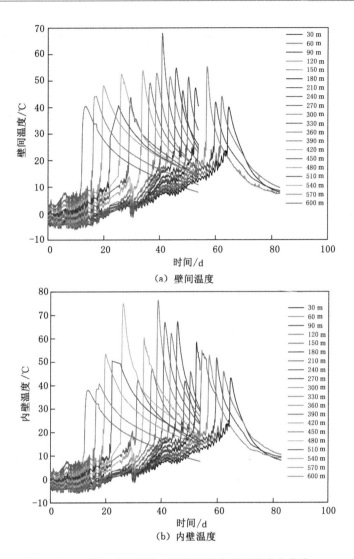

图 5-23 一号风井壁间及内壁各测点位置温度变化曲线

表 5-6 一号风井壁间与内壁温度测点监测信息汇总表

深度位置/m	外壁厚度/mm	内壁厚度/mm	内壁混凝土强度等级	壁间最高温度/℃	内壁最高温度/℃	内壁壁间温差/℃	内壁升温历时/h	小时最大温升/℃	备　　注
30	450	600	C40	40.06	43.19	—	13	3.75	内壁测点未放开
60	450	600	C40	44.13	46.00	1.87	13	3.06	
90	450	600	C40	42.00	51.75	9.75	11	4.19	
120	450	600	C40	55.31	52.88	—	13	4.44	内壁测点未放开
150	450	600	C40	—	—	—	—	—	故障，未采到峰值
180	450	600	C50	47.31	58.56	11.25	7	13.75	
210	450	600	C50	51.38	45.94	—	12	4.82	内壁测点未放开

表 5-6（续）

深度位置/m	外壁厚度/mm	内壁厚度/mm	内壁混凝土强度等级	壁间最高温度/℃	内壁最高温度/℃	内壁壁间温差/℃	内壁升温历时/h	小时最大温升/℃	备　注
240	450	600	C50	46.38	41.88	—	—	—	内壁测点未放开
270	450	900	C50	54.81	67.31	12.50	16	7.68	
300	450	900	C50	51.56	62.31	10.75	14	7.79	
330	450	900	C50	68.00	67.00	—	17	7.44	内壁测点未放开
360	450	900	C50	52.94	76.38	23.44	14	10	
390	450	900	C60	49.25	47.19	—	—	—	内壁测点未放开
420	450	900	C60	53.81	60.38	6.57	11	8.25	
450	500	1 200	C60	43.81	42.44	—	14		内壁测点未放开
480	500	1 200	C60	52.56	75.00	22.44	17	9.94	
510	500	1 200	C60	40.75	50.50	9.75	—	—	故障,未采到峰值
540	500	1 200	C60	48.25	53.50	5.25	14	7.32	
570	500	1 200	C65	44.19	40.88	—	32	7.56	内壁测点未放开
600	500	1 200	C70	40.50	38.06	—	23	2.88	内壁测点未放开
壁座	1 700		C70	58.19			39		
壁座	1 700		C70	71.19			39		

一号风井在套壁施工过程中,由于种种原因,许多内壁温度测点未能及时安放到位。现仅对 C50、C60 段内壁温度进行分析,对不同厚度（900 mm 和 1 200 mm）、相同强度等级的 C60 内壁,结合壁间及部分内壁测点的温度数据,水化峰值温度厚壁略大于薄壁,水化升温时间厚壁略长于薄壁,小时最大温升相当;对不同厚度（900 mm 和 600 mm）、相同强度等级的 C50 内壁,水化峰值温度厚壁大于薄壁。

5.3.4.4　二号风井壁间及内壁温度

二号风井壁间及内壁各测点位置温度变化情况,如图 5-24 所示,各测点对应井壁结构参数、壁间最高温度、内壁最高温度、内壁与壁间温差、内壁水化升温时间、单位时间水化热最大温升如表 5-7 所示。

对于具有相同厚度（1 500 mm）的 C60、C65、C70 内壁,水化峰值温度 C65＞C60＞C70;水化反应时间 C70 最长,C60、C65 基本相当;小时最大温升 C60 与 C65 基本相当,C70 最小。对于具有相同厚度（1 150 mm）的 C50、C60 内壁,水化峰值温度 C50＞C60,水化反应时间 C50 略长于 C60,小时最大温升 C50＞C60。对于不同壁厚（1 150 mm 和 1 500 mm）的 C60 段内壁,水化峰值温度厚壁高于薄壁,到达峰值的水化反应时间厚壁长于薄壁,小时最大温升厚壁大于薄壁。

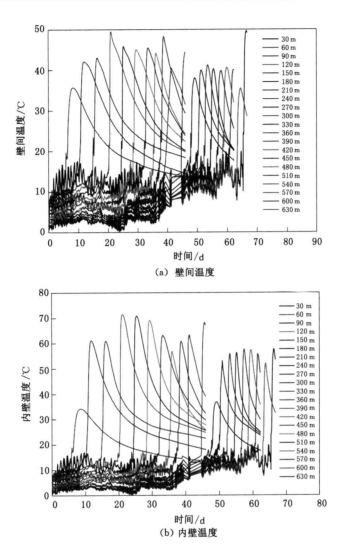

(a) 壁间温度

(b) 内壁温度

图 5-24 二号风井壁间及内壁各测点位置温度变化情况

表 5-7 二号风井壁间与内壁温度测点监测信息汇总表

深度位置/m	外壁厚度/mm	内壁厚度/mm	内壁混凝土强度等级	壁间最高温度/℃	内壁最高温度/℃	内壁壁间温差/℃	内壁升温历时/h	小时最大温升/℃	备　注
30	800	800	C50	49.63	57.69	8.06	18	4.37	
60	800	800	C50	35.44	52.06	16.62	17	3.87	
90	550	800	C40	40.06	55.31	15.25	—	—	
120	550	800	C40	40.63	57.31	16.68	17	5.57	
150	550	800	C40	39.81	57.56	17.75	16	6.00	
180	550	800	C50	40.25	56.25	16.00	14	5.25	
210	550	800	C50	41.25	55.88	14.63	18	5.38	

表 5-7(续)

深度位置/m	外壁厚度/mm	内壁厚度/mm	内壁混凝土强度等级	壁间最高温度/℃	内壁最高温度/℃	内壁壁间温差/℃	内壁升温历时/h	小时最大温升/℃	备 注
240	550	800	C50	39.94	53.06	13.12	19	5.19	
270	550	800	C50	38.00	36.81	—	—	—	内壁测点未放开
300	550	1 150	C50	44.38	68.19	23.81	24	13.88	
360	550	1 150	C50	40.50	63.31	22.81	—	—	
390	550	1 150	C60	48.25	60.81	12.56	17	5.38	
420	550	1 150	C60	44.19	56.75	12.56	15	6.25	
450	550	1 150	C60	45.50	63.13	17.63	22	5.63	
480	600	1 500	C60	45.00	69.06	24.06	20	8.48	
510	600	1 500	C60	45.88	70.88	25.00	22	9.87	
540	600	1 500	C65	49.50	71.44	21.94	21	8.87	
570	600	1 500	C65	40.38	50.94	—	—	—	故障,未采到峰值
600	600	1 500	C70	42.13	61.13	19.00	25	—	
630	600	1 500	C70	35.69	34.19	—	—	—	内壁测点未放开
壁座	2 100		CF70	71.75					
壁座	2 100		CF70	70.96					

5.3.4.5 井壁温度变化规律分析

综上所述,从 4 个井筒壁间与内壁温度变化情况看,内壁浇筑后 1~1.4 d 内水化热快速释放,内壁温度短时间内急剧攀升达到峰值,在峰值附近徘徊 1~2 d,此后的内壁温度呈指数衰减,降温速率由快变慢,温度逐步趋于稳定。

从 4 个井筒壁间与内壁温度监测数据看,混凝土强度等级、井壁厚度都对混凝土水化升温有直接影响,其中,混凝土强度等级对水化升温影响显著,同时,从各井筒相同壁厚不同强度等级混凝土水化升温看,并非混凝土强度等级越高水化升温越显著,如主井、副井的 C65混凝土水化升温幅度最大,峰值温度最高,相反主井 C70 混凝土水化峰值温度甚至低于 C50混凝土。

混凝土井壁厚度对水化反应时间影响较显著,井壁厚度越厚,混凝土水化反应时间相对越长,温度增长和衰减愈平缓;相反,井壁厚度越薄,则混凝土水化反应时间相对越短,温度增长和衰减愈剧烈,温度变化曲线越陡峭。

由于混凝土强度等级取决于混凝土的施工配合比,因此,从一定意义上讲,混凝土配比决定了混凝土水化升温的强度,而井壁厚度决定了混凝土水化反应时间的跨度。

5.3.5 混凝土不同配比对水化热的影响分析

红庆河煤矿 4 个井筒内壁施工所采用的配合比均来自山东润鲁建筑材料检测技术服务有限公司驻矿实验室。各井筒所采用的材料除外加剂不同外其他材料均相同。各井筒水泥均采用乌海赛马水泥有限责任公司出产的普通硅酸盐水泥,除 C40 混凝土采用 42.5 级水泥外,其余均采用 52.5 级水泥。各井筒砂子均采用山西兴县中砂。各井筒石子均采用内蒙古包头市大青山的石子。

外加剂：主井、一号风井采用山西建华 BR-Ⅱ型高性能混凝土复合剂，副井和二号风井采用河南科创的 HNT-K5 型高性能混凝土复合剂。

不同强度等级混凝土的配制，是通过调整水泥、砂、石子、水、外加剂等各组分之间比例实现的，由于主井、一号风井采用山西建华外加剂，副井和二号风井采用河南科创外加剂，故实验室提供了两套混凝土配合比。

主井、一号风井内壁混凝土实际配合比如表 5-8 所示，副井、二号风井内壁混凝土实际配合比如表 5-9 所示。

表 5-8　主井与一号风井内壁混凝土施工配合比

混凝土强度等级	水泥/kg	砂/kg	石子/kg	水/kg	建华外加剂/kg
C70	438	684	1 118	140	65.7
C65	422	701	1 131	146	54.8
C60	420	720	1 080	140	50.4
C50	400	751	1 128	131	40.0
C40	390	722	1 084	144	31.2

表 5-9　副井与二号风井内壁混凝土施工配合比

混凝土强度等级	水泥/kg	砂/kg	石子/kg	水/kg	科创外加剂/kg
C70	438	684	1 118	140	65.7
C65	420	736	1 059	145	51.6
C60	420	713	1 052	145	54.6
C50	410	750	1 030	150	41.0
C40	400	760	1 026	154	32.0

由于主井、二号风井井壁结构相同，为进一步验证不同材料、配比的混凝土之间水化反应的差异，现将主井与二号风井内壁水化升温情况做一对比。选取主井和二号风井 4 个深度相近位置、相同井壁厚度、相同混凝土强度等级的壁间及内壁温度变化情况进行对比，如图 5-25～图 5-27 所示。

从图中可以看出，由于采用不同的外加剂及不同的混凝土配比，主井与二号风井内壁在水化升温强度上表现出一定的差异，采用科创外加剂的二号风井内壁水化反应强度相对于采用建华外加剂的主井井壁水化反应强度要小一些，由于二者的井壁厚度相同，从水化反应时间跨度上二者基本无差异。

5.3.6　壁间注浆效果分析

冻结井筒普遍采用钢筋混凝土双层井壁设计，内外壁间设置塑料板，该塑料夹层复合井壁施工方法通常是采用分段开挖冻土，分段上行浇筑混凝土外壁；井筒到底，整体施工壁座；从壁座向上沿外壁铺设塑料板，并连续浇筑混凝土内层井壁至井口。一般冻结井普遍在混凝土内壁套结束后，即罗盘转入基岩段施工时，期间未进行壁间注浆；待冻结壁解冻井壁漏水后再进行壁间注浆，且堵水注浆压力高，易引起内层井壁破裂，漏水严重时可能突发淹井。

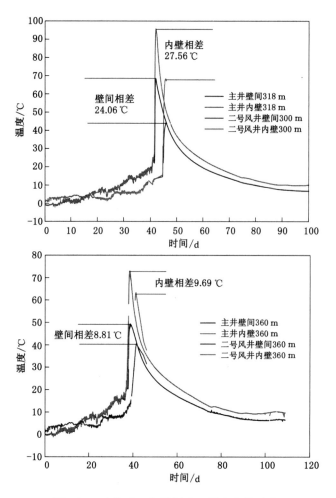

图 5-25　建华 C50 与科创 C50 温度变化对比

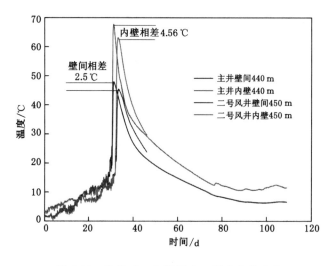

图 5-26　建华 C60 与科创 C60 温度变化对比

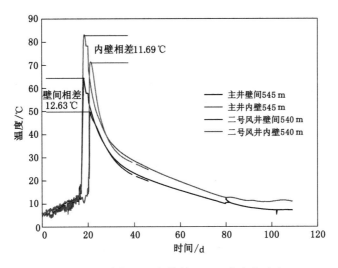

图 5-27 建华 C65 与科创 C65 温度变化对比

　　研究表明,当前冻结井壁采用的是后注浆设计理论,即冻结壁解冻后注浆的井壁,解冻后地层中水通过外层井壁接茬缝进入内、外层井壁壁间,套内壁是连续施工的,理论上无接茬缝,壁间充水,内层井壁需要承载水压,外层井壁抵抗冻结压力,从而形成了内、外层井壁分开受力的假定,分别以静水压力和冻结压力计算确定内、外层井壁厚度。

　　分析表明,冻结井壁在冻结壁解冻透水前进行壁间注浆,封堵壁间缝隙、接茬缝、裂缝及内在缺陷,能有效防止冻结壁解冻后井壁漏水。壁间密实度高,井壁结构整体性能好,解冻后无壁间充水,由内层井壁承载水压改变为井壁全厚承载水压;解冻前注浆是充填注浆,注浆压力可控,与水压无联系,较小的注浆压力就可以达到注浆效果,内层井壁受到的注浆压力小于水压,安全度高;解冻前注浆具有改变井壁结构特性和受力的作用机理,但需要在壁间处于正温度状态下进行,以确保注浆效果。

　　从上述 4 个井筒壁间及内壁温度监测结果可以看出,井筒套壁施工结束,壁间温度仍维持在 4～8 ℃状态,且壁间水压监测显示壁间压力基本为零,此时壁间无水且处于正温状态,是双层井壁壁间注浆的最佳时期。

　　红庆河煤矿 4 个井筒壁间注浆均采用单液水泥浆。注浆目的是将两层井壁中间的缝隙充填密实,防止井筒化冻后井壁漏水。套内壁过程中注浆管已提前预埋好,所有的注浆管全部预埋在靠近井筒吊桶提升的位置。

　　套内壁结束后落吊盘的过程中,将各个注浆孔口管安装好高压球阀,并将阀门打开,吊盘落底后开始自下向上逐孔进行注浆充填。壁座段两排注浆管注浆至设计终压,并达到设计标准。壁座以上每四排注浆管为一组,首先从第一排开始注浆,同时观察第二排注浆管,发现冒浓浆后施工人员立即乘坐吊桶上下将其注浆管阀门关闭,直到第二排注浆管全部冒浓浆并关闭后,再观察第三、四排注浆管。同样待第三、四排注浆管全部冒浓浆后停止第一排注浆管注浆。提吊盘至第四排注浆管实施注浆,采用同样的方法对井筒其他注浆管进行注浆,直至上行式注浆结束,确保每个注浆管注浆结束时达到设计标准。

　　从壁间充填注浆效果看,在套壁结束后,立即采用上行式壁间充填注浆,在冻结壁解冻后各井筒均未出现壁间漏水现象,壁间充填注浆效果显著。

6 红庆河煤矿区域地应力场探测分析与数值反演

6.1 矿区区域地应力场探测与分析

中国地质科学院地质力学研究所受内蒙古伊泰广联煤化有限责任公司的委托,承担了东胜煤田红庆河区乃马岱井田的水压致裂原始地应力测试工作,并在红庆河区乃马岱井田的主检孔和地应力测量孔2个钻孔中采用水压致裂技术进行原始地应力测量。原始地应力测量的钻探孔分别为:主检孔,设计孔深800.00 m,终孔于787.90 m,煤底板以下13.90 m,即实际孔深为801.80 m;该测试孔可见煤层有16层,主采煤层4层;地应力检测孔,设计孔深900.00 m,终孔于980.00 m。测试分别在2008年6月20日—7月8日和2008年7月20日—8月6日进行,结合现场测井资料、岩芯状况、岩芯柱状图、钻具情况以及地质力学研究所提出的具体测试方案,经内蒙古伊泰广联煤化有限责任公司技术负责人员确认以后进行测试,共进行了43段的地应力测试,7次印模试验,其中,主检孔进行了22次水压致裂测试,3次印模试验;地应力检测孔进行了21次水压致裂测试,4次印模试验,完成本次测试的现场工作。此次所进行原始地应力测量的2个钻孔,由内蒙古煤炭地质调查院承担钻探及测试配合任务。

6.1.1 水压致裂地应力探测技术

水压致裂法地应力测量,是20世纪70年代发展起来的能够测量地壳深部应力可靠而有效的方法。该方法是1987年国际岩石力学学会试验方法委员会颁布的确定岩石应力建议方法中所推荐的方法之一,是目前国际上能较好地直接进行深孔地应力测量的先进方法。该方法无须知道岩石的力学参数就可获得地层中现今地应力的多种参量,并具有操作简便、可在任意深度进行连续或重复测试、测量速度快、测值稳定可靠等特点,因此近年来发展很快,并取得了大量的成果。

6.1.1.1 水压致裂测量原理

水压致裂原地应力测量是以弹性力学为基础,并以3个假设为前提的。3个假设分别为:

① 岩石是线弹性和各向同性的;

② 岩石是完整的,非渗透的;

③ 岩层中有一个主应力分量的方向和孔轴平行。

在上述理论和假设前提下,水压致裂的力学模型可简化为一个平面应变问题,如图6-1所示。

根据弹性力学原理,在作用有两向主应力 σ_1 和 σ_2 的无限大平板内,有一半径为 a 的圆孔,则圆孔外任何一点 M 处的应力为:

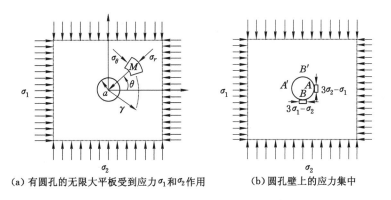

（a）有圆孔的无限大平板受到应力σ_1和σ_2作用　　　（b）圆孔壁上的应力集中

图 6-1　水压致裂应力测量的力学模型

$$\sigma_r = \frac{\sigma_1 + \sigma_2}{2}\left[1 - \frac{a^2}{r^2}\right] + \frac{\sigma_1 - \sigma_2}{2}\left[1 - \frac{4a^2}{r^2} + \frac{3a^4}{r^4}\right]\cos 2\theta$$

$$\sigma_\theta = \frac{\sigma_1 + \sigma_2}{2}\left[1 + \frac{a^2}{r^2}\right] - \frac{\sigma_1 - \sigma_2}{2}\left[1 + \frac{3a^4}{r^4}\right]\cos 2\theta \qquad (6\text{-}1)$$

$$\tau_{r\theta} = -\frac{\sigma_1 - \sigma_2}{2}\left[1 + \frac{2a^2}{r^2} - \frac{3a^4}{r^4}\right]\sin 2\theta$$

式中，σ_r 为 M 点的径向应力，σ_θ 为切向应力，$\tau_{r\theta}$ 为剪应力，r 为 M 点到圆孔中心的距离；θ 为 σ_1 方向起反时针量测的角度。当 $r=a$ 时，即为圆孔壁上的应力状态：

$$\sigma_r = 0$$

$$\sigma_\theta = (\sigma_1 + \sigma_2) - 2(\sigma_1 - \sigma_2)\cos 2\theta \qquad (6\text{-}2)$$

$$\tau_{r\theta} = 0$$

由式(6-2)可得出如图 6-1(b)所示的孔壁 A、B 两点及其对称处(A'、B')的应力集中分别为：

$$\sigma_A = \sigma_{A'} = 3\sigma_2 - \sigma_1 \qquad (6\text{-}3)$$

$$\sigma_B = \sigma_{B'} = 3\sigma_1 - \sigma_2 \qquad (6\text{-}4)$$

液压大于孔壁上岩石所能承受的应力时，将在最小切向应力的位置上，即 A 点及其对称点 A' 处产生张破裂。并且破裂将沿着垂直于最小主应力的方向扩展。此时把孔壁产生破裂的外加液压 P_b 称为临界破裂压力。临界破裂压力等于孔壁破裂处的应力集中加上岩石的抗张强度 T_{hf}，即：

$$P_b = 3\sigma_2 - \sigma_1 + T_{hf} \qquad (6\text{-}5)$$

若考虑岩石中所存在的孔隙压力 P_0，将有效应力换成区域主应力，则式(6-5)将变为：

$$P_b = 3S_2 - S_1 + T_{hf} - P_0 \qquad (6\text{-}6)$$

此处的 S_2、S_1 分别为原地应力场中的最小和最大水平主应力。在垂直钻孔中测量地应力时，常将最大、最小水下主应力分别写为 S_H 和 S_h，即 $S_1 = S_H$，$S_2 = S_h$。当压裂段的岩石被压破时，P_b 可用下式表示：

$$P_b = 3S_h - S_H + T_{hf} - P_0 \qquad (6\text{-}7)$$

孔壁破裂后，若继续注液增压，裂缝将向纵深处扩展。若马上停止注液增压，并保持压裂回路密闭，裂缝将停止延伸。由于地应力场的作用，裂缝将迅速趋于闭合。通常把裂缝处

于临界闭合状态时的平衡压力称为瞬时关闭压力 P_s,它等于垂直裂缝面的最小水平主应力,即:

$$P_s = S_h \tag{6-8}$$

如果再次对封隔段增压,使裂缝重新张开时,即可得到裂缝重新张开的压力 P_r。由于此时的岩石已经破裂,抗张强度 $T_{hf}=0$,这时即可将式(6-7)改写成:

$$P_r = 3S_h - S_H - P_0 \tag{6-9}$$

用式(6-7)减式(6-9)即可得到岩石的原地抗张强度:

$$T_{hf} = P_b - P_r \tag{6-10}$$

根据式(6-7)、式(6-8)、式(6-9)又可得到求取最大水平主应力 S_H 的公式:

$$S_H = 3P_s - P_r - P_0 \tag{6-11}$$

垂直应力可根据上覆岩石的质量来计算:

$$S = \rho g d \tag{6-12}$$

式中,ρ 为岩石密度,g 为重力加速度,d 为深度。

以上是水压致裂法地应力测量的基本原理及有关参数的计算方法。

6.1.1.2　水压致裂测量设备

中科院地质力学研究所研制的 SY-2007 型水压致裂地应力测量设备为新型单、双回路地应力测量系统。

所谓双回路,就是用两个独立的加压系统实现向封隔器和试验段加压。其特点是在测量过程中,封隔器和压裂段用两条高压管连接,可同时观察封隔器和试验段内的压力变化,一旦发现封隔器座封压力不够或封隔器密封不好时可随时进行补压,为测量数据的可靠性提供了保证。

所谓单回路,就是只用一条高压管向井下施压,井下通过推拉开关进行转换,分别使封隔器座封和井段压裂。本次现场测试采用单回路水压致裂地应力测量系统,如图 6-2 所示。

6.1.1.3　水压致裂测量系统特点

SY-2007 型地应力测量系统由 LSJ-4×400 型高压油泵、ACP-4001 工业控制型台式机、控制箱、推拉开关、定向器、封隔器、印模器、高压油管等组成,是一个比较完整的测试系统。控制和数据记录系统所配备的硬件有:现场数据处理计算机,多通道数据采集卡等,并配备有水压致裂记录程序软件。能适用 $\phi76$ mm、$\phi91$ mm、$\phi110$ mm、$\phi130$ mm 等各种口径的钻孔,进行 0～2 000 m 深度的测量。

水压致裂测量系统技术性能:

① 水压致裂系统中各元件最大压力负荷 60 MPa。

② 压力表的额定量程 60 MPa;室内标定压力传感器用压力表精度为 0.35 级,现场采用 1.5 级压力表。

③ 特制的加强型封隔器可在深度 2 000 m 以内、温度 -10～+50 ℃条件下连续工作。

④ 封隔器、印模器可在水中或干孔中工作。

⑤ 测量岩段要求岩石无裂隙、无孔洞,岩芯较完整。

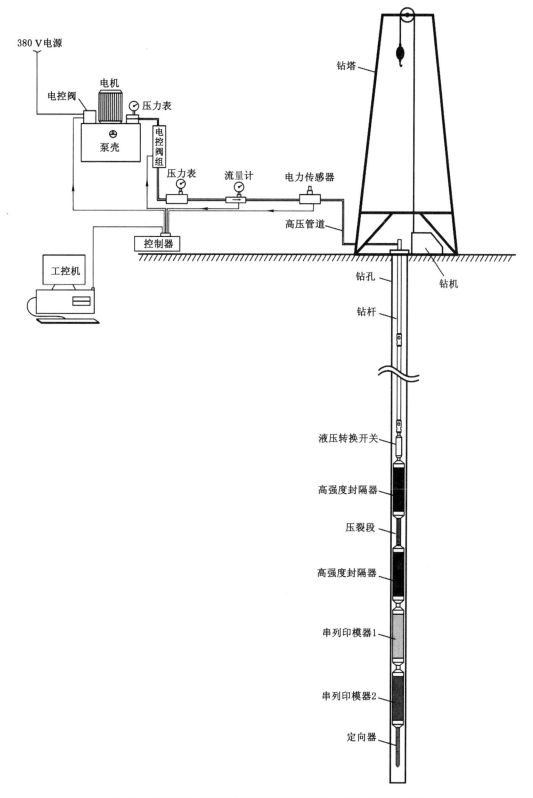

图 6-2   SY-2007 型新型单回路水压致裂地应力测量系统示意图

6.1.1.4　水压致裂法现场测试程序

水压致裂原地应力测量方法是利用一对可膨胀的封隔器在选定的测量深度封隔一段钻孔,然后通过泵入流体对该试验段(常称压裂段)增压,同时利用数据采集器记录压力随时间的变化。对实测记录曲线进行分析,得到特征压力参数,再根据相应的理论计算公式,就可得到测点处的最大和最小水平主应力的量值以及岩石的水压致裂抗张强度等岩石力学参数。

水压致裂法现场具体测试程序如下:

(1)选择测试段

测试段选取的主要依据是:根据岩芯编录查对完整岩芯所处的深度位置以及工程设计所要求的位置,为使试验能顺利进行,还要考虑封隔器必须放置在孔壁光滑、孔径一致的位置。为确保资料分析和满足技术合同要求,在钻孔条件允许的情况下应尽可能多选测试段。

(2)检验测量系统

在正式压裂前,要对测试所使用的封隔器及压裂系统进行检漏试验,一般试验压力不低于 40 MPa。为确保试验数据的可靠性,要求每个接头密封处不得有点滴泄漏。另外,还要对封隔器、印模器所使用的低压卸压阀进行现场调试,开启压力根据测试段深度而定,本次800 m 孔段开启压力为 5 MPa,同时对仪器设备进行检验标定,以保证测试数据的准确性和可靠性。

(3)安装井下测量设备

用钻杆将一对可膨胀的橡胶封隔器,放置到所要测量的深度位置。

(4)座封

通过地面的加压系统,给两个 1 m 长的封隔器同时增压,使其膨胀并与孔壁紧密接触,即可将压裂段予以隔离,形成一个密闭空间(即压裂试验段)。

(5)压裂

利用高压泵通过高压管和钻杆,向被封隔的空间(压裂试验段)增压。在增压过程中,由于高压管路中装有压力传感器,记录仪表上的压力值将随高压液体的泵入而迅速增高,由于钻孔周边的应力集中,压裂段内的岩石在足够大的液压作用下,将会在最小切向应力的位置上产生破裂,也就是在垂直于最小水平主应力的方向开裂。这时所记录的临界压力值 P_b,就是岩石的破裂压力,岩石一旦产生裂缝,压力将急剧下降。若继续保持排量加压,裂缝将保持张开并向纵深处延扩。

(6)关泵

岩石开裂后关闭高压泵,停止向测试段注压。在关泵的瞬间压力将急剧下降;之后,随着液体向地层的渗入,压力将缓慢下降。在岩体应力的作用下,裂缝趋于闭合。当裂缝处于临界闭合状态时记录到的压力即为关闭压力 P_s。

(7)卸压

当压裂段内的压力趋于平稳或不再有明显下降时,即可解除本次封隔段内的压力,连通大气,已张开的裂缝闭合。

在测试过程中,每段通常都要进行 3～5 个回次,以便取得合理的应力参量以及准确判断岩石的破裂和裂缝的延伸状态。

水压致裂过程中所得到的典型压力-时间曲线如图 6-3 所示。

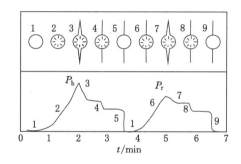

图 6-3　水压致裂应力测量典型压裂过程曲线

6.1.1.5　印模定向试验方法

在封隔段压裂测量之后即可进行裂缝方位的测定,以便确定最大水平主压应力的方向。常用的方法是定向印模法,它可直接把孔壁上的裂缝痕迹印下来。使用的仪器有:自动定向仪和印模器。

印模器从外观上看,与封隔器大致相同,所不同的是,它的表层覆盖着一层半硫化橡胶。测定方位时,先将接有定向仪的印模器放到水压致裂应力测量段的深度,然后在地面通过增压系统将印模器膨胀。为了获得清晰的裂缝痕迹,需要施加足够的高压,促使孔壁已有裂缝重新张开以便半硫化橡胶挤入,并保持相应的时间,印模器表面就印制了与裂缝相对应的凸起印迹。

待保压时间结束后,卸掉印模器的压力并将其提出钻孔。取出照相底片进行显影和定影,通过底片即可直接读出钻孔的倾角、倾向和印模器的基线方位。同时用透明塑料薄膜将印模器围起,绘下印模器表面凸起的印痕和基线标志,然后利用基线方位即可算出所测破裂面的走向(也就是最大水平主压应力的方向)以及破裂面的倾向和倾角。

6.1.2　主检孔地应力测试与分析

6.1.2.1　主检孔地应力测试

主检孔地应力测试时间为 2008 年 6 月 20 日—7 月 8 日。钻孔的静水水位距孔口近 13 m。钻孔岩芯岩性如表 6-1 所示。

需指出的是,下文所述压裂参数 P_b、P_r、P_s 均为测试部位的实际量值,压裂曲线中的 P_b、P_r、P_s 值均为地面记录值,二者之间的关系为:

$$P_b = P_{b地面} + P_H$$

$$P_r = P_{r地面} + P_H$$

$$P_s = P_{s地面} + P_H$$

其中,P_H 是测量段的静水压力。

在计算最大水平主应力时,需要岩层的孔隙水压力值,国内外大量的实际测量和研究表明,在绝大多数情况下,孔隙水压力基本上等于静水压力。因此,在水压致裂法应力测量过程中,通常以测量段所处地下水位的静水压力代替岩层的孔隙水压力 P_0。另需说明的是,破裂方位是相对磁北极而言的,文中未对磁偏角进行校对。测试过程中,传感器置于地面测试现场。

表 6-1　乃马岱井田勘探区主检孔岩芯鉴定表　　　　　单位:m

序号	层底深度	层厚	岩石名称	序号	层底深度	层厚	岩石名称
1	15.40	15.40	细砂	41	287.00	7.50	粗粒砂岩
2	28.20	12.80	细粒砂岩	42	288.40	1.40	细粒砂岩
3	33.80	5.60	砂质泥岩	43	289.75	1.35	中粒砂岩
4	35.45	1.65	细粒砂岩	44	290.75	1.00	细粒砂岩
5	38.60	3.15	粉砂岩	45	292.95	2.20	中粒砂岩
6	42.40	3.80	细粒砂岩	46	293.95	1.00	粉砂岩
7	43.45	1.05	粉砂岩	47	295.90	1.95	粗粒砂岩
8	48.25	4.80	中粒砂岩	48	298.90	3.00	细粒砂岩
9	55.35	7.10	粉砂岩	49	311.90	13.00	粗粒砂岩
10	61.90	6.55	中粒砂岩	50	313.90	2.00	砾岩
11	63.35	1.45	粉砂岩	51	319.45	5.55	粗粒砂岩
12	64.95	1.60	砂质泥岩	52	320.45	1.00	粉砂岩
13	76.20	11.25	细粒砂岩	53	328.10	7.65	砾岩
14	91.70	15.50	粉砂岩	54	331.85	3.75	砂质泥岩
15	100.10	8.40	砂质泥岩	55	344.80	12.95	中粒砂岩
16	107.70	7.60	细粒砂岩	56	356.00	11.20	细粒砂岩
17	110.15	2.45	粉砂岩	57	363.35	7.35	中粒砂岩
18	131.10	20.95	细粒砂岩	58	373.30	9.95	粗粒砂岩
19	133.65	2.55	泥岩	59	389.50	16.20	中粒砂岩
20	144.45	10.80	中粒砂岩	60	390.70	1.20	砂质泥岩
21	151.20	6.75	砾岩	61	400.80	10.10	细粒砂岩
22	165.40	14.20	粗粒砂岩	62	410.35	9.55	粉砂岩
23	175.00	9.60	砾岩	63	415.90	5.55	细粒砂岩
24	191.50	16.50	粗粒砂岩	64	428.95	13.05	中粒砂岩
25	200.40	8.90	中粒砂岩	65	435.15	6.20	粗粒砂岩
26	223.50	23.10	粗粒砂岩	66	440.15	5.00	中粒砂岩
27	225.50	2.00	砂质泥岩	67	441.40	1.25	粉砂岩
28	233.60	8.10	粗粒砂岩	68	451.10	9.70	粗粒砂岩
29	235.70	2.10	细粒砂岩	69	457.60	6.50	砂质泥岩
30	237.60	1.90	粗粒砂岩	70	472.45	14.85	中粒砂岩
31	241.65	4.05	泥岩	71	475.75	3.30	粗粒砂岩
32	243.70	2.05	砂质泥岩	72	483.20	7.45	粉砂岩
33	245.05	1.35	细粒砂岩	73	484.25	1.05	细粒砂岩
34	246.40	1.35	砂质泥岩	74	490.00	5.75	粉砂岩
35	267.35	20.95	粗粒砂岩	75	491.30	1.30	细粒砂岩
36	268.55	1.20	砂质泥岩	76	499.60	8.30	粉砂岩
37	269.55	1.00	中粒砂岩	77	501.70	2.10	细粒砂岩
38	273.25	3.70	泥岩	78	504.95	3.25	粗粒砂岩
39	275.35	2.10	粗粒砂岩	79	513.85	8.90	粉砂岩
40	279.50	4.15	细粒砂岩	80	520.95	7.10	细粒砂岩

表 6-1(续)

序号	层底深度	层厚	岩石名称	序号	层底深度	层厚	岩石名称
81	523.45	2.50	粉砂岩	121	698.35	1.40	粉砂岩
82	527.60	4.15	中粒砂岩	122	698.75	0.40	煤层
83	532.60	5.00	粉砂岩	123	699.20	0.45	砂质泥岩
84	550.25	17.65	砂质泥岩	124	700.45	1.25	细粒砂岩
85	553.70	3.45	粉砂岩	125	701.85	1.40	砂质泥岩
86	575.65	21.95	砂质泥岩	126	704.35	2.50	粗粒砂岩
87	582.60	6.95	粉砂岩	127	706.80	2.45	粉砂岩
88	584.20	1.60	中粒砂岩	128	709.05	2.25	细粒砂岩
89	592.35	8.15	细粒砂岩	129	711.60	2.55	粉砂岩
90	594.15	1.80	中粒砂岩	130	715.90	4.30	细粒砂岩
91	595.90	1.75	砂质泥岩	131	717.05	1.15	中粒砂岩
92	604.40	8.50	细粒砂岩	132	723.30	6.25	细粒砂岩
93	605.65	1.25	泥岩	133	725.40	2.10	粗粒砂岩
94	617.70	12.05	粉砂岩	134	728.95	3.55	粉砂岩
95	649.05	31.35	细粒砂岩	135	729.85	0.90	砂质泥岩
96	659.85	10.80	粉砂岩	136	731.15	1.30	砂质泥岩
97	660.50	0.65	中粒砂岩	137	731.68	0.53	煤层
98	661.95	1.45	粗粒砂岩	138	731.95	0.27	砂质泥岩
99	666.95	5.00	粉砂岩	139	734.68	2.73	煤层
100	670.45	3.50	砾岩	140	735.85	1.17	砂质泥岩
101	672.55	2.10	砂质泥岩	141	736.60	0.75	中粒砂岩
102	672.80	0.25	碳质泥岩	142	737.60	1.00	砂质泥岩
103	673.00	0.20	砂质泥岩	143	739.50	1.90	煤层
104	673.30	0.30	煤层	144	740.15	0.65	砂质泥岩
105	674.15	0.85	砂质泥岩	145	744.40	4.25	细粒砂岩
106	675.45	1.30	粉砂岩	146	745.00	0.60	粉砂岩
107	676.45	1.00	砂质泥岩	147	748.45	3.45	粗粒砂岩
108	683.35	6.90	煤层	148	749.90	1.45	细粒砂岩
109	683.90	0.55	砂质泥岩	149	751.00	1.10	粉砂岩
110	684.70	0.80	粉砂岩	150	752.45	1.45	细粒砂岩
111	685.70	1.00	砂质泥岩	151	752.83	0.38	砂质泥岩
112	686.60	0.90	细粒砂岩	152	753.68	0.85	煤层
113	687.05	0.45	砂质泥岩	153	754.65	0.97	砂质泥岩
114	687.63	0.58	煤层	154	755.05	0.40	煤层
115	688.25	0.62	砂质泥岩	155	755.60	0.55	砂质泥岩
116	690.40	2.15	粉砂岩	156	757.10	1.50	细粒砂岩
117	691.90	1.50	砂质泥岩	157	760.35	3.25	中粒砂岩
118	692.20	0.30	煤层	158	762.85	2.50	粗粒砂岩
119	695.90	3.70	粉砂岩	159	765.35	2.50	中粒砂岩
120	696.95	1.05	砂质泥岩	160	766.53	1.18	砂质泥岩

表 6-1（续）

序号	层底深度	层厚	岩石名称	序号	层底深度	层厚	岩石名称
161	767.48	0.95	煤层	174	777.95	0.30	煤层
162	768.25	0.77	砂质泥岩	175	778.50	0.55	粉砂岩
163	769.45	1.20	细粒砂岩	176	781.15	2.65	细粒砂岩
164	769.70	0.25	砂质泥岩	177	783.55	2.40	粗粒砂岩
165	770.05	0.35	煤层	178	785.50	1.95	细粒砂岩
166	772.05	2.00	细粒砂岩	179	785.83	0.33	砂质泥岩
167	774.15	2.10	粗粒砂岩	180	787.90	2.07	煤层
168	775.00	0.85	细粒砂岩	181	789.15	1.25	细粒砂岩
169	775.25	0.25	煤层	182	790.25	1.10	砂质泥岩
170	775.95	0.70	砂质泥岩	183	792.45	2.20	细粒砂岩
171	777.00	1.05	细粒砂岩	184	793.20	0.75	中粒砂岩
172	777.25	0.25	煤层	185	801.80	8.60	细粒砂岩
173	777.65	0.40	粉砂岩				

根据本孔的具体地质与岩性情况，考虑到工程的实际需要，我们尽可能把测段安排在钻孔所见煤层的上、下部，即靠近巷道工程开挖部位。

本钻孔分 22 个测段进行了测试，但仅成功测试了 21 个测段，分别为 152.73 m、203.64 m、254.55 m、280.01 m、318.19 m、369.10 m、432.72 m、521.84 m、585.47 m、610.92 m、623.66 m、649.11 m、674.57 m、687.30 m、700.02 m、712.75 m、725.48 m、750.93 m、763.66 m、776.39 m 和 789.12 m。

本孔位的主煤层有 4 层，分别为 676.45～683.35 m（煤层厚 6.90 m）、731.95～734.68 m（煤层厚 2.73 m）、737.60～739.50 m（煤层厚 1.90 m）和 785.83～787.90 m（煤层厚 2.07 m），地应力测量的深度已超过巷道设计的范围。

674.57 m 和 687.30 m（676.45～683.35 m，煤层厚 6.90 m）、725.48 m 和 750.93 m（731.95～734.68 m，煤层厚 2.73 m；737.60～739.50 m，煤层厚 1.90 m）、776.39 m 和 789.12 m（785.83～787.90 m，煤层厚 2.07 m）测试段的测量结果可代表巷道围岩的原岩应力状态，测试曲线如图 6-4 所示。测试结果见表 6-2。

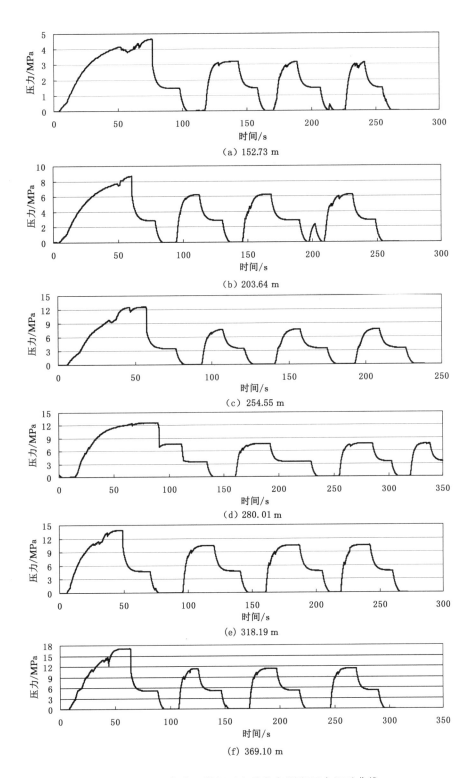

(a) 152.73 m

(b) 203.64 m

(c) 254.55 m

(d) 280.01 m

(e) 318.19 m

(f) 369.10 m

图 6-4 乃马岱井田勘探区主检孔各测段压力记录曲线

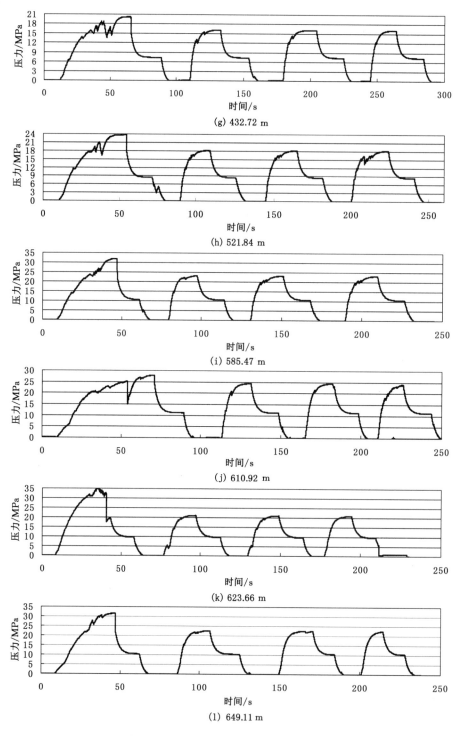

(g) 432.72 m

(h) 521.84 m

(i) 585.47 m

(j) 610.92 m

(k) 623.66 m

(l) 649.11 m

图 6-4 （续）

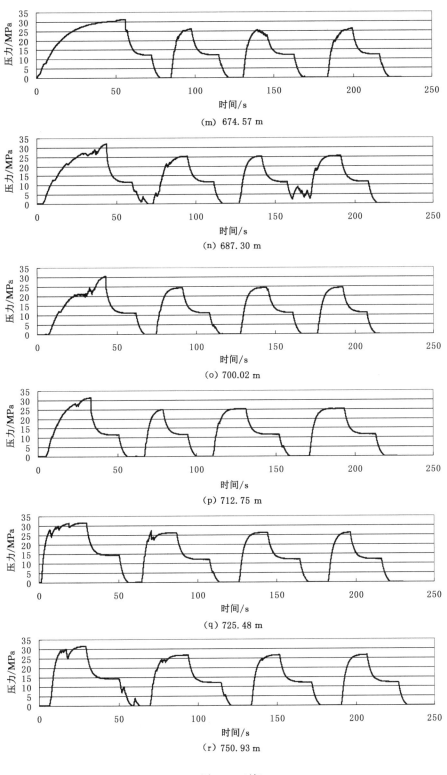

(m) 674.57 m

(n) 687.30 m

(o) 700.02 m

(p) 712.75 m

(q) 725.48 m

(r) 750.93 m

图 6-4 （续）

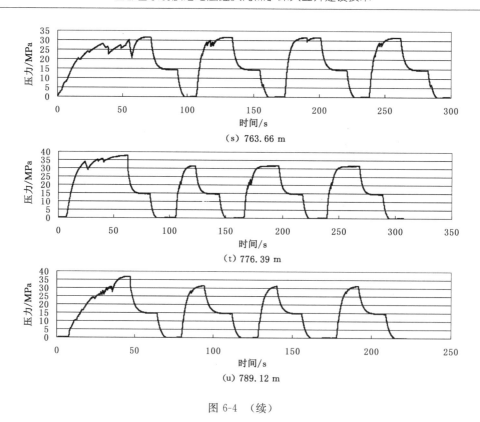

（s）763.66 m

（t）776.39 m

（u）789.12 m

图 6-4 （续）

表 6-2 乃马岱井田勘探区主检孔水压致裂原地应力测量结果

测段编号	测段深度/m	压裂参数/MPa					主应力值/MPa			破裂方位/(°)
		P_b	P_r	P_s	P_o	T	S_H	S_h	S_V	
1	152.73	13.54	3.09	2.79	1.53	10.45	3.76	2.79	3.51	65.0
2	203.64	10.58	6.17	4.34	2.04	4.42	4.83	4.34	4.68	
3	254.55	15.81	7.53	5.28	2.55	8.29	5.78	5.28	5.85	
4	280.01	15.72	7.65	7.03	2.80	8.07	10.63	7.03	6.44	
5	318.19	17.09	10.25	8.85	3.18	6.84	13.11	8.85	7.32	
6	369.10	21.33	11.34	9.63	3.69	9.99	13.87	9.63	8.49	
7	432.72	28.65	15.91	11.08	4.33	12.74	13.00	11.08	9.95	
8	521.84	29.67	18.81	12.37	5.22	10.86	13.07	12.37	12.00	
9	585.47	31.58	22.28	14.97	5.85	9.30	16.78	14.97	13.47	
10	610.92	34.84	23.12	16.07	6.11	11.72	18.97	16.07	14.05	
11	623.66	31.31	21.63	16.34	6.24	9.68	21.14	16.34	14.34	
12	649.11	31.73	22.51	15.93	6.49	9.22	18.78	15.93	14.93	
13	674.57	38.17	25.65	16.90	6.75	12.51	18.30	16.90	15.52	54.0
14	687.30	32.21	25.09	17.53	6.87	7.12	20.62	17.53	15.81	
15	700.02	31.31	24.54	18.35	7.00	6.77	23.51	18.35	16.10	

表 6-2(续)

测段编号	测段深度/m	压裂参数/MPa					主应力值/MPa			破裂方位/(°)
		P_b	P_r	P_s	P_o	T	S_H	S_h	S_V	
16	712.75	30.57	24.82	16.61	7.13	5.75	17.87	16.61	16.39	61.0
17	725.48	32.90	26.98	18.69	7.25	5.91	21.84	18.69	16.69	
18	750.93	30.61	27.39	18.67	7.51	3.21	21.10	18.67	17.27	
19	763.66	36.81	27.38	19.44	7.64	9.42	23.29	19.44	17.56	
20	776.39	38.40	30.79	20.67	7.76	7.61	23.47	20.67	17.86	
21	789.12	36.45	30.57	20.73	7.89	5.88	23.74	20.73	18.15	

从表 6-2 所示测试的结果来看,第 7、8、13 和 16 段测得的最大主应力较小,而第 11 和 15 段测得的最大主应力较大,这可能是由局部应力集中或较为破碎的岩层所致。总的来说,21 个测段的资料均较为理想,其压力记录曲线较为标准,破裂压力峰值比较明显,各个循环重复测量的规律性很强,各个循环测得的压裂参数具有良好的一致性,因此较为可信地确定出了各测点的应力状态。

由于本次测量未下套管,地应力测试段均处于裸孔内,钻孔结构较为简单,孔深 150.00 m 以下孔径均为 130 mm。故在本次测试中,项目组仅使用了 130 mm 直径的一套测具。

根据对测试资料的整理及计算分析,确定了各个测段的破裂压力(P_b)、裂缝张压力(P_r)、水压破裂面的瞬时闭合压力(P_s)、岩层的岩石孔隙水压力(P_o)以及测段岩石的原地抗拉强度(T)。根据测得的压力参数及相关公式,得到最大、最小水平主压力值(S_H、S_h)及垂直主应力值(S_V),详见表 6-2。其中垂直主应力值是根据水压致裂理论,按照上覆岩层的厚度计算得到的。计算中覆盖层的密度取 2.0 g/cm³,岩石的密度取 2.7 g/cm³。

按照水压致裂应力测量的基本原理,水压致裂所产生的破裂面的走向就是最大水平主应力的方向。

印模测试:为确定该孔的主应力方向,根据对压裂测试曲线的全面分析,我们选定了钻孔的 152.73 m、674.57 m 和 712.75 m 共 3 个测段进行了印模、定向。印模、定向测量结果见表 6-2 和图 6-5。

由表 6-2 和图 6-5 可见,第 1 测段破裂形态为直立并伴随斜裂缝,第 13 测段和第 16 测段均为直立裂缝,3 个破裂面的方向分别为 NE65.0°、NE54.0° 和 NE61.0°。

6.1.2.2　主检孔地应力测试结果分析

本钻孔中岩石较为完整。通过对岩芯的观察和参考物探资料(内蒙古伊泰广联煤化有限责任公司提供),尽量避开破碎地段,精心选择测试段,通过测试能够较为可信地确定出各测点的应力状态。

本孔的 21 个测点,总的来说,各测点数据正常,其压力记录曲线标准,破裂压力峰值确切、明显,各个循环重复测量的规律性很强,各个循环测得的压裂参数具有良好的一致性。这是由于所测地段的岩层结构均匀,岩石完整,节理裂隙不发育;该孔测点应力数值有逐渐增大的趋势,完全符合地应力变化的一般规律;在该孔获得了很好的测试资料,由于测段岩石致密、完整、坚硬,使得压力测值较高,压裂曲线标准、典型,因此,其测量结果可靠。最大

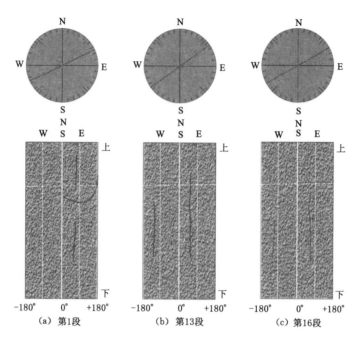

$$
\begin{array}{ccc}
-180° \quad 0° \quad +180° & -180° \quad 0° \quad +180° & -180° \quad 0° \quad +180° \\
\text{(a) 第1段} & \text{(b) 第13段} & \text{(c) 第16段}
\end{array}
$$

图 6-5　乃马岱井田勘探区主检孔印模结果

水平主应力值为 3.76～23.74 MPa,最小水平主应力值为2.79～20.73 MPa,较为确信地代表了该测点真实的原始地应力状态。

从表 6-2 可知,在 250 m 以内深度,$S_H > S_v > S_h$,说明在钻孔的上部,地应力处于平移断层状态,在 250 m 至孔底范围内,基本是 $S_H > S_h > S_v$,说明在钻孔的中下部,地应力处于逆掩断层状态。表明该区从应力随深度变化的趋势看,有逐渐增大的趋势。将 21 个测点主应力测值进行线性回归,得出该测点地应力随深度变化规律,结果如图 6-6 所示。

通过统计计算得出主检孔各测点的水平主应力最大值(S_H)和最小值(S_h)线性回归方程如下:

$$S_H = 1.35 + 0.027\ 7D \quad 相关系数:0.911\ 4$$
$$S_h = 0.67 + 0.024\ 3D \quad 相关系数:0.978\ 2$$

其中,D 为钻孔深度(向下为正),单位为 m;主应力单位为 MPa。

本孔在 3 个测段内进行了印模定向,测得的平均最大水平主应力方向为近 NE 向。

综上所述:

(1) 280 m 以上,地层应力较均一,以铅直应力为主,水平应力相对较小,水平最大主应力变化范围为 3.76～10.63 MPa,水平最小主应力变化范围为 2.79～7.03 MPa,可能原因是地层较破碎。

(2) 280～450 m,地层强度较高,承受的水平应力较大,方向性较强,水平应力比值相对其他测段较大,为 1.17～1.57。

(3) 600～700 m,地应力波动较大,反映在该处存在应力变化的界面,可能原因是上部砂岩与下部煤系地层应力有变化,水平最大主应力变化范围为 18.97～23.51 MPa,水平最小主应力变化范围为 15.93～18.35 MPa。

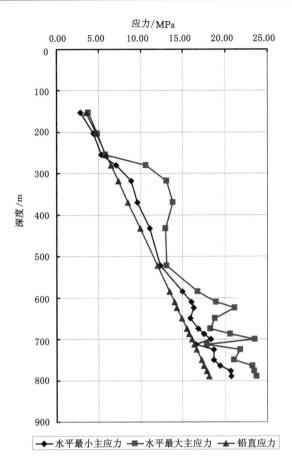

图 6-6　主检孔地应力随深度变化曲线

6.1.3　地应力测量孔测试与分析

6.1.3.1　地应力测量孔测试

地应力测量孔是乃马岱井田勘探区的地应力测试孔。地应力测试日期：2008 年 7 月 20 日—8 月 5 日。

该钻孔岩芯岩性主要为砂质泥岩、中砂岩和粗砂岩。根据本孔的具体地质与岩性情况，考虑到工程的实际需要，项目组尽可能把测试段均安排在钻孔所见煤层的上、下部，即靠近巷道工程开挖部位。本钻孔分 21 个测试段进行了测试，测试段分别为 230 m、284 m、325 m、433 m、473 m、501 m、528 m、636 m、650 m、691 m、718 m、731 m、758 m、785 m、799 m、813 m、840 m、853 m、880 m、910 m 和 917 m。本孔位的主煤层有 3 层，分别为 768.03～774.93 m（煤层厚 6.90 m）、821.45～824.60 m（煤层厚 3.15 m）和 834.65～836.35 m（煤层厚 1.70 m），地应力测量的深度已超过巷道设计的范围。758 m 和 785 m（768.03～774.93 m，煤层厚 6.90 m）、813 m 和 840 m（821.45～824.60 m，煤层厚 3.15 m；834.65～836.35 m，煤层厚 1.70 m）测试段的测量结果可代表巷道围岩的原岩应力状态。压裂曲线如图 6-7 所示，测试结果见表 6-3。

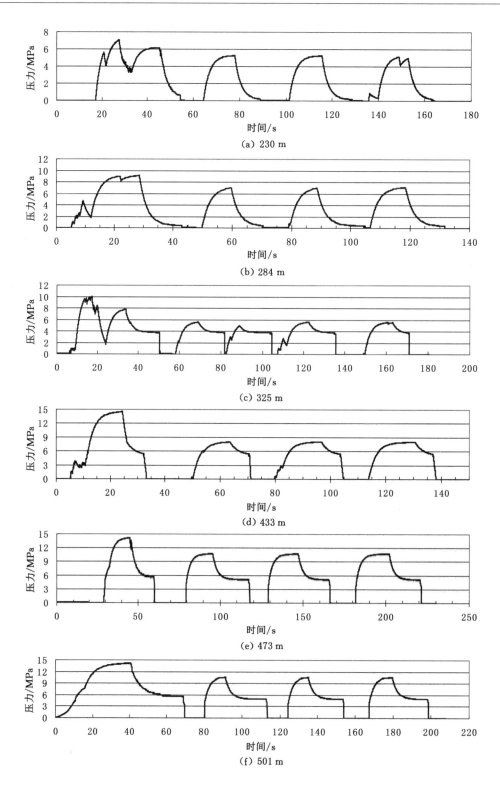

图 6-7　乃马岱井田勘探区地应力测量孔各测段压力记录曲线

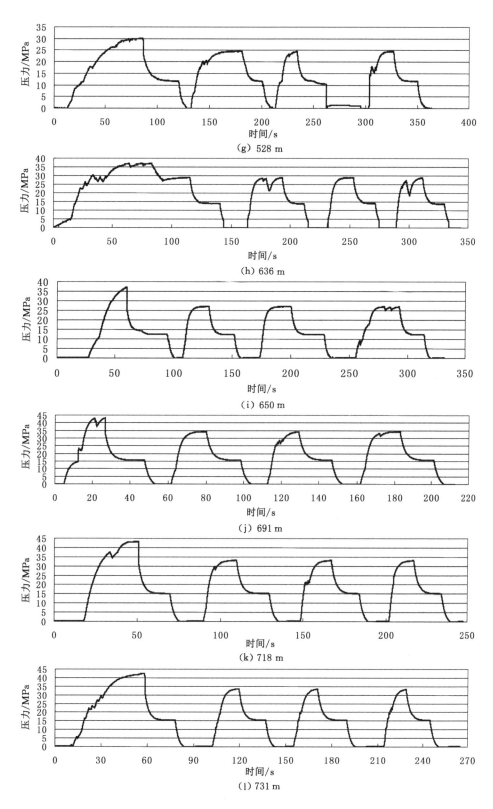

图 6-7(续)

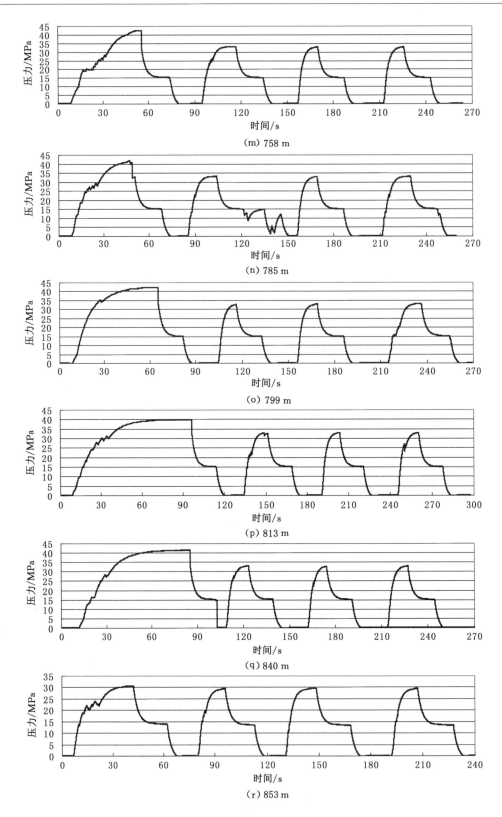

图 6-7(续)

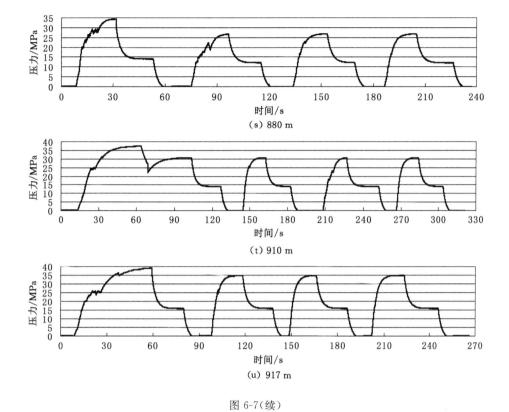

图 6-7（续）

表 6-3 乃马岱井田勘探区地应力测量孔水压致裂原地应力测量结果

编号	测段深度/m	压裂参数/MPa					主应力值/MPa			破裂方位/(°)
		P_b	P_r	P_s	P_o	T	S_H	S_h	S_V	
1	230	14.87	5.33	4.83	2.30	9.54	6.86	4.83	5.29	51.0
2	284	10.79	6.68	5.18	2.84	4.11	6.02	5.18	6.53	
3	325	11.78	5.03	5.30	3.25	6.75	7.61	5.30	7.48	
4	433	14.67	8.04	7.58	4.33	6.63	10.36	7.58	9.96	
5	473	17.19	11.99	9.92	4.73	5.20	13.06	9.92	10.88	
6	501	19.31	11.10	9.13	5.01	8.21	11.27	9.13	11.52	
7	528	38.50	25.99	16.09	5.28	12.51	16.99	16.09	12.14	
8	636	39.60	30.11	19.37	6.36	9.49	21.66	19.37	14.63	
9	650	37.06	28.46	18.61	6.50	8.60	20.86	18.61	14.95	
10	691	44.00	34.22	20.66	6.91	9.78	20.84	20.66	15.89	
11	718	42.10	32.82	21.40	7.18	9.28	24.21	21.40	16.51	
12	731	42.01	33.65	20.65	7.31	8.36	21.00	20.65	16.81	
13	758	41.46	30.26	20.41	7.58	11.20	23.39	20.41	17.43	45.0
14	785	40.30	34.00	22.36	7.85	6.30	25.22	22.36	18.06	
15	799	41.17	35.38	22.80	7.99	5.79	25.03	22.80	18.38	
16	813	36.07	31.55	21.05	8.13	4.52	23.47	21.05	18.70	40.0
17	840	39.51	33.84	22.87	8.40	5.67	26.37	22.87	19.32	

表 6-3（续）

编号	测段深度/m	压裂参数/MPa					主应力值/MPa			破裂方位/(°)
		P_b	P_r	P_s	P_o	T	S_H	S_h	S_V	
18	853	30.67	28.96	20.27	8.53	1.71	23.33	20.27	19.62	
19	880	35.39	27.53	21.67	8.80	7.86	28.68	21.67	20.24	
20	910	38.61	32.00	21.55	9.10	6.61	23.55	21.55	20.93	47.0
21	917	40.12	35.57	23.42	9.17	4.55	25.52	23.42	21.09	

从表 6-3 可以看出,压力记录的破裂压力确切,规律性很强,所测各循环压裂参数有很强的一致性,故可确定出各测点的应力状态。从所获取得的资料和测试的结果来看,第 2、6、10、12、16、18 和 20 段测得的最大主应力较小,而第 8 和 19 段测得的最大主应力较大,这可能是由局部应力集中或较为破碎的岩层所致。总的来说,21 个测段的资料均较为理想,各个循环测得的压裂参数具有良好的一致性,因此较为可信地确定出了各测点的应力状态。

根据对测试资料的整理及计算分析,确定了 21 个测段的破裂压力(P_b)、裂缝重张压力(P_r)、破裂面的瞬时闭合压力(P_s)、岩层的岩石孔隙水压力(P_o)、测段岩石的原地抗压强度(T)。根据测得的各参数,得到水平主应力值(S_H、S_h)及垂直主应力值(S_V),S_V 的计算方法同主检孔。计算结果列于表 6-3 中,其中垂直主应力值是根据水压致裂理论,按照上覆岩层的厚度计算得到的。计算中覆盖层的密度取 2.0 g/cm^3,岩石的密度取 2.7 g/cm^3。

由于本次测量未下套管,地应力测试段均处于裸孔内,钻孔结构虽然复杂,但孔深 220.00 m 以下孔径均为 110 mm。故在本次测试中,项目组仅使用了 110 mm 直径的一套测具。

按照水压致裂应力测量的基本原理,水压致裂所产生的破裂面的走向就是最大水平主应力的方向。

印模测试:为确定该孔的主应力方向,根据对压裂测试曲线的全面分析,我们选定了钻孔的 230 m、758 m、813 m 和 910 m 共 4 个测段进行了印模、定向。印模、定向测量结果见表 6-3 和图 6-8。

由表 6-3 和图 6-8 可见,4 个破裂面的方向分别为 NE51.0°、NE45.0°、NE40.0° 和 NE47.0°。

6.1.3.2 地应力测量孔地应力测试结果分析

根据该孔的测试情况和岩芯状况分析,总体而言,该孔岩层较为完整,但局部较破碎。本孔的 21 个测点,第 8、11、17 和 19 段测得的最大主应力较大,而第 2、6、18 段测得的最大主应力较小,这可能是由局部应力集中或较破碎的岩层所致。其余各测点数据正常,其压力记录曲线标准,破裂压力峰值确切、明显,各个循环重复测量的规律性很强,各个循环测得的压裂参数具有良好的一致性。该孔测点应力数值有逐渐增大之趋势,完全符合地应力变化的一般规律;在该孔的底部获得了很好的测试资料,由于大部分测段岩石致密、完整、坚硬,使得压力测值较高,压裂曲线标准、典型,因此,其测量结果可靠。最大水平主应力值为 6.02~28.68 MPa,最小水平主应力值为 4.83~23.42 MPa,较为确信地代表了该测点真实的原始地应力状态。

从表 6-3 可知,在 500 m 以内深度,$S_H > S_V > S_h$,说明在钻孔的上部,地应力处于平移断层状态;在 500 m 至孔底范围内,$S_H > S_h > S_V$,说明在钻孔的中下部,地应力处于逆掩断

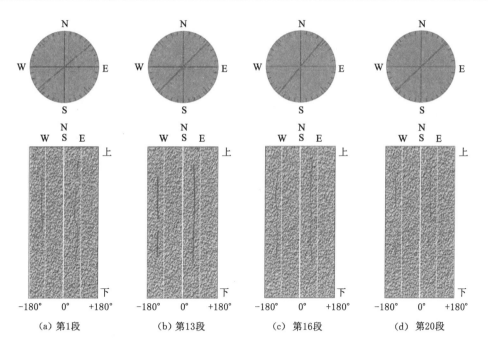

图 6-8 乃马岱井田勘探区地应力测量孔印模结果

层状态。表明该区从应力随深度变化的趋势看,有逐渐增大的趋势。将 21 个测点主应力测值进行线性回归,得出该测点地应力随深度变化规律,结果如图 6-9 所示。

计算方法同主检孔,各测点的水平主应力最大值(S_H)和最小值(S_h)线性回归方程如下:

$$S_H = 1.27 + 0.028\ 0D \quad 相关系数:0.903\ 8$$
$$S_h = 1.21 + 0.024\ 5D \quad 相关系数:0.867\ 7$$

本孔在 4 个测段内进行了印模、定向。最大水平主应力方向约为 NE 向,与地质调查的结果相吻合。

综上所述:

(1) 480 m 以上,地层应力较均一,以铅直应力为主,水平应力相对较小,水平最大主应力变化范围为 6.86~13.06 MPa,水平最小主应力在 4.83~9.92 MPa 范围内变化,可能是地层较破碎所致。

(2) 500 m 是一个变化的界面,可能是上部风化带应力较均一,下部地层强度较大。

(3) 500~700 m,地层强度较大,承受的水平应力较大,方向性较强,水平应力比值不大,变化范围为 1.01~1.23,700 m 开始有明显变化,反映在该处存在应力变化的界面。

(4) 700 m 以下地应力波动较大,局部煤系地层应力有变化,水平最大主应力变化范围为 21.00~28.68 MPa,水平最小主应力变化范围为 20.41~23.42 MPa,最大主应力方向为北东向。

6.1.4 矿区区域地质及地应力场综合分析结果

根据地应力测量结果及对矿区工程稳定性问题的初步分析,可得出:

(1) 主检孔和地应力测量孔的最大水平主应力值为 3.76~23.74 MPa(测深为

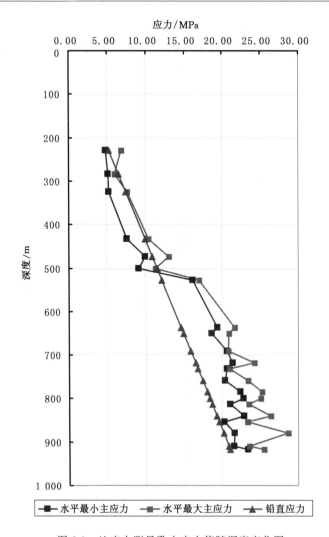

图 6-9　地应力测量孔主应力值随深度变化图

152.73～789.12 m)、6.02～28.68 MPa(测深为 230～917 m),最小水平主应力值为 2.79～20.73 MPa(测深为 152.73～789.12 m)、4.83～23.42 MPa(测深为 230～917 m)。测区地应力值与中国大陆地应力测试统计结果比较,属一般应力水平,稍偏高。

(2) 实测最大水平主应力方向(即破裂方位)为主检孔 NE65.0°、NE54.0°、NE61.0°和地应力测量孔 NE51.0°、NE45.0°、NE40.0°、NE47.0,平均为 NE52.5°,表明工程区最大主应力方向为北东东向。从地应力角度考虑,当最大水平主应力方向与采矿巷道轴线方向夹角为 0°～30°时,有利于巷道稳定。

(3) 主检孔:孔深 150～250 m 范围内,$S_H>S_v>S_h$,属于平移断层状态;250 m 以下,$S_H>S_h>S_v$,应力场以水平应力为主导,应力状态均属逆断层状态。地应力测量孔:孔深 220～500 m 范围内,$S_H>S_v>S_h$,属于平移断层状态;500 m 以下,$S_H>S_h>S_v$,应力场以水平应力为主导,应力状态均属逆断层状态。

(4) 水压致裂地应力测量结果表明,内蒙古东胜煤田红庆河区乃马岱井田勘探区地应力大小明显受岩石完整程度、局部构造的影响而差异较大。同一孔内,在完整孔段,地应力值较高,节理、裂隙发育孔段地应力值较低。尽管在破碎地带地应力有所降低,但仍然处于稍偏高水平,破碎带形成较宽的破碎风化带,易形成各种膨胀性的黏土矿物,开挖扰动易形成碎屑流和围岩发生长期塑性变形等地质灾害,可能会对巷道施工和运营产生不利影响。

（5）根据有关文献,结合实测应力结果,当开挖体形状能使得顶板处和侧帮处的压应力值基本相等时,该开挖体形状就是该应力场下的最佳形状。能给出最均匀压应力分布的开挖体形状通常是链环形或椭圆形的,其长短轴之比等于原岩在硐室截面上的两个主应力之比。从表 6-2 和表 6-3 中可以看出：S_H/S_h 之值对整个矿区来说,基本上趋于稳定,在 1.20 左右;对于采矿竖井的设计来说,S_H/S_h 之值稳定,则井筒结构单一,易于设计和施工,也有利于整个井筒的稳定,对于采矿平巷横断面的设计和施工来讲是较为有利的,有利于工程稳定性。

6.2 矿区区域地质模型的构建

Surpac 软件是全球同类软件中应用最为广泛的矿业软件,能够根据用户的需求提供动态三维空间信息管理、模拟、可视化和分析。通过 Surpac 软件可建立完全集成的数据可视化和可编辑的、真正意义上的三维图形模块。Surpac 软件是一个真三维空间信息软件,有着出色的 3D 图形功能、功能强大的图形绘制显示模块以及友好的图形用户界面。在建立三维模型方面,Surpac 软件在数据库的基础上提供了强大的地质体三维建模功能,具备多种建模方式,实现了动态操作,模型具有良好的闭合空间结构,可以基于三维模型做进一步的工作。它可以运行在微软公司 Windows 操作系统当前的各个版本上。该软件能够根据用户的需求,对任意复杂的三维模型均能够提供动态的三维空间设计、分析和可视化。通过数字化矿山软件,Surpac 软件可建立矿井钻孔数据库及三维地质模型,分析钻孔信息数据的特点,研究构建地质数据库的方法和流程;分析实体模型的构建原理和流程,根据建模的基本方法和数据特征,探讨构建合理、准确的地质体（煤层实体模型、地形模型、地层面模型、巷道模型）实体模型的方法和过程。研究建立复杂地质体模型的方法,在研究过程中,构建煤田地质体实体模型。具体按以下步骤进行：① 构建红庆河煤矿地质数据库;② 构建地质体的实体模型;③ 将地质数据库、实体模型组合而成红庆河煤矿三维模型;④ 红庆河煤矿三维模型的应用。技术路线图如图 6-10 所示。

6.2.1 地质数据库的构建

本研究收集、整理井田地勘资料（平、剖面图）、安全专篇资料和矿井初设资料;井田勘查报告;井田全部钻孔柱状图（255 个）;地质剖面;可采煤层底板等高线;水专题报告及图纸;初步设计及图纸;井检资料;安全专篇;施工组织资料。现场对地表及目前的矿井施工现状进行了实地调查。

6.2.1.1 钻孔信息数据分析

Surpac 软件要求的最基础的资料就是钻孔的柱状图所包含的信息,但是要求系统输入的只有钻孔位置、钻进方向、揭露的地质情况、取样化验分析结果等。对于地层、岩性、矿化情况的文字描述和素描或照片等只作为地质师分析、解释矿床的地质特征的依据,而并不要求输入系统（也无法输入系统,因为它不支持此类数据类型）。

通常钻孔的信息数据是以钻孔柱状图的形式汇总的,包括钻孔的位置、钻进方向、取样

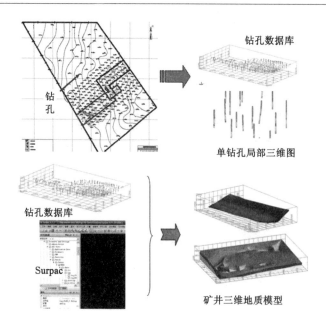

图 6-10 技术路线图

结果以及地层、岩性等所有钻进获得的信息。它是地质信息中最基础的信息之一,是以图和表结合的形式来描述的。具体的信息可以分为以下 4 类:

(1) 钻孔的孔口信息,包括孔口坐标 X、Y、Z,剖面位置,开始日期,结束日期,孔深,施工质量(合格、优良、不合格),见矿与否,所属阶段(基建、生产、勘探),状况(已完成、正在施工、计划施工),变更与否,封孔与否;工程记录(编录者、取样者、审检、审核、审定);钻孔规格;施工设备;设计目的;施工单位、人员(姓名等)。

(2) 钻孔测斜信息:测点位置、方位、倾角。

(3) 岩性信息:钻进所揭露的岩层、岩性及相应的代码、文字描述,岩层的起点、终点,还包括矿化带的情况,柱状岩性符号图或素描图、照片等。

(4) 取样信息:岩芯采取率、取样位置、取样结果等。

Surpac 系统数据库的结构和各表间的关系以关系数据库结构为基础。

6.2.1.2 构建地质数据库

结合 Surpac 软件所需地质数据库的结构要求和目前红庆河煤矿的实际情况,对所收集到的地勘数据进行分析、总结和必要的规范,以地质钻孔数据为数据源,建立了红庆河煤矿的地质数据库,数据库包括如下数据表:钻孔孔口信息表(collar 表)、钻孔测斜信息表(survey 表)、钻孔各分段地质信息表(geology 表),分别记录探矿工程的孔口位置、测斜、地层、煤层数据。具体如下:

(1) collar 表(记录孔口位置)

collar 表是 Surpac 建立地质数据库时的强制性表,它包括 6 个强制性字段,分别是:hole_id、y、x、z、max_depth、hole_path。

hole_id:钻孔编号,一般采用实际的名称。值得注意的是,Surpac 早期版本不支持中文字符作为数据表的字段名,所以一般不采用中文字符作为数据表的字段名,但记录内容可包含中文字符。

hole_path：孔迹。只能输入 vertical，表示垂直钻孔，也即用垂直直线来显示此钻孔轨迹；linear，表示此孔有分段测斜，且用分段直线来显示此钻孔轨迹；curved，表示此孔有分段测斜，且用圆滑曲线来显示此钻孔轨迹。

max_depth：孔深，指斜深。

y、x、z：孔口坐标，"y"为北向，"x"为东向。需要注意的是：Surpac 采用的是西方矿业标准，即北向方向的字母用"y"，东向用"x"，而红庆河煤矿刚好相反，"y"为东向，"x"为北向，因此，在输入数据时，必须注意将红庆河煤矿的 x、y 坐标值反向输入。

collar 表结构如图 6-11 所示，如图 6-12 所示是数据存入后显示结果。

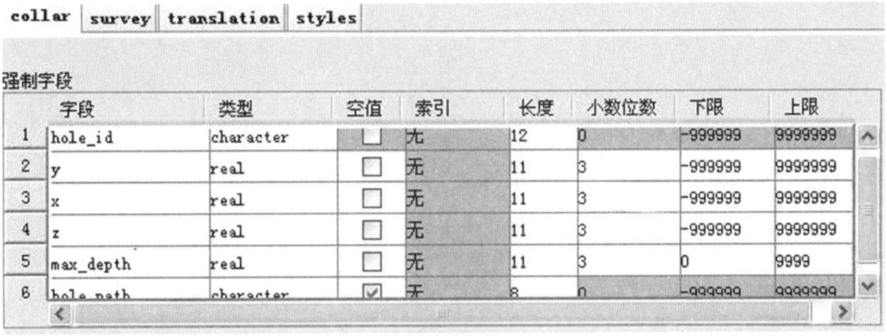
collar | survey | translation | styles

强制字段

	字段	类型	空值	索引	长度	小数位数	下限	上限
1	hole_id	character		无	12	0	-999999	9999999
2	y	real		无	11	3	-999999	9999999
3	x	real		无	11	3	-999999	9999999
4	z	real		无	11	3	-999999	9999999
5	max_depth	real		无	11	3	0	9999
6	hole_path	character	√	无	8	0	-999999	9999999

图 6-11　collar 表结构示意图

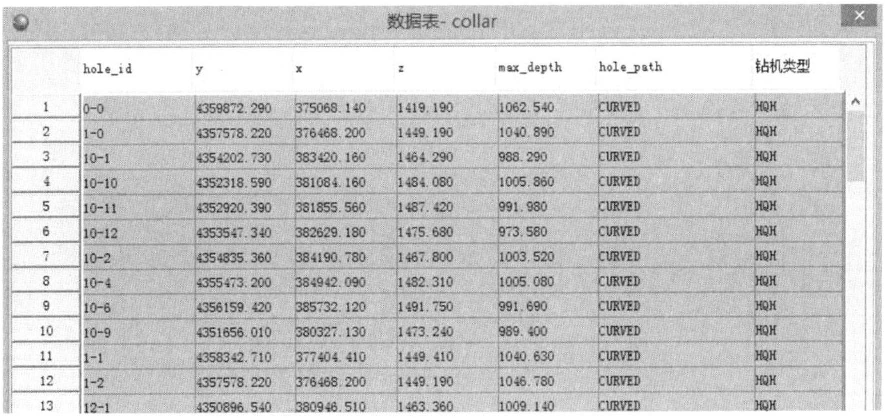
数据表- collar

	hole_id	y	x	z	max_depth	hole_path	钻机类型
1	0-0	4359872.290	375068.140	1419.190	1062.540	CURVED	HQH
2	1-0	4357578.220	376468.200	1449.190	1040.890	CURVED	HQH
3	10-1	4354202.730	383420.160	1464.290	988.290	CURVED	HQH
4	10-10	4352318.590	381084.160	1484.080	1005.860	CURVED	HQH
5	10-11	4352920.390	381855.560	1487.420	991.980	CURVED	HQH
6	10-12	4353547.340	382629.180	1475.680	973.580	CURVED	HQH
7	10-2	4354835.360	384190.780	1467.800	1003.520	CURVED	HQH
8	10-4	4355473.200	384942.090	1482.310	1005.080	CURVED	HQH
9	10-6	4356159.420	385732.120	1491.750	991.690	CURVED	HQH
10	10-9	4351656.010	380327.130	1473.240	989.400	CURVED	HQH
11	1-1	4358342.710	377404.410	1449.410	1040.630	CURVED	HQH
12	1-2	4357578.220	376468.200	1449.190	1046.780	CURVED	HQH
13	12-1	4350896.540	380946.510	1463.360	1009.140	CURVED	HQH

图 6-12　collar 数据结构示意图

(2) survey 表（记录探矿工程测斜）

钻孔的测斜数据控制钻孔的钻进方向，是很重要的数据。它包括钻孔名、孔深、方位角和倾角。survey 表也是强制性表，它包括 4 个强制性字段，分别是：hole_id、depth、dip（倾角）和 azimuth（方位角）。

hole_id：钻孔编号，原则上采用实际的名称。

depth：每次测斜时的深度。

dip：每次测斜时钻孔的倾角，即钻探方向与水平面的夹角，仰角为正（上向孔），俯角为负（下向孔）。需要注意的是：Surpac 采用西方矿业标准，而红庆河煤矿与之相反（仰角——

上向孔为负、俯角——下向孔为正），在输入数据时须注意将钻孔的倾角符号反向。

azimuth：每次测斜时的方位角。

此外，红庆河煤矿在记录倾角与方位角时采用的是度、分、秒的单位，而在 Surpac 软件中，统一使用度作为单位，因此在输入数据之前，须对角度进行换算，如原始记录中的 $60°30'$，在输入 Surpac 时，换算成 $60.5°$。对于早期钻孔没有记录测斜资料的，按照垂直孔进行处理，即：倾角为 $-90°$，方位角为 $0°$。

survey 表结构如图 6-13 所示，数据存入后显示如图 6-14 所示（y、x、z 值为系统自动计算结果）。

survey	azimuth	real	N	6	2	0	360
	depth	real	N	7	2	0	9999
	dip	real	N	6	2	-90	90
	hole_id	character	N	12			
	x	real	N	11	3		
	y	real	N	11	3		
	z	real	N	11	3		

图 6-13　survey 表示意图

数据表- survey

	hole_id	depth	y	x	z	dip	azimuth
1	0-0	0.00	4359872.290	375068.140	1419.190	-90.00	0.00
2	0-0	50.00	4359872.290	375068.140	1369.190	-90.00	0.00
3	0-0	100.00	4359872.412	375068.093	1319.190	-89.70	339.00
4	0-0	150.00	4359873.012	375067.945	1269.194	-88.88	348.00
5	0-0	250.00	4359874.248	375066.696	1169.212	-88.76	285.00
6	0-0	300.00	4359874.634	375065.781	1119.222	-88.94	302.00
7	0-0	350.00	4359875.188	375064.978	1069.231	-88.82	307.00
8	0-0	400.00	4359876.305	375064.063	1019.253	-87.82	328.00
9	0-0	450.00	4359878.357	375063.081	969.305	-86.94	339.00
10	0-0	500.00	4359880.854	375061.790	919.385	-86.58	327.00
11	0-0	550.00	4359883.050	375059.999	869.466	-86.88	314.00
12	0-0	600.00	4359884.880	375057.487	819.563	-85.94	300.00
13	0-0	650.00	4359886.576	375054.797	769.665	-86.76	305.00
14	0-0	700.00	4359888.905	375052.453	719.776	-85.58	322.00
15	0-0	750.00	4359891.999	375050.204	669.923	-85.64	326.00
16	0-0	800.00	4359895.389	375047.672	620.103	-84.64	321.00

图 6-14　survey 表数据结构示意图

（3）geology 表

钻孔的地层数据是指钻孔揭露的所有地层的岩石性质及位置，地层是以用户规定的编码形式输入的，可以是数字或者英文字母。位置是某地层段起始、终止位置的钻进深度。geology 表是非强制性表，主要字段有 hole_id、depth_from、depth_to、地层。

hole_id：钻孔编号，一般采用实际的名称。

depth_from：某地层段的开始孔深。

depth_to：某地层段的终止孔深。

地层：地层代码。

通过收集、整理，采用统一的英文字母对地层进行编号，并给每个地层赋不同的颜色，以便在三维模型中显示出不同的颜色。

geology 表结构如图 6-15 所示,数据存入后显示如图 6-16 所示。

地层表	地层	character	Y	10			
	depth_from	real	N	7	2	0	9999
	depth_to	real	N	7	2	0	9999
	hole_id	character	N	12			
	samp_id	character	Y	10			
	x_from	real	N	11	3		
	x_to	real	N	11	3		
	y_from	real	N	11	3		
	y_to	real	N	11	3		
	z_from	real	N	11	3		
	z_to	real	N	11	3		

图 6-15　geology 表结构

	hole_id	samp_id	depth_from	y_from	x_from	z_from	depth_to	y_to	x_to	z_to	岩性
1	0-0		0.00	4359872.290	375068.140	1419.190	5.00	4359872.290	375068.140	1414.190	Q
2	0-0		5.00	4359872.290	375068.140	1414.190	685.30	4359888.073	375053.148	734.436	K1zh
3	0-0		685.30	4359888.073	375053.148	734.436	718.00	4359890.005	375051.615	701.829	J2a
4	0-0		718.00	4359890.005	375051.615	701.829	801.26	4359895.481	375047.598	618.848	J2z
5	0-0		801.26	4359895.481	375047.598	618.848	826.00	4359897.333	375046.198	594.218	J2y3
6	0-0		826.00	4359897.333	375046.198	594.218	906.89	4359903.635	375041.877	513.690	J2y2
7	0-0		906.89	4359903.635	375041.877	513.690	1055.93	4359916.650	375032.230	365.544	J2T1
8	0-0		1055.93	4359916.650	375032.230	365.544	1062.54	4359917.593	375031.789	359.016	I3ym
9	1-0		0.00	4357578.220	376468.200	1449.190	4.42	4357578.219	376468.200	1444.770	Q
10	1-0		4.42	4357578.219	376468.200	1444.770	700.31	4357585.125	376472.055	749.008	K1zh
11	1-0		700.31	4357585.125	376472.055	749.008	721.00	4357585.465	376472.416	728.324	J2a
12	1-0		721.00	4357585.465	376472.416	728.324	804.12	4357586.886	376473.934	645.230	J2z
13	1-0		804.12	4357586.886	376473.934	645.230	843.80	4357587.657	376474.537	605.562	J2y3
14	1-0		843.80	4357587.657	376474.537	605.562	926.60	4357589.395	376475.376	522.785	J2y2
15	1-0		926.60	4357589.395	376475.376	522.785	1036.00	4357590.986	376476.941	413.408	J2T1

图 6-16　geology 表数据结构示意图

6.2.1.3　数据录入

Surpac 系统构建数据库的流程是先建立仅有结构的空数据库,然后向里面填入数据。系统提供了在数据库环境"直接输入"和"导入数据"两种方式,鉴于输入数据量的巨大,采用"导入数据"的方式。系统提供导入数据的菜单如图 6-17 所示,能够被导入的数据文件格式有:

(1) 在电子表格或者数据包中输入数据(如 Microsoft Excel、Lotus 123、Dbase)。

(2) 以 Word 格式输入数据,数据中间用空格隔开。

(3) 使用任何文本编辑器(如 Norton Editor、Brief、DOS edit、Wordpad、Notepad)来输入文本。

被导入数据文件常采用 Excel 文件(.csv)和文本文件(.txt)格式。

在将数据文件导入数据表的过程中,Surpac 系统具有自动查错功能,对于错误或重复的数据,系统不将其导入,并产生错误报告,非常方便。

此外,Surpac 系统提供了一整套数据库管理功能,如创建表、删除字段等,运用这些功能可以直接查看、编辑、追加数据,对数据进行批量处理等。

图 6-17　Surpac 数据菜单示意图

6.2.1.4　三维空间钻孔显示

地质数据库建立之后,我们就可以利用 Surpac 强大的图形显示系统,在三维空间显示地质数据,包括钻孔的轨迹线、地层及代码、地层走向等,总之,几乎所有的地质信息都可以以字符、图表、图案的方式显现。

本次报告涉及红庆河煤矿 255 个有效钻孔,在整个建模期间,项目组根据矿方提供的原始资料,经过细致的研究分析工作,最终成功地建立了相对准确完整的钻孔数据库及三维地质模型,二维及三维空间上的部分钻孔显示分别如图 6-18、图 6-19 所示。

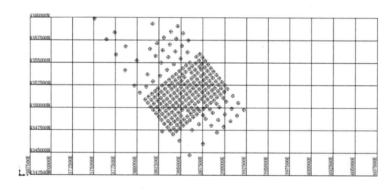

图 6-18　地质钻孔二维分布图

6.2.2　红庆河煤矿实体模型的构建

6.2.2.1　煤层实体模型的构建

构建矿体模型的方法有如下 3 种:

(1) 剖面线法

首先将矿体各勘探线的剖面线放入三维空间,相邻勘探线之间按照矿体的趋势连三角网,最后将矿体的两端封闭起来就形成了矿体的实体。

(2) 合并法(一般用于近水平矿体,如煤矿等)

此方法一般用于水平或扁平矿体中。首先将矿体的上下表面做成面模型,然后获取上下面的边界,两个边界之间连三角网,再将这 3 个文件合并,最后就形成了矿体的实体。

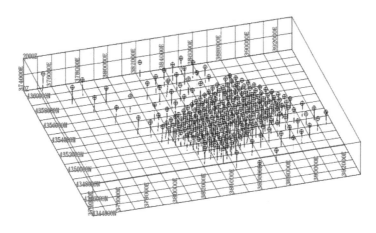

图 6-19 地质钻孔三维维分布图

（3）相连段法

利用一系列矿体的轮廓线、辅助线（不一定是勘探线或边界线），在线之间连三角网，能应用于各种复杂情况下，创建各种复杂的实体。

根据地勘报告我们得知煤层倾角不大，为近水平煤层，因此我们将煤层的底板等高线做成下表面的面模型，再根据煤层等厚线图，获取煤层顶板的等高线，做成上表面的面模型，然后根据边界，连接三角网，最后形成煤层的实体模型。煤田可开采煤层实体模型三维展示，如图 6-20 所示。钻孔数据库与可开采煤层实体模型三维展示，如图 6-21 所示。

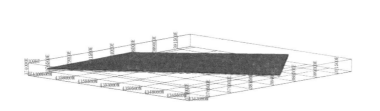
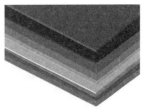

图 6-20 煤田可开采煤层实体模型三维展示

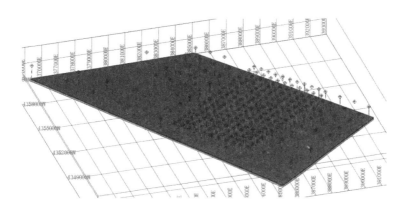

图 6-21 钻孔数据库与可开采煤层实体模型三维展示

6.2.2.2 地形模型的构建

地形模型对于地采矿山是非常重要的,建立地形模型可以直观、清楚地显示矿区地表与矿体等其他空间体的三维位置关系。本研究中建立的地形模型以矿山地形图为原始资料。

Surpac 系统提供了"DWG 文件至线/DTM 文件"接口,这为许多矿山能够直接将常规 CAD 下所建立的矿山地形图文件(.dwg)导入 Surpac 进行地形建模提供了极大方便。

本研究从所收集到的井上下对照图中提取等高线的图处理,按以下步骤来进行:

(1) 由于井上下对照图是二维的,因此我们将提取的等高线在 CAD 中依次附上标高。

(2) 将处理好的等高线保存为".dwg"文件,由于 Surpac 6.1.1 不支持".dwg"格式的中文名,因此在保存文件时,全部以字母命名。

(3) 将等高线的 CAD 图导入 Surpac 中,在 DTM 工具中即可生成地形模型,由于煤田范围大,等高线相对密集,为确保数据的有效性,将煤田分 3 部分生成并展示,如图 6-22 和图 6-23 所示。

(a)　　　　　　　　　(b)　　　　　　　　　(c)

图 6-22　红庆河煤矿地表模型三维展示

图 6-23　红庆河煤矿与地表模型与钻孔数据库三维展示(局部)

6.2.2.3 巷道模型的构建

为直观反映矿体与巷道间的空间位置关系及为巷道设计提供依据,需建立矿山巷道三维模型。基于 Surpac 的三维巷道模型构建方法有两种,一种是根据巷道中线生成巷道实体,一种是采用轮廓线法生成巷道实体。

红庆河煤矿巷道建模采用了根据巷道中线生成巷道实体这种较为简便的方法,其操作主要有以下 4 个步骤:

(1) 收集原始资料

原始资料的获得来自红庆河煤矿的工作面综合作业规程,时间较早的一手记录资料缺失,直接从纸质图件上获得各点坐标值,这样虽然会存在误差,但对三维图件的绘制影响不大。

(2) 生成线文件

线文件的生成主要采用 CAD 中的三维多段线,根据坐标标绘巷道中线。

（3）制作剖面

可根据巷道断面的实际形状绘制巷道断面轮廓线，如拱形、半圆形等。

（4）利用中线和剖面生成实体

当中线和剖面都做好之后，利用实体模型菜单下的由中线生成实体工具即可构建三维巷道模型。还可以根据需要将各段巷道定义成不同颜色。

红庆河煤矿初步设计采掘的工作面主要为 3-1 煤层部分工作面。根据现有资料和 Surpac 软件构造巷道模型方法的分析，认为利用巷道中线生成巷道中线实体的方法较为适用。红庆河煤矿井筒、巷道与地表模型三维展示，如图 6-24 所示。基于 Surpac 矿山工程软件进行巷道模型的构建，可以直观地反映煤层与巷道间的空间位置关系，为巷道的设计提供依据，辅助矿山生产。

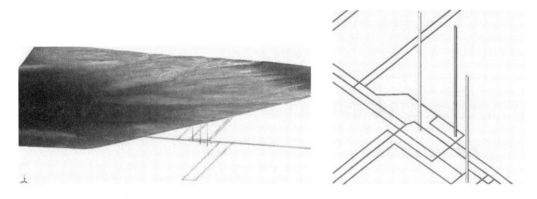

图 6-24　红庆河煤矿井筒、巷道与地表模型三维展示

6.2.2.4　地层模型的构建

地层模型构建的目的是直观清楚地表达矿区地层与矿体的空间位置关系，可清楚地看出煤层主要的集中层位。将钻孔资料作为原始资料进行如下处理：

① 在钻孔模型中按照地层标志，提取不同地层的点坐标；

② 将提取的点坐标，按照不同地层保存成不同的文件，之后生成 DTM 文件；

③ 将 DTM 文件按照当前层生成等值线；

④ 清除线文件中的重复点、跨接和聚接点，之后再生成不同地层的 DTM 文件。

经过上述处理得到的地层模型如图 6-25 和图 6-26 所示，各层分别为 Q、Ngn、J2z、J2y3、J2y2、J2y1。

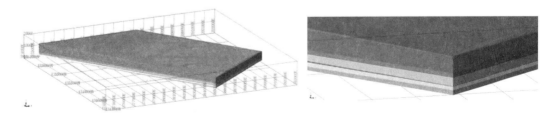

图 6-25　红庆河煤矿地层三维示意图

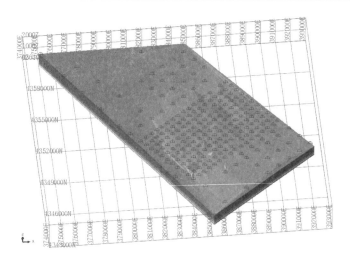

图 6-26 红庆河煤矿钻孔数据域地层三维示意图

6.3 矿区区域数值模型构建

6.3.1 多尺度数值模型构建方法

在对国内外大量工程地质模型构建方法收集分析的基础上,基于工程地质分析方法和空间信息技术,以煤田地质条件为工程背景,根据地貌特征、岩体内部结构,研究实现了表征工程地质体空间形态和内部结构的数值建模方法。

(1) 钻孔数据概化。利用三维数字化矿山软件 Surpac,对乃马岱井田 255 个有效钻孔进行分析整理,建立地质钻孔数据库,并进行钻孔数据概化。地层的数据结构,如图 6-22 所示。钻孔的三维分布,如图 6-19 所示。

(2) 生成等高线。对钻孔模型按照地层标志,提取不同地层点坐标,将提取的点坐标按照不同地层保存成不同的线串文件,然后生成 DTM 文件,将 DTM 文件按照当前层生成等高线,如图 6-27 所示。乃马岱井田一级模型中的地层有:三叠系上统延长组(T_3y)、侏罗系中下统延安组($J_{1-2}y$)、侏罗系中统直罗组(J_2z)、侏罗系中统安定组(J_2a)、白垩系下统志丹群(K_1zh)和第四系(Q)。

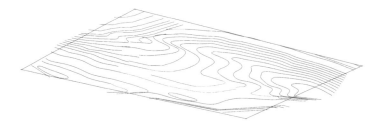

图 6-27 生成的等高线

(3) 生成网格点阵坐标。首先,在 AutoCAD 中根据建模的范围,画出疏密适当的二维点阵(见图 6-28),保存为 dwg 文件。其次,在 Arcgis 软件中将点阵和等高线的 dwg 文件转化为 shape 文件,将等高线的 shape 文件转化为 tingrid 文件(见图 6-29),应用"3D Analyst →Convert→Features to 3D"菜单,选择前面的点阵 shape 文件和等高线的 tingrid 文件,确定后生成新的 shape 文件(见图 6-30)。最后,选择"Arctoolbox→add xy coordinates"后,在弹出的菜单中选中前面新生成的 shape 文件,这些网格点便投影到了岩层面上,得到了点阵的三维坐标。

图 6-28　AutoCAD 中的点阵

图 6-29　Arcgis 中的 tingrid 和点阵

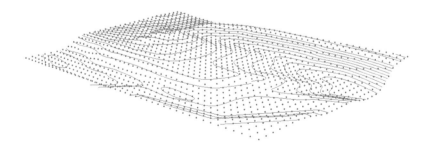

图 6-30　新生成的点 shape

将点阵的三维坐标整理成 ANSYS 软件可读的 apdl 语言,格式如下:

```
/ PREP7
ET,1,SOLID45
k,1,-1970 ,-2630 ,1603.8361
k,2,-1770 ,-2630 ,1597.6807
k,3,-1570 ,-2630 ,1627.4945
```

(4) ANSYS 实体模型的生成。将每个岩层面的 apdl 语句输入 ANSYS 当中,运用柱体建模技术,形成 ANSYS 实体模型。柱体建模技术的 apdl 语句如下:

```
* DO,K,0
* DO,I,1,31,1
KSEL,,,,
1000 * K + 46 * I - 45,
1000 * K + 46 * I,1
SPLINE,ALL
* ENDDO
* ENDDO
```

创建 VOLUME 的语句示例:

```
* DO,K,0
* DO,I,0,29,1
* DO,J,1,45,1
V,1000 * K + 46 * I + J,
1000 * K + 46 * I + J + 1,
1000 * K + 46 * I + J + 47,
1000 * K + 46 * I + J + 46,
1000 * K + 46 * I + J + 1000,
1000 * K + 46 * I + J + 1001,
1000 * K + 46 * I + J + 1047,
1000 * K + 46 * I + J + 1046
  * ENDDO
  * ENDDO
  * ENDDO
```

(5) 数值模型的生成。在 ANSYS 中,对实体模型进行单元划分,之后利用郑文棠教授编写的 ANSYS to FLAC[3D]接口程序,将 ANSYS 实体模型转换成 FLAC[3D]模型,完成红庆河煤矿的数值建模,如图 6-31 所示。

6.3.2 矿区区域地应力场反演分析方法

地应力实测值是在岩体中通过应力解除等方法现场测试获得的,由于客观条件和经费的限制,在研究范围内不可能实测较多的地应力值,欲知整个研究范围内各点的应力状态(大小、方向和变化趋势),需要将有限的实测地应力值推演到整个研究区域中去。因此,提出了如何利用有限测点值去反演整个研究区域的地应力场的问题。考虑到研究区域的内部

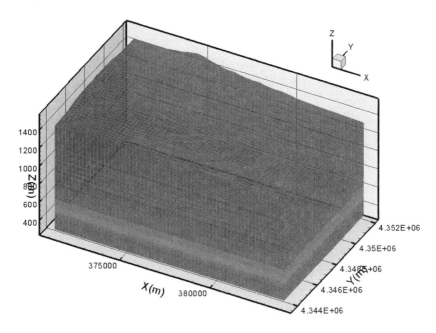

图 6-31　红庆河煤矿数值计算模型

应力和边界荷载的数学力学关系,可以推理如能获得岩体内部各点不同工况的应力信息,则可反演得到整个研究区域内初始应力场各点的应力大小和方向。目前工程领域应用较多、发展较成熟的做法之一是依据现场实测资料,利用有限元、有限差分等数值软件,采用多元线性回归方法来反演计算整个研究区域的初始地应力场。

多元回归分析是一种研究变量之间相关关系的数理统计方法,通过因素分析,找出最优的数学表达式来反映自变量和因变量之间的关系。

在工程区域地应力的研究当中,地应力的影响因素主要有以下几类:① 坐标位置(不同的地点、不同的高程具有不同的地应力);② 地形地貌;③ 岩体的力学特性,通过岩体的弹性模量、泊松比、密度等体现,岩体的非均质性决定了岩体的力学参数在地下各点不尽相同,可通过岩体等效参数来处理;④ 重力;⑤ 地质构造作用;⑥ 温度;⑦ 渗流作用;⑧ 其他。

我们可以考虑将研究区域中任一点的地应力值作为因变量 σ,将上述地应力的影响因素作为自变量 x(共有 p 个,分别记为 $x_1,x_2,x_3,\cdots,x_p$),从而假定研究区域中任一点的地应力 σ 存在下列函数:

$$\sigma = f(x,y,z,E,\mu,\rho,\Delta,U,V,W,T,\cdots) \tag{6-13}$$

式中,σ 为研究区域中任一点的地应力值;x,y,z 为坐标位置;E,μ,ρ 为岩体的弹性模量、泊松比和密度;Δ 为岩体自重;U,V,W 为地质构造因素;T 为温度。在各因素作用下,使研究区域内产生 $\sigma_\Delta,\sigma_U,\sigma_V,\sigma_W,\cdots$,并称为基本计算地应力值。将基本计算地应力值乘以回归系数即为实际地应力值。

在回归分析和数值计算中,对于上述各影响因素可以分别进行处理,即岩体自重的影响可以通过施加重力荷载来模拟;地形地貌因素可以通过构建反映地形地貌的数值计算模型来考虑;岩体的力学特性可在计算中采用不同的岩石物理力学参数来考虑;温度应力场的影响,可将温度应力作为一组独立自变量参与到计算中去;地下渗流场的作用,可用渗透压力和浮托力等指标作为一组独立自变量参与到计算中去;地质构造作用考虑通过在研究计算区域的边界上施加不同的约束和荷载来实现。

地应力场为自重应力场和地质构造运动应力场的叠加,可利用数值软件进行数值模拟计算得到。地质构造运动应力场的数值模拟比较复杂,一般考虑为以下 5 个子构造运动产生的应力场的线性叠加:

① 研究区域左右边界水平挤压构造产生的应力场,通过在计算模型左右边界面上施加法向分布荷载模拟;

② 研究区域前后边界水平挤压构造产生的应力场,通过在计算模型前后边界面上施加法向分布荷载模拟;

③ 研究区域水平面内的剪切变形构造产生的应力场,通过在计算模型边界的 X 面加 Y 方向的切向分布荷载及 Y 面加 X 方向的切向分布荷载模拟;

④ 研究区域左右边界面内垂直剪切变形构造产生的应力场,通过在计算模型边界的左右边界面加竖向的切向分布荷载模拟;

⑤ 研究区域前后边界面内垂直剪切变形构造产生的应力场,通过在计算模型边界的前后边界面加竖向的切向分布荷载模拟。

利用数值计算软件,首先对上述因素单独作用下进行线弹性运算,得到 1 个自重应力场和 5 个子构造应力场的计算结果。其次,提取各个应力场在地应力测点处的 6 个三维计算应力分量。若有 m 个实测点,那么将会产生 $6m$ 组应力分量,将这些应力分量作为多元数学回归模型的计算值。

本书采用 FLAC^{3D} 数值计算软件,分别对自重应力场和构造应力场的各种工况进行模拟计算,并以煤田现场实测地应力值作为应力观测值,利用多元线性回归地应力场反演程序,计算得到最优工况组合和相应的回归系数、回归方程。然后对最优工况组合的应力值进行反演和重构,最终获得研究区域的实际地应力场。

地应力场回归反演过程中自重应力场和地质构造运动应力场可进一步划分为以下 11 个工况进行模拟计算:

① 自重应力场。模型的前后左右和底部 5 个边界面均施加法向位移约束。计算在自重作用下形成的应力场(工况 1)。

② 横向挤压构造应力场。工况 2:模型左侧边界施加单位均布压应力荷载;工况 3:模型左侧边界施加单位三角形分布压应力荷载;工况 4:模型左侧边界施加单位梯形分布压应力荷载。在这 3 种加载模式中模型的其他侧面和底面均施加法向位移约束。

③ 纵向挤压构造应力场。工况 5:模型后侧边界施加单位均布压应力荷载;工况 6:模型后侧边界施加单位三角形分布压应力荷载;工况 7:模型后侧边界施加单位梯形分布压应力荷载。在这 3 种加载模式中模型的其他侧面和底面均施加法向位移约束。

④ 边界面水平方向剪切构造应力场。工况 8:模型左侧和右侧边界分别施加相反方向单位水平剪切构造应力;工况 9:模型前侧和后侧边界分别施加相反方向单位水平剪切构造应力;在这 2 种加载模式中模型的 4 个侧面和底面均施加法向位移约束。

⑤ 边界面竖直方向剪切构造应力场。工况 10:模型左侧和右侧边界分别施加相反方向单位竖向剪切构造应力;工况 11:模型前侧和后侧边界分别施加相反方向单位竖向剪切构造应力;在这 2 种加载模式中模型的 4 个侧面和底面均施加法向位移约束。

11 种工况的描述如表 6-4 所示。

表 6-4　地应力场反演工况设计方案

序号	工况描述	加载位置	应力指向
工况 1	自重应力场	整个计算模型	Z 轴负向
工况 2	单位均布构造应力	模型左侧边界面	X 轴正向
工况 3	单位三角形分布构造应力	模型左侧边界面	X 轴正向
工况 4	单位梯形分布构造应力 （上 1 MPa，下 2 MPa）	模型左侧边界面	X 轴正向
工况 5	单位均布构造应力	模型后侧边界面	Y 轴负向
工况 6	单位三角形分布构造应力	模型后侧边界面	Y 轴负向
工况 7	单位梯形分布构造应力 （上 1 MPa，下 2 MPa）	模型后侧边界面	Y 轴负向
工况 8	相反方向单位水平剪切构造应力	模型左右两侧边界面	Y 轴正负向
工况 9	相反方向单位水平剪切构造应力	模型前后两侧边界面	X 轴正负向
工况 10	相反方向单位竖向剪切构造应力	模型左右两侧边界面	Z 轴正负向
工况 11	相反方向单位竖向剪切构造应力	模型前后两侧边界面	Z 轴正负向

在多元线性回归原理的基础上，由式（6-13）可写出工程研究区域内初始应力场的回归模型为：

$$\sigma_{jk}^0 = C_0 + C_1\sigma_{jk}^1 + C_2\sigma_{jk}^2 + C_3\sigma_{jk}^3 + C_4\sigma_{jk}^4 + C_5\sigma_{jk}^5 + C_6\sigma_{jk}^6 + \varepsilon \qquad (6-14)$$

式（6-14）亦可写成：

$$\sigma_{jk}^0 = C_0 + \sum_{i=1}^{n} C_i\sigma_{jk}^i + \varepsilon \qquad (6-15)$$

式中，σ_{jk}^0 为 k 测点 j 应力分量的初始地应力计算值；C_0、C_1、C_2、C_3、C_4、C_5、C_6 为 7 个待定系数，其中 C_1、C_2、C_3、C_4、C_5、C_6 分别为自重和 5 个子构造运动产生应力分量的待定系数；σ_{jk}^1、σ_{jk}^2、σ_{jk}^3、σ_{jk}^4、σ_{jk}^5、σ_{jk}^6 分别为自重和 5 个子构造运动下的 k 测点 j 应力分量；ε 为模型误差。

上述回归模型存在以下基本假定：

（1）ε 是因变量 σ_{jk}^0 的误差，不存在系统性，为相互独立的随机变量，其数学期望为零，$E(\varepsilon_n) = 0$；

（2）每次现场地应力测试相互独立，地应力测试结果均有相同的精度，即 ε_n 之间的协方差关系式为 $\mathrm{cov}(\varepsilon_i, \varepsilon_j) = \begin{cases} \sigma^2 & i = j \\ 0 & i \neq j \end{cases}$；

（3）ε_n 服从正态分布。

在使用多元线性回归方法反演工程研究区域原始应力场时，式（6-15）即为回归方程，C_i 为回归系数，n 代表自重和构造运动作用的个数（数值计算中也可称为工况）。记第 k 个测点的现场测试地应力 j 分量值为 $\hat{\sigma}_{jk}$，$(j = 1, 2, \cdots, L; k = 1, 2, \cdots, m)$，$m$ 代表现场地应力测量总的测点个数；L 为应力分量的个数，对于三维数值计算问题，$L = 6$。多元线性回归的目标是使 m 组实测值 $\hat{\sigma}_{jk}$ 和数值模拟计算值 σ_{jk}^0 相等，对于每一个基本因素值 σ_{jk}^i，可确定一

个多元线性回归值 σ_{jk}^0，观测值与回归值的偏离程度用现场实测地应力值 $\widehat{\sigma}_{jk}$ 与回归计算值 σ_{jk}^0 之差，即残差 $\varepsilon = \varepsilon_{jk} = \widehat{\sigma}_{jk} - \sigma_{jk}^0$ 表示。则由式(6-15)知第 k 个地应力测点的第 j 个应力分量的实测值与对应测点的计算值残差平方和为：

$$Q = \sum_{k=1}^{m} \sum_{j=1}^{L} (\varepsilon_{jk})^2 = \sum_{k=1}^{m} \sum_{j=1}^{L} \left[\widehat{\sigma}_{jk} - \left(C_0 + \sum_{i=1}^{n} C_i \sigma_{jk}^i \right) \right]^2 \qquad (6-16)$$

采用最小二乘法原理，使残差平方和最小，即式(6-16)对 C_i 取偏导数并令其为零，则：

$$\frac{\partial Q}{\partial C_0} = 0, \frac{\partial Q}{\partial C_1} = 0, \frac{\partial Q}{\partial C_2} = 0, \cdots, \frac{\partial Q}{\partial C_n} = 0 \qquad (6-17)$$

对式(6-17)整理后得多元线性回归的待定系数 C_i 的线性矩阵为：

$$\begin{bmatrix} \sum\limits_{k=1}^{m}\sum\limits_{j=1}^{L}\sigma_{jk}^1 & \sum\limits_{k=1}^{m}\sum\limits_{j=1}^{L}\sigma_{jk}^1\sigma_{jk}^1 & \sum\limits_{k=1}^{m}\sum\limits_{j=1}^{L}\sigma_{jk}^2\sigma_{jk}^1 & \cdots & \sum\limits_{k=1}^{m}\sum\limits_{j=1}^{L}\sigma_{jk}^n\sigma_{jk}^1 \\ \sum\limits_{k=1}^{m}\sum\limits_{j=1}^{L}\sigma_{jk}^2 & \sum\limits_{k=1}^{m}\sum\limits_{j=1}^{L}\sigma_{jk}^1\sigma_{jk}^2 & \sum\limits_{k=1}^{m}\sum\limits_{j=1}^{L}\sigma_{jk}^2\sigma_{jk}^2 & \cdots & \sum\limits_{k=1}^{m}\sum\limits_{j=1}^{L}\sigma_{jk}^n\sigma_{jk}^2 \\ \vdots & \vdots & \vdots & \vdots & \vdots \\ \sum\limits_{k=1}^{m}\sum\limits_{j=1}^{L}\sigma_{jk}^n & \sum\limits_{k=1}^{m}\sum\limits_{j=1}^{L}\sigma_{jk}^1\sigma_{jk}^n & \sum\limits_{k=1}^{m}\sum\limits_{j=1}^{L}\sigma_{jk}^2\sigma_{jk}^n & \cdots & \sum\limits_{k=1}^{m}\sum\limits_{j=1}^{L}\sigma_{jk}^n\sigma_{jk}^n \\ \sum\limits_{k=1}^{m}\sum\limits_{j=1}^{L}1 & \sum\limits_{k=1}^{m}\sum\limits_{j=1}^{L}\sigma_{jk}^1 & \sum\limits_{k=1}^{m}\sum\limits_{j=1}^{L}\sigma_{jk}^2 & \cdots & \sum\limits_{k=1}^{m}\sum\limits_{j=1}^{L}\sigma_{jk}^n \end{bmatrix} \begin{Bmatrix} C_0 \\ C_1 \\ C_2 \\ \vdots \\ C_n \end{Bmatrix} = \begin{Bmatrix} \sum\limits_{k=1}^{m}\sum\limits_{j=1}^{L}\widehat{\sigma}_{jk}\sigma_{jk}^1 \\ \sum\limits_{k=1}^{m}\sum\limits_{j=1}^{L}\widehat{\sigma}_{jk}\sigma_{jk}^2 \\ \vdots \\ \sum\limits_{k=1}^{m}\sum\limits_{j=1}^{L}\widehat{\sigma}_{jk}\sigma_{jk}^n \\ \sum\limits_{k=1}^{m}\sum\limits_{j=1}^{L}\widehat{\sigma}_{jk} \end{Bmatrix}$$

$$(6-18)$$

由此矩阵可求解出待定系数，它的解是唯一的，可以得到 $n+1$ 个待定回归系数 $C = (C_0, C_1, C_2, \cdots, C_n)^T$。根据地应力各基本构造运动和自重作用的(模拟工况)应力回归方程，首先反演工程研究范围内任意点的应力值，其次把这些应力值重构到数值模型当中去，从而得到研究范围内的整体原始地应力场的空间分布规律，如图 6-32 所示。

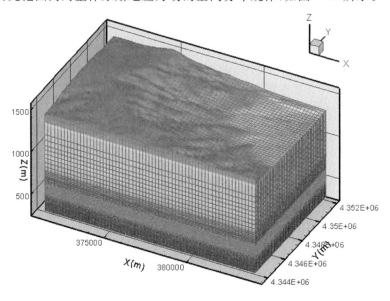

图 6-32　井田数值反演计算结果

7　主井箕斗装载硐室支护设计与监测技术

7.1　主井箕斗装载硐室工程地质条件及支护设计

7.1.1　工程地质条件

本矿井一水平服务年限为 35.2 a,时间较长,主井两对箕斗为"一"字形布置,采用集中布置装载硐室,井下运输系统简单,便于管理;经过主井井筒检查孔资料分析、确定的冻结深度(原则上冻结深度位于 3 煤底板基岩中)以及考虑二、三水平延伸方便,采用全下放装载方式。

红庆河煤矿主井箕斗装载硐室为单侧式布置,设计长度 9.50 m,毛硐高度 25.10 m,分上下两部分:上部机头硐室净宽 8.53 m,净高 5.00 m;下部箕斗装载硐室净宽 7.03 m,净高 16.90 m。围岩岩性包括:细粒砂岩、粉砂岩、砂质泥岩、泥岩、煤等。各岩性的物理力学特性如下:

(1)细粒砂岩

真密度 2 584~2 674 kg/m³,平均 2 641 kg/m³;视密度 2 112~2 270 kg/m³,平均 2 178 kg/m³;含水率 0.54%~6.80%,平均 2.27%;孔隙率 14.08%~20.49%,平均 17.52%;内摩擦角 32°20′~40°23′,平均 36°30′;黏聚力 1.80~6.20 MPa,平均 3.65 MPa;普氏系数 1.42~2.54,平均 1.81;自然状态下抗压强度为 13.90~24.90 MPa,平均 17.70 MPa;弹性模量(0.330~0.966)×10⁴ MPa,平均 0.535×10⁴ MPa;软化系数 0.26~0.93,平均0.48;泊松比 0.11~0.20,平均 0.15。

(2)粉砂岩

真密度 2 592~2 706 kg/m³,平均 2 643 kg/m³;视密度 2 270~2 423 kg/m³,平均 2 349 kg/m³;含水率 0.24%~2.96%,平均 1.68%;孔隙率 10.33%~13.09%,平均 11.43%;内摩擦角 30°55′~37°02′,平均 33°50′;黏聚力 4.40~7.80 MPa,平均 6.10 MPa;普氏系数 2.14~4.35,平均 3.23;自然状态下抗压强度为 21.00~42.70 MPa,平均 31.68 MPa;弹性模量(0.49~2.02)×10⁴ MPa,平均 1.19×10⁴ MPa;软化系数 0.08~0.89,平均 0.45;泊松比 0.11~0.33,平均 0.18。

(3)砂质泥岩

真密度 2 524~2 656 kg/m³,平均 2 579 kg/m³;视密度 2 295~2 476 kg/m³,平均 2 409 kg/m³;含水率 1.27%~2.84%,平均 2.06%;孔隙率 4.44%~12.65%,平均 7.78%;内摩擦角 27°25′~32°26′,平均 29°44′;黏聚力 4.70~9.50 MPa,平均 6.73 MPa;普氏系数 2.06~4.87,平均 3.45;自然状态下抗压强度为 20.20~47.80 MPa,平均 28.16 MPa;弹性模量(0.945~1.110)×10⁴ MPa,平均 1.010×10⁴ MPa,软化系数 0.09~0.97,平均 0.60;泊松比 0.09~0.22,平均 0.15。

（4）泥岩

真密度 2 566～2 688 kg/m³，平均 2 627 kg/m³；视密度 2 343～2 406 kg/m³，平均 2 375 kg/m³；含水率 1.76%～4.42%，平均 3.09%；孔隙率 8.69%～10.49%，平均 9.59%；内摩擦角 32°16′～33°58′，平均 33°07′；黏聚力 3.90～5.10 MPa，平均 4.50 MPa；普氏系数 3.46～4.23，平均 4.00；自然状态下抗压强度为 33.90～49.10 MPa，平均 41.50 MPa；弹性模量 $(1.10～1.31)×10^4$ MPa，平均 $1.21×10^4$ MPa；软化系数 0.37～0.58，平均 0.48；泊松比 0.22～0.26，平均 0.24。

（5）煤

自然状态下抗压强度为 7.02～16.30 MPa，平均 11.16 MPa；普氏系数 0.86～1.66，平均 1.17。

7.1.2 支护设计

箕斗装载硐室设计主要依据：2008 年内蒙古煤炭建设工程（集团）总公司提供的"井筒检查钻孔勘探报告及主检孔工程地质综合柱状图"、《煤矿立井井筒及硐室设计规范》（GB 50384）、《混凝土结构设计规范》（GB 50010）。由于箕斗装载硐室主要处于较为软弱的岩层中，设计采用复合支护方式。先采用锚网索喷进行一次支护，再采用钢筋混凝土砌碹进行二次支护。

（1）锚网喷索支护参数：

① 锚杆杆体为螺纹钢筋，其屈服强度≥335 MPa、抗拉强度≥380 MPa，锚固力≥80 kN；锚杆外露 100 mm，布置方式为菱形布置，间排距 1 000 mm×1 000 mm；托盘选用 Q235 型钢，规格 150 mm×150 mm×8 mm；各断面顶板、帮部锚杆型号 ϕ22 mm× 2 500 mm；树脂锚固剂型号 MSCK23/80，锚杆采用端头锚固方式，每根锚杆配 1 根锚固剂。

② 锚索规格为 ϕ15.24 mm×10 000 mm 钢绞线，抗拉强度 1 860 MPa，锚固力 ≥150 kN，锚索外露 150 mm，间排距 3 000 mm×3 000 mm；托盘采用 Q235 钢，规格 280 mm×280 mm×20 mm；每根锚索采用两卷树脂锚固剂锚固，孔底的一卷为 MSK2350 型，另一卷为 MSZ2380 型。

③ 钢筋网采用 ϕ6 mm 钢筋焊接，网格间排距 100 mm×100 mm。

④ 喷射混凝土厚度 100 mm，喷射混凝土强度等级为 C20。

（2）钢筋混凝土砌碹厚度 1 200 mm，混凝土强度等级均为 C70。

7.2 主井箕斗装载硐室数值模拟

7.2.1 模型建立与参数选取

（1）模型建立

FLAC³ᴰ计算模型范围的选取直接关系到计算结果的正确与否，模型范围太大，白白耗费了计算机算力资源，模型范围太小，计算结果失真，不能给实际工程指导性的意见，因此合理的选择计算模型的范围至关重要。根据岩石力学原理，开挖后的应力影响范围约为开挖宽度的 3～5 倍，根据设计可知，箕斗装载硐室长×宽×高＝11.28 m×9.5 m×23.8 m，故整个模型设计尺寸为 49.5 m×44.5 m×59.4 m，如图 7-1 所示。

计算模型的尺寸一旦确定，计算网格的数目也相应确定，程序中为了减少因网格划分引

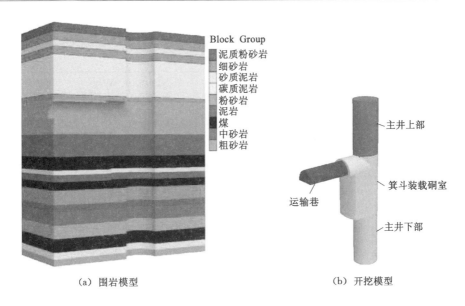

Block Group
泥质粉砂岩
细砂岩
砂质泥岩
碳质泥岩
粉砂岩
泥岩
煤
中砂岩
粗砂岩

（a）围岩模型　　　　　　　（b）开挖模型

图 7-1　箕斗装载硐室模型

起的误差,网格的长宽比应不大于 5,对于重点研究区域可以进行网格加密处理,远离巷道区域的单元尺寸接近 1 m 左右,接近巷道区域和巷道开挖区域的尺寸为 0.2 m,模型一共划分为 381 094 个单元和 367 523 个节点,如图 7-2 所示,整个模型从上到下依次为泥质粉砂岩、细砂岩、砂质泥岩、碳质泥岩、粉砂岩、泥岩、煤、中砂岩、粗砂岩。顶板围岩为细砂岩和碳质泥岩,底板围岩为细砂岩和泥岩,穿越岩层分别为粉砂岩、泥岩、煤、砂质泥岩。模型 X 边界限制 X 方向位移,模型 Y 边界限制 Y 方向位移,模型底板限制各个方向的位移,模型顶部限制水平方向的位移。

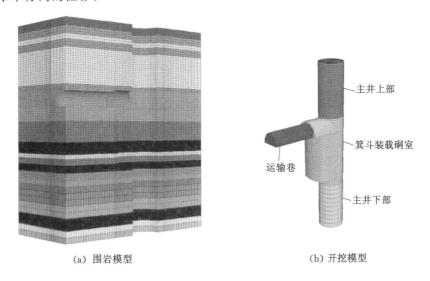

（a）围岩模型　　　　　　　（b）开挖模型

图 7-2　箕斗装载硐室模型网格划分图

由《内蒙古东胜煤田红庆河井田水压致裂地应力测量分析报告》可知,箕斗装载硐室地应力以水平地应力为主,分别选取 650 m、691 m、718 m 的地应力测试数据,如表 7-1 所示。

表 7-1 地应力测试数据

埋深/m	最大主应力值/MPa	中间主应力值/MPa	最小主应力值/MPa	破裂方位/(°)
650	20.86	18.61	14.95	
691	20.84	20.66	15.89	51°
718	24.21	21.40	16.51	
均值	21.97	20.22	15.78	51°

(2)围岩本构模型的选取及赋值

岩土本构关系是指通过一些试验测试少量的岩、土体弹塑性应力-应变关系曲线,然后再通过岩土塑性理论及某些必要的补充条件假设,将这些试验结果推广到复杂应力、组合状态上去以求取应力-应变的普遍关系。将这种应力-应变关系以数学表达式表达,即称为岩土体本构模型。岩土材料的多样性及其力学特性的差异性,使得人们无法采用统一的本构模型来表达其在外力作用下的力学响应特性,因而开发出了多种岩土本构模型。FLAC^{3D}中提供了 11 种模拟材料的本构模型,被分成空、弹性和塑性 3 个组,如表 7-2 所示。

表 7-2 FLAC^{3D}基本本构模型

组名	模型名	材料描绘	适用情况
空组	空模型	空	后阶段开挖或孔
弹性模型组	各向同性弹性模型	均匀的、各向同性的连续体,线性应力应变行为	强度极限内的人造材料(如钢);保险级计算
	正交各向异性模型	正交各向异性材料	强度极限内玄武岩
	横向同性弹性模量	成层状、弹性各向异性(如板岩)	强度极限内层状材料
塑性模型组	德鲁克-普拉格模型	有限应用,低摩擦角的黏土	与其他模型进行比照
	莫尔-库仑模型	松散胶结的颗粒材料;土壤、岩石、混凝土	普通土壤和岩石的力学行为(如边坡稳定和地下开挖)
	多节理模型	强度表现为各向异性的层状材料(如板岩)	层状地层开挖
	应变硬化/软化模型	表现为非线性硬化或软化的粒状材料	后破坏研究(如逐级塌陷、可缩性柱、崩落开采)
	双线性应变硬化/软化节理模型	表现为非线性硬化或软化的层状材料	层状材料的后破坏研究
	D-Y 模型	不可逆压缩转为胶结的颗粒状材料	水力充填
	修正剑桥模型	变形能力和抗剪强度随体积变化而变化的材料	黏土中的土工构件

根据岩石力学理论的分析,并结合主检孔和副检孔的测试结果与相关科研报告,确定本

次数值分析采用莫尔-库仑本构关系,其物理力学参数如表 7-3 所示。

表 7-3　围岩物理力学参数

岩　性	密度/(kg/m³)	弹性模量/GPa	泊松比	黏聚力/MPa	内摩擦角/(°)	抗拉强度/MPa
粗砂岩	2 450	9.30	0.24	2.39	36.3	1.15
中砂岩	2 550	11.20	0.23	2.41	37.1	1.25
细砂岩	2 640	18.37	0.12	2.60	38.1	1.50
粉砂岩	2 637	7.67	0.21	2.50	37.2	1.20
泥岩	2 230	2.68	0.24	1.80	34.3	1.09
碳质泥岩	2 030	2.38	0.26	1.70	33.7	0.88
砂质泥岩	2 400	5.43	0.22	2.20	35.3	1.40
煤	1 460	2.83	0.18	2.10	28.6	1.00
泥质粉砂岩	2 430	8.51	0.15	2.80	37.3	1.50

（3）支护模型建立

结合箕斗装载硐室设计,选定锚杆和锚索主要参数如表 7-4 所示,钢筋混凝土衬砌主要参数如表 7-5 所示。

表 7-4　锚杆、锚索主要参数

名称	材料	尺寸/mm	间排距/mm	破断荷载/kN	预应力/kN
锚杆	螺纹钢筋	φ22×2 500	1 000×1 000	144	60
锚索	钢绞线	φ15.24×10 000	3 000×3 000	260	120

表 7-5　钢筋混凝土衬砌参数

名称	混凝土等级	厚度/mm
喷射混凝土	C20	100
钢筋混凝土砌碹	C70	1 200

7.2.2　箕斗装载硐室稳定性分析

结合箕斗装载硐室施工组织设计,对以下 4 个开挖过程分别进行稳定性分析:硐室上部主井开挖支护、硐室开挖支护、硐室下部主井开挖支护、运输巷开挖支护即永久支护。结合箕斗装载硐室设计,规定面向运输巷,左右两侧面积较大的两帮为硐室左侧壁和右侧壁,靠近运输巷道的弧壁为硐室端壁,主井侧半圆壁为主井侧壁,半圆顶部为硐室顶板,底部为硐室底板。对主井井壁采用同样方法,运输巷道侧井壁为前侧井壁,其他为左侧、右侧、后侧井壁。

7.2.2.1　硐室上部主井施工稳定性分析

（1）围岩的稳定性分析

主井围岩位移云图如图 7-3 所示,硐室上部主井左右两侧井筒壁距离箕斗装载硐室顶板 5～9 m 处围岩变形量较大,表面位移范围为 22.5～23.6 mm,其中,中部最大变形量为

23.6 mm,结合主井围岩综合柱状图分析可知,由于距离箕斗装载硐室顶板3~13 m为砂质泥岩,砂质泥岩属于较为软弱的围岩,力学性质较差,导致这一区域围岩变形量较大,因此需要保证这一段区域的支护强度。

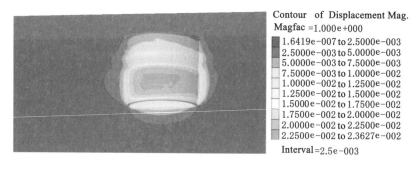

图7-3　主井围岩位移云图

从硐室上部主井围岩最大主应力分布图7-4可知,硐室上部主井开挖后围岩深部区域形成应力集中区,围岩最大主应力极值点位于主井前后两侧壁,距离主井围岩表面距离约为2.8 m,应力极值为33.98 MPa,应力集中系数为1.54,而主井底部围岩浅部最大主应力呈现拉应力,仅为1.42 MPa。从主井围岩的最小主应力云图7-5和塑性区分布图7-6可知,硐室上部主井左右两侧壁围岩底部和主井井底工作面围岩的应力状态较差。主井井底工作

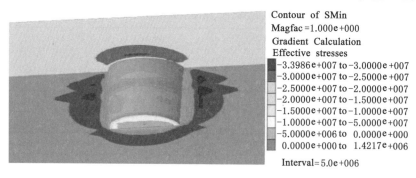

图7-4　主井围岩最大主应力云图

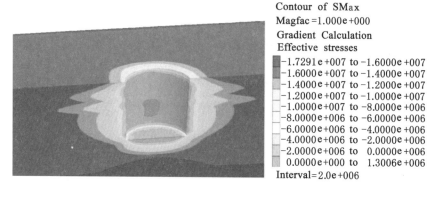

图7-5　主井围岩最小主应力云图

面拉应力区域较大,底板拉应力极值最大,为 1.36 MPa。主井壁围岩主要发生塑性剪切破坏,其中,底板围岩塑性破坏区最大,厚度为 3.6 m,而井壁围岩剪切破坏范围次之,厚度为 2.5 m,而主井井底工作面围岩发生塑性拉伸破坏,拉伸塑性区的厚度约为 0.2 m。

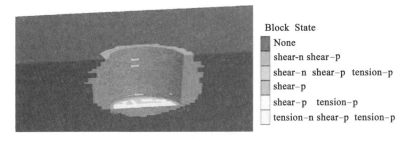

图 7-6 主井围岩塑性区分布

（2）支护结构稳定性分析

从主井井筒法向应力分布图 7-7 可知,井筒法向应力较大区域位于主井壁前侧和左右两侧中下部,距离硐室顶板 5.0~8.5 m,井筒法向应力范围为 2.5~2.8 MPa。从井筒切向应力分布图 7-8 可知,井筒切向应力主要集中在井筒中部和下部,井筒中部切向应力极值为 0.68 MPa,受到边界条件影响,整个井筒切向应力极值位于井筒底部,为 0.85 MPa。

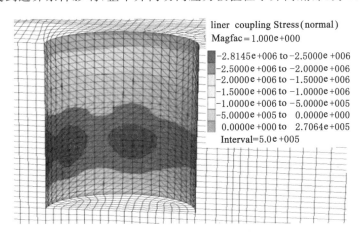

图 7-7 主井井筒法向应力

7.2.2.2 箕斗装载硐室施工稳定性分析

在箕斗装载硐室设置两个监测断面,监测断面 1 和 2 距离硐室顶板分别为 14.0 m 和 19.0 m,距离前帮分别为 3.0 m 和 7.0 m,具体位置如图 7-9 所示,监测断面 1 主要监测硐室顶板、底板、左侧壁、右侧壁、端壁和主井侧壁的位移量,而监测断面 2 主要监测硐室左侧壁、右侧壁、端壁和主井侧壁的位移量。

（1）围岩的稳定性分析

箕斗装载硐室开挖后硐室表面变形破坏,应力集中区向围岩深部转移,围岩表面位移量呈线性增加,硐室左右侧壁监测点位移速度明显大于硐室其他部位监测点。由图 7-10 可知,施加支护后围岩变形量明显降低,并逐渐趋于稳定。硐室围岩变形稳定后,监测断面 1

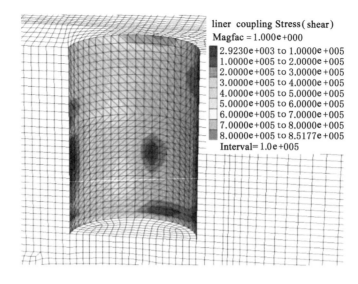

图 7-8　主井井筒切向应力

和 2 的两帮监测点变形量较大,分别为 52.7 mm 和 53.8 mm,顶板监测点下沉量明显小于底板监测点鼓起量,顶板位移量为 12.2 mm,底板位移量为 25.4 mm。箕斗装载硐室围岩位移云图如图 7-11 所示,箕斗装载硐室左右侧壁区域变形明显大于其他区域,其中,右帮的最大变形量为 60.7 mm,位移极值点与硐室顶板和前帮的距离分别为 14 m 和 6 m。距离顶板 10～22 m 的左右侧壁围岩和距离顶板 14.5～18 m 主井侧壁围岩变形量较大,位移量范围为 50～60.7 mm,结合箕斗装载硐室围岩柱状图分析可知,由于箕斗装载硐室两帮围岩距离顶板 15 m 以下为煤、泥岩、砂质泥岩等软岩,是造成主井箕斗装载硐室左右侧壁中下部围岩变形程度较大的主要原因。

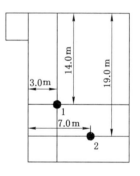

图 7-9　监测断面位置图

　　箕斗装载硐室开挖后在箕斗装载硐室上部围岩和上部主井围岩深部区域形成较为明显的应力集中区,从围岩应力分布图 7-12 可知,围岩最大主应力极值点位于箕斗装载硐室主井侧壁,距离主井井壁距离约为 2.3 m,应力极值为 39.94 MPa,应力集中系数为 1.82,而硐室左右侧壁中下部围岩呈现拉应力,拉应力极值为 2.02 MPa,与箕斗装载硐室顶板为 17 m。

　　从围岩的最小主应力云图图 7-13 和塑性区分布图图 7-14 可知,箕斗装载硐室与主井交叉处、箕斗装载硐室左右侧壁中下部和底板围岩应力状态较差,塑性区较为明显。硐室左右两帮下部最小主应力为拉应力区域,拉应力极值为 1.44 MPa。箕斗装载硐室围岩主要发生塑性剪切破坏,其中,硐室左右侧壁围岩剪切破坏范围较大,均在 6 m 左右,距离顶板 14 m 剪切塑性区厚度最大,为 7.55 m,硐室端壁、主井侧壁围岩剪切破坏范围平均在 5 m 左右,距离顶板 15 m 前帮剪切塑性区厚度最大,为 6.53 m,箕斗装载硐室和主井交叉口处塑性区最大厚度为 4.6 m,而底板围岩塑性破坏区较小,最大厚度为 1.4 m。硐室左右侧壁中部还发生范围较大、较为明显的拉伸破坏,拉伸塑性区的厚度约为 0.4 m。由于围岩塑性区厚度较大,需要保证这些区域支护强度。

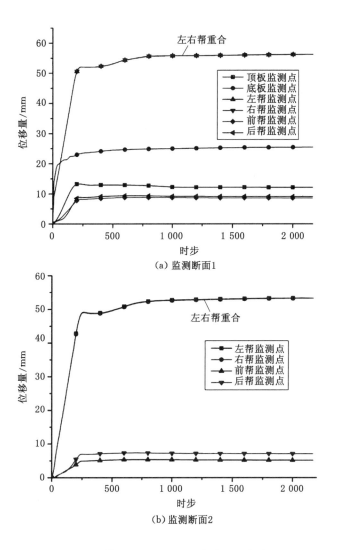

（a）监测断面1

（b）监测断面2

图 7-10 箕斗装载硐室围岩位移监测曲线

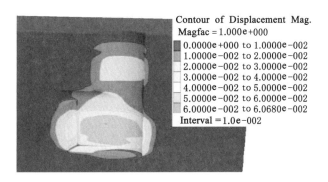

图 7-11 围岩位移云图

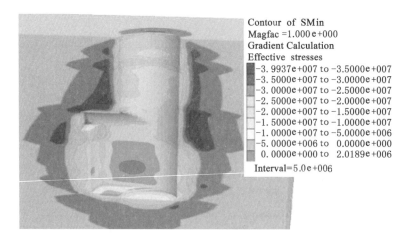

Contour of SMin
Magfac =1.000e+000
Gradient Calculation
Effective stresses
■ -3.9937e+007 to -3.5000e+007
■ -3.5000e+007 to -3.0000e+007
■ -3.0000e+007 to -2.5000e+007
■ -2.5000e+007 to -2.0000e+007
■ -2.0000e+007 to -1.5000e+007
■ -1.5000e+007 to -1.0000e+007
■ -1.0000e+007 to -5.0000e+006
■ -5.0000e+006 to 0.0000e+000
■ 0.0000e+000 to 2.0189e+006
Interval=5.0e+006

图 7-12　围岩最大主应力云图

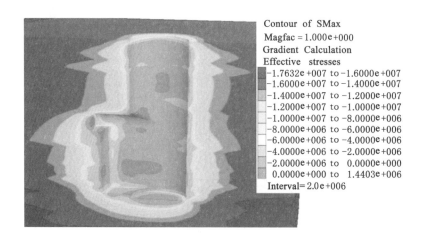

Contour of SMax
Magfac = 1.000e+000
Gradient Calculation
Effective stresses
■ -1.7632e+007 to -1.6000e+007
■ -1.6000e+007 to -1.4000e+007
■ -1.4000e+007 to -1.2000e+007
■ -1.2000e+007 to -1.0000e+007
■ -1.0000e+007 to -8.0000e+006
■ -8.0000e+006 to -6.0000e+006
■ -6.0000e+006 to -4.0000e+006
■ -4.0000e+006 to -2.0000e+006
■ -2.0000e+006 to 0.0000e+000
■ 0.0000e+000 to 1.4403e+006
Interval=2.0e+006

图 7-13　围岩最小主应力云图

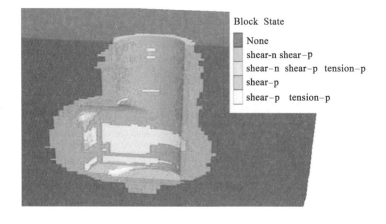

Block State
■ None
■ shear-n shear-p
■ shear-n shear-p tension-p
■ shear-p
■ shear-p tension-p

图 7-14　围岩塑性区分布

（2）支护结构稳定性分析

① 钢筋混凝土砌碹受力分析

从箕斗装载硐室钢筋混凝土砌碹法向应力分布图 7-15 可知,砌碹法向应力主要集中在距离硐室顶板 10～21 m 范围内,其中,法向应力极值位于箕斗装载硐室主井侧壁中下部,距离硐室顶板 13 m 处,为 4.13 MPa。从箕斗装载硐室钢筋混凝土砌碹切向应力分布图 7-16 可知,箕斗装载硐室前帮靠近左右两帮处、硐室顶底部与主井筒的交界处剪应力较为明显,其中,箕斗装载硐室底部与井筒交界处切向应力最大,为 2.27 MPa,而在箕斗硐室前帮距离左右两帮交界 1 m 处剪应力较大,与顶板距离为 5～16 m 处,剪应力范围为 1.44～1.77 MPa,主井上部井筒与箕斗硐室交接处剪应力较大,极值为 1.5 MPa。

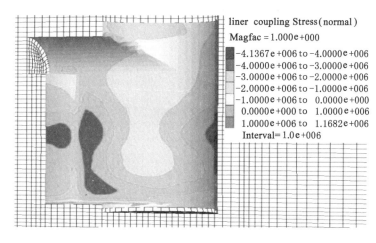

图 7-15   箕斗装载硐室钢筋混凝土砌碹法向应力

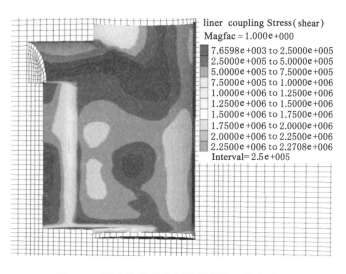

图 7-16   箕斗装载硐室钢筋混凝土切向应力

② 锚杆锚索受力分析

从整体锚杆轴力分布图 7-17 可知,箕斗装载硐室帮部锚杆受力明显大于顶底部锚杆。

箕斗装载硐室顶部锚杆轴力最大值为 40.2 kN,位于硐室顶板中部,向两端逐渐减小。箕斗装载硐室左右两帮帮部锚杆轴力从上向下逐步增加,到距离顶板 16 m 处出现锚杆轴力极值,为 109.8 kN,接近其极限荷载,所以应该保证距离硐室顶板 15 m 至硐室底部的锚杆支护强度。箕斗装载硐室底板锚杆受力最小,锚杆轴力极值仅为 18.5 kN,可在一定程度上降低底板支护强度。

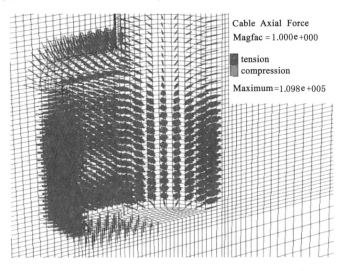

图 7-17　锚杆轴力分布图

　　锚索将顶板深部与巷道浅部岩体相连,能够限制深部围岩离层变形,支护效果较好。从锚索轴力分布图 7-18 可知,箕斗装载硐室侧壁锚索受力大于其顶底板锚索。由于箕斗装载硐室围岩地应力以水平应力为主,从顶部向两帮逐渐增加,其中,在顶板锚索轴力极值为 129.4 kN。侧壁锚索轴力从上往下逐渐增大,从左右帮中部向两侧逐步降低,从距离顶板 9 m 处开始锚索轴力迅速增加为 256.3 kN,再增加至锚索轴力极值 259.4 kN,之后缓慢下降,均接近其极限荷载,所以需要加强左右侧壁中下部锚索支护强度,保证施工质量。

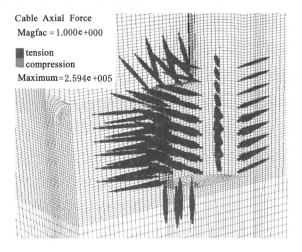

图 7-18　顶板锚索轴力分布图

7.2.2.3 硐室下部主井施工稳定性分析

（1）围岩的稳定性分析

硐室下部主井开挖后围岩表面变形破坏，应力集中区向深部转移，位于硐室底板的煤、砂质泥岩等软岩造成下部主井位移量较大，位移范围为 20～40 mm，如图 7-19 所示。硐室下部主井开挖后对箕斗硐室影响较小，其中，底板监测点位移量有较为明显的增加，增加量不足 2 mm，其他监测点几乎没有增加，如图 7-20 所示。

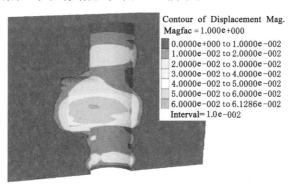

图 7-19　巷道围岩位移云图

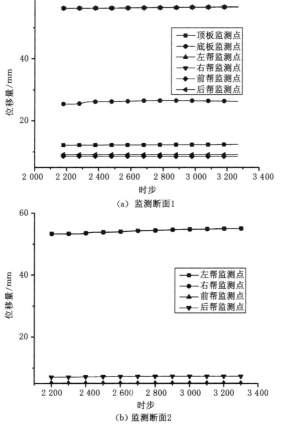

图 7-20　围岩位移监测曲线图

在硐室下部主井围岩深部区域形成较为明显的应力集中区,从围岩应力分布图 7-21 可知,围岩最大主应力极值点位于箕斗装载硐室后帮,与围岩表面距离约为 2.3 m,应力极值为 40.10 MPa,应力集中系数为 1.83,而硐室左右两帮底部围岩呈现拉应力,拉应力极值为 2.10 MPa,距离硐室顶板约为 17 m。硐室下部主井围岩形成的应力集中区距离箕斗装载硐室底板 4 m,距离主井表面 3.4 m,应力极值为 38.6 MPa,应力集中系数为 17.6。

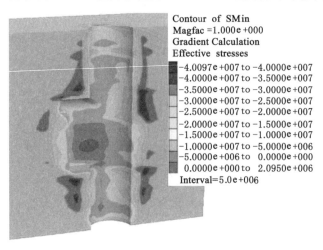

图 7-21　围岩最大主应力云图

从围岩的最小主应力云图 7-22 和塑性区分布图 7-23 可知,箕斗装载硐室与主井交接处、箕斗装载硐室与运输巷交接处、箕斗装载硐室左右侧壁中下区域围岩的应力状态较差,塑性区仍然较为明显。在围岩最小主应力云图中,硐室左右侧壁下部拉应力区域较大,拉应力极值为 1.07 MPa。硐室下部主井围岩主要发生塑性剪切破坏,围岩塑性区厚度为 3.8～4.5 m,硐室下部主井在距离硐室底板 2.5～4.5 m 处主井围岩发生塑性拉伸破坏,拉伸塑性区的厚度约为 0.5 m。

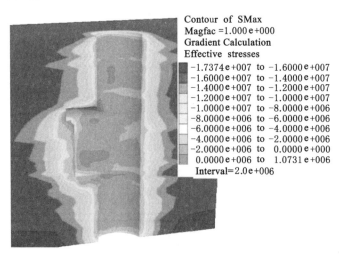

图 7-22　围岩最小主应力云图

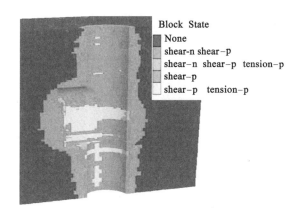

图 7-23　围岩塑性区分布

（2）支护结构稳定性分析

从箕斗装载硐室下部砌碹法向应力分布图 7-24 可知,左侧壁井筒法向应力主要集中在距离硐室底板 3～7 m 和 11～16 m 范围内,法向应力范围为 3.0～3.75 MPa,其中,法向应力极值为 3.75 MPa,位于距离硐室底板 14.5 m 左帮的中部。

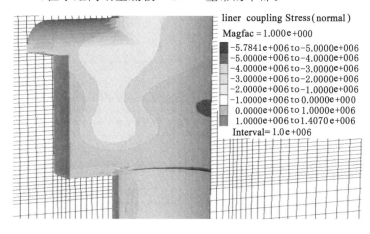

图 7-24　钢筋混凝土砌碹法向应力

从硐室下部主井钢筋混凝土砌碹切向应力分布图 7-25 可知,箕斗装载硐室端壁两侧、底部与硐室下部主井的交界处砌碹剪应力较为明显,其中,箕斗装载硐室底部与井筒交界处砌碹切向应力最大为 2.89 MPa,而在箕斗装载硐室前帮边界处、箕斗装载硐室底板边界处钢筋混凝土砌碹的剪应力较大,剪应力范围为 1.00～2.89 MPa,其中,帮部钢筋混凝土砌碹的切应力极值为 1.85 MPa,距离箕斗装载硐室底板 12 m。

7.2.2.4　运输巷施工后长期稳定性分析

（1）围岩的稳定性分析

运输巷开挖后对箕斗装载硐室表面收敛影响较小,其中,箕斗装载硐室顶板监测点位移量有较为明显的增加,增加量不足 3 mm,其他监测点几乎没有增加,如图 7-26 所示。运输巷开挖后巷道表面变形破坏,应力集中区向深部转移,运输巷顶板和底板位移量较大,处于

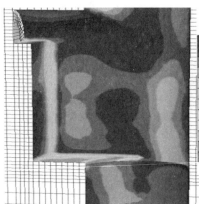

图 7-25　钢筋混凝土砌碹切向应力

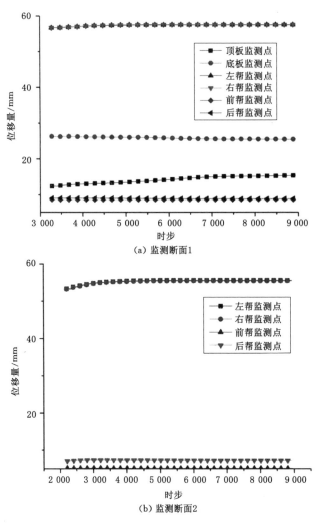

图 7-26　围岩位移监测曲线图

10～20 mm范围内,如图 7-27 所示,运输巷开挖后至最终稳定围岩变形较大的区域主要集中在箕斗装载硐室左右侧壁中部和下部,围岩位移极值为 61.8 mm,位于硐室左右侧壁中部。

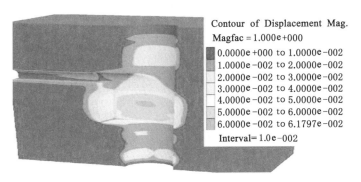

图 7-27　围岩位移云图

在运输巷开挖后巷道围岩深部形成较为明显的应力集中区,从围岩应力分布图 7-28 可知,箕斗装载硐室围岩最大主应力极值点位于箕斗装载硐室端壁和底板围岩处,应力极值为45.93 MPa,应力集中系数为 2.09,距离巷道底板表面距离约为 3.5 m,而运输巷道顶板围岩应力为 40.66 MPa,应力集中系数为 1.8,距离运输巷顶板为 2.0 m。而硐室左、右侧壁底部围岩呈现拉应力,拉应力极值为 2.19 MPa,与箕斗装载硐室顶板距离为 17 m。

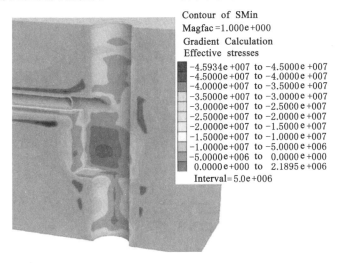

图 7-28　围岩最大主应力云图

从主井围岩的最小主应力云图 7-29 和塑性区分布图 7-30 可知,箕斗装载硐室与主井交接处、箕斗装载硐室与运输巷交接处、箕斗装载硐室帮部中下区域围岩的应力状态较差,塑性区较为明显。硐室左右侧壁中下部、运输巷与箕斗装载硐室交接处围岩拉应力区域较大,拉应力极值为 2.22 MPa。运输巷与箕斗装载硐室交接处呈现拉应力状态,发生塑性拉伸破坏,而底板塑性剪切破坏区域较大,最大深度为 3.5 m。最终稳定后,硐室前帮围岩塑性区有明显扩大,塑性区厚度增加为 7.8 m。硐室下部主井围岩主要发生塑性剪切破坏,主井侧壁围岩塑性区厚度为 3.8～4.5 m,而在距离硐室底板 2.5～4.5 m 处主井围岩发生较为明显的塑性拉伸破坏,拉伸塑性区的厚度约为 0.5 m。

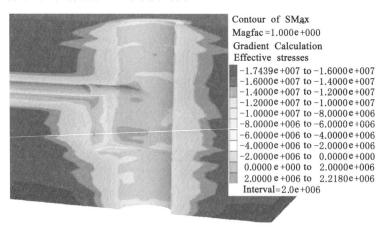

图 7-29　围岩最小主应力云图

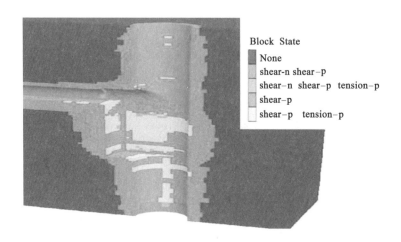

图 7-30　围岩塑性区分布

（2）支护结构稳定性分析

从钢筋混凝土砌碹法向应力云图 7-31 可知,距离箕斗硐室顶板 2～7 m 的硐室上部主井井筒、箕斗装载硐室帮角处和底角处砌碹法向应力较大,应力范围为 4.0～7.6 MPa,其中,运输巷喷射混凝土法向应力主要集中在运输巷底板处,法向应力极值为 0.35 MPa。从钢筋混凝土砌碹切向应力分布图 7-32 可知,箕斗装载硐室端壁两侧、底部与硐室下部主井的交接处砌碹剪应力较为明显,其中,箕斗装载硐室底部与硐室下部主井交接处切向应力最大,为 2.88 MPa,而在箕斗装载硐室帮角、底板边界处钢筋混凝土砌碹的剪应力较大,剪应力范围为 2.00～2.88 MPa。

（3）锚杆锚索受力分析

从整体锚杆轴力分布图 7-33 可知,箕斗装载硐室侧壁锚杆受力明显大于顶底部锚杆。顶部锚杆轴力最大值为 50.7 kN,位于硐室顶板中部,向两端逐渐减小。侧壁锚杆轴力从上向下逐步增加,到距离顶板 16 m 处出现锚杆轴力极值,为 110.5 kN,接近其极限荷载,应该

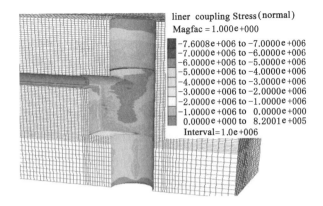

图 7-31 钢筋混凝土砌碹法向应力

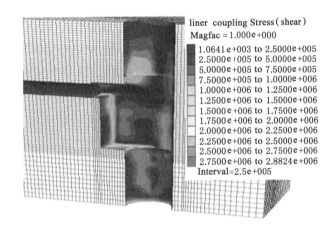

图 7-32 钢筋混凝土砌碹切向应力

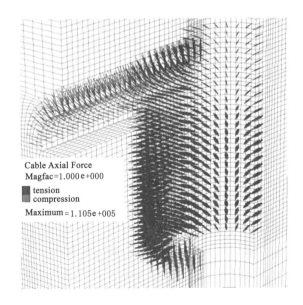

图 7-33 锚杆轴力分布图

保证距离硐室顶板 15 m 至硐室底部的锚杆支护强度。箕斗装载硐室底板锚杆受力最小，锚杆轴力极值仅为 41.7 kN。其中，运输巷锚杆受力偏小，顶板锚杆轴力明显大于帮部锚杆轴力，锚杆轴力极值为 14.48 kN，位于顶板中部。

从锚索轴力分布图 7-34 可知，由于箕斗装载硐室围岩地应力以水平应力为主，导致硐室顶板锚索轴力从顶部向两端逐渐增加，硐室顶板锚索轴力极值为 232.1 kN，位于箕斗硐室顶板两端。从硐室侧壁锚索受力分析可知，侧壁锚索从上往下轴力逐渐增大，其中，端壁锚索受力较其他部位大，从距离顶板 9 m 处端壁锚索轴力已经达到其极限荷载，之后缓慢下降至 257.5 kN，但仍然接近锚索的极限荷载。通过运输巷锚索轴力分析可知，越靠近箕斗装载硐室锚索受力越大，其中，锚索最大轴力为 86.4 kN。

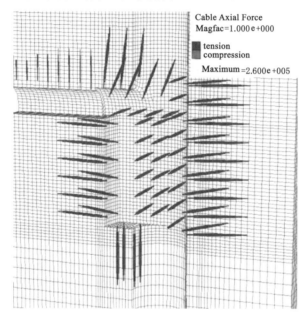

图 7-34　锚索轴力分布图

7.3　箕斗装载硐室矿压监测

7.3.1　监测方案分析

箕斗装载硐室施工后，左、右侧壁中部围岩位移量较大，应力状态较差，塑性区厚度较大，所以需要在左、右侧壁中部设置至少一个监测点，具体位置距离硐室顶板为 14 m 和 19 m，距离前弧壁为 6.5 m，主要监测箕斗装载硐室表面收敛。

由于钢筋混凝土砌碹在硐室侧壁拐角处受力较为明显，需要设置钢筋应力计和混凝土应变计监测钢筋混凝土砌碹应力应变状态，具体是在左右两帮距离顶板 14 m 和 19 m 处设置监测点监测钢筋混凝土砌碹受力。

由于箕斗装载硐室与主井交接处、箕斗装载硐室与运输巷交接处围岩应力状态较差，支护结构特别是钢筋混凝土受力较为明显，因此在箕斗装载硐室与主井交接处及箕斗装载硐室与运输巷交接处设置监测点监测钢筋混凝土砌碹受力状态。

7.3.2 矿压监测设计

7.3.2.1 监测断面选择

结合以上矿压显现分析和现场监测的经验,设置如下监测点,如表7-6和图7-35所示。

表 7-6 矿压监测断面设计参数表

矿压监测断面	与顶板距离/m	监测内容	拟采用监测设备
1	0	钢筋混凝土砌碹受力状态	钢筋应力计、混凝土应变计
3	14	钢筋混凝土砌碹受力状态	钢筋应力计、混凝土应变计
4	19	钢筋混凝土砌碹受力状态	钢筋应力计、混凝土应变计
6	0	钢筋混凝土砌碹受力状态	钢筋应力计、混凝土应变计

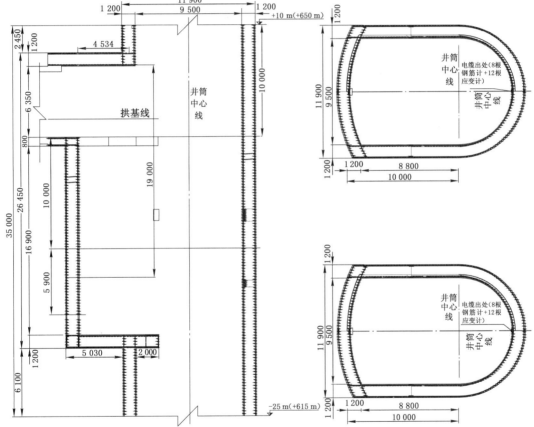

图 7-35　矿压监测断面设计及布线方式

7.3.2.2 监测实施方案

根据施工方案和科研测试工作要求,每一水平监测断面应测试3个方向混凝土应变和内、外圈钢筋受力,每个测点需埋设5个测试仪器(3个混凝土应变计和2个钢筋应力计),每一监测水平最多可能需要4个测点,总计要引出 $4\times5=20$ 条电缆,每根电缆预留长度 $1.5\sim2.0$ m,则估计需要在井壁上预留至少2个 200 mm×200 mm×200 mm 的铁盒子,以备测试电缆的引出。测试时,需协调施工单位安排信号工进行吊桶的信号控制,估计 20 条电缆测试时间为 10～15 min。

7.3.3　现场监测的内容及监测方法

7.3.3.1　监测内容

（1）钢筋应力监测

课题组拟采用 VWR-28 型钢筋应力计对主井装载硐室监测点进行监测,可根据实际情况进行测试仪器位置调整,监测所用仪器如图 7-36 所示。

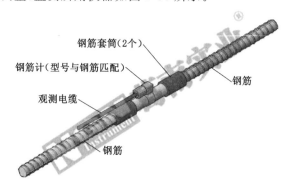

图 7-36　VWR-28 型钢筋应力计及接头连接方法

（2）混凝土应变监测

采用 VWS-10 型混凝土应变计对主井装载硐室监测点进行监测,所用仪器如图 7-37 所示。根据实际情况和以往经验,测试大硐室混凝土应变时需将其固定在绑扎好的钢筋上,浇筑混凝土完成后进行测试。

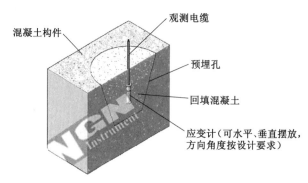

图 7-37　VWS-10 型混凝土应变计及固定方法

（3）锚杆受力监测和锚杆拉拔力测试

采用 MCS-400 型锚杆测力计对主井装载硐室监测点锚杆、锚索进行监测。因主井装载硐室井壁厚度为 1.2 m,所以课题组考虑和厂家联系将锚杆测力计的传感器进行改进,以期能在浇筑混凝土井壁后仍能进行锚杆受力的监测。

锚杆拉拔力测试由矿方、施工单位和监理单位完成,科研单位可以收集相应数据,作为硐室锚杆（索）支护结构稳定性的依据之一。

7.3.3.2　测点布置

　　结合数值模拟的结果,测点布置如图 7-38、图 7-39 和表 7-7 所示,监测频率如表 7-8 所示。

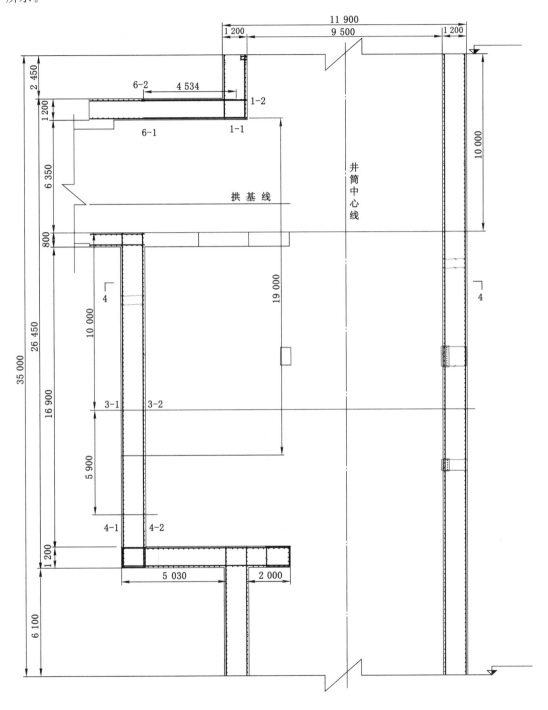

图 7-38　各测点布置立面图

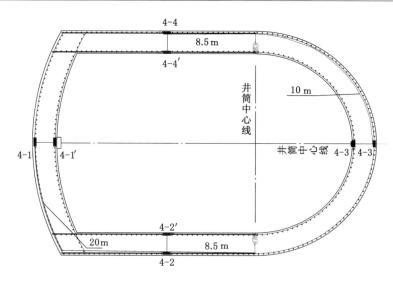

图 7-39 4 断面测点分布图

表 7-7 监测断面设计参数表

安装日期	矿压监测断面	与顶板距离/m	监测内容	拟采用监测设备
2014-09-03	6(6-1、6-2)	运输巷与箕斗装载硐室交接处	钢筋混凝土砌碹受力状态	VWR-28 型钢筋应力计 VWS-10 型混凝土应变计
2014-09-04	1(1-1、1-2) 2(2-1、2-2)	0	钢筋混凝土砌碹受力状态、锚喷结构受力	VWR-28 型钢筋应力计 VWS-10 型混凝土应变计
2014-09-21	3(3-1、3-2、3-3、3-4)	11.5	钢筋混凝土砌碹受力状态	VWR-28 型钢筋应力计 VWS-10 型混凝土应变计
2014-10-12	4(4-1、4-2、4-3、4-4)	19	钢筋混凝土砌碹受力状态	VWR-28 型钢筋应力计 VWS-10 型混凝土应变计

表 7-8 观测频度

序号	项目名称	监测间隔时间			
		1～15 d	15～30 d	1～3 个月	大于 3 个月
1	混凝土应变监测	1 次/d	2 次/周	1 次/周	1～2 次/月
2	围岩收敛监测	1 次/d	2 次/周	1 次/周	1～2 次/月

测试所用仪器及安装、读数如图 7-40 和图 7-41 所示。

于 2014 年 9 月 4 日在主井箕斗装载硐室顶板埋设第一层位测点,设置 1-1、1-2、2-1、2-2 等 4 个测点,总计埋设 VWR-28 型钢筋应力计 4 台、VWS-10 型混凝土应变计 6 台和 MCS-400 型锚杆测力计 2 台。2014 年 9 月 21 日在主井箕斗装载硐室中室埋设第二层位测点,设置 3-1、3-2、3-3、3-4 等 4 个测点,总计埋设 VWR-28 型钢筋应力计 8 台、VWS-10 型混凝土应变计 12 台。2014 年 10 月 12 日在主井箕斗装载硐室中室埋设第三层位测点,设置 4-1、4-2、4-3、4-4 等 4 个测点,总计埋设 VWR-28 型钢筋应力计 8 台、VWS-10 型混凝土应变计 12 台。

图 7-40 VWR-28 型钢筋应力计及测点安装

图 7-41 测点读数

7.3.4 钢筋受力演化特征分析

由于应变计埋设在水工结构物或其他混凝土结构物中,因此假设应变计仅受轴力作用,应力与输出的频率模数呈如下线性关系:

$$\sigma_{\mathrm{m}} = K\Delta F = K(F - F_0) \tag{7-1}$$

式中 σ_{m}——钢筋计的测量值,MPa;

K——应变计的测量灵敏度,$10^{-6}/\mathrm{F}$,其值由钢筋计型号决定;

ΔF——应变计实时测量值相对于基准值的变化量,F;

F——应变计的实时测量值,F;

F_0——应变计的基准值,F。

测点 1 和测点 6 位于装载硐室顶板,测点 1-1 位于装载硐室顶板现浇混凝土靠近硐室临空侧,测点 1-2 位于装载硐室顶板现浇混凝土靠近初次支护一侧。测点 6-1 和测点 6-2 位于装载硐室顶板,距 1 测点水平距离为 4.5 m。

图 7-42～图 7-51 为各测点钢筋计测试结果,其中各图(a)均表示测试仪器所测得的钢筋计频率模数变化规律,各图(b)均表示测试仪器所测得的钢筋计温度变化规律,各图(c)均表示采用式(7-1)所获得的钢筋计应变变化规律。

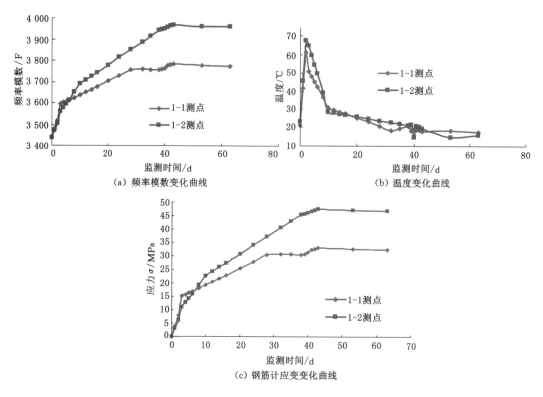

图 7-42 测点 1 钢筋计测试结果曲线

图 7-42 为测点 1-1 和测点 1-2 钢筋计测试结果曲线。图 7-42(a)表明测点 1-1 和测点 1-2 钢筋的频率模数均随着监测时间的增加而增大,且在观测 30 d 左右后,钢筋计的频率模数逐渐趋于平缓,即二次支护初期钢筋受力变化剧烈,待混凝土水化热逐渐稳定,混凝土强度逐渐提高至其最大强度,且二次支护与初次支护相互作用逐渐稳定,钢筋受力逐渐趋于稳定,表现为钢筋计频率模数的逐渐平稳。图 7-42(b)表明测点 1-1 和测点 1-2 钢筋计在刚安设 3 d 之内温度急剧增高,这是由于混凝土浇筑后,1.2 m 厚的混凝土水化热的反应比较剧烈,因此钢筋计的温度急剧升高。待混凝土水化热反应逐渐减弱,钢筋计的温度迅速降低,半个月左右时间温度变化逐渐平稳,逐渐达到稳定状态。图 7-42(c)表明测点 1-1 安装 68 d 后钢筋受力为 32.6 MPa,测点 1-2 安装 68 d 后钢筋受力为 46.9 MPa,测点 1-2 的受力大于测点 1-1,且钢筋受力变化较为剧烈的时间集中在测点安装完成 40 d 之内,安装完成 40 d 后亦即井筒浇筑 40 d 后,钢筋受力趋于稳定,此时井壁结构受力趋于稳定。

图 7-43(a)表明测点 6-1 钢筋的频率模数在安装完前 4 d 变化较大,之后变化平缓。而测点 6-2 钢筋的频率模数在安装完 40 d 内都呈比较明显的增加趋势,40 d 之后趋于稳定。图 7-43(b)表明测点 6-1 和测点 6-2 钢筋计的温度变化与测点 1-1 和 1-2 相同,即在刚安设 3 d 之内,温度急剧增高,而后温度急剧下降,10 d 左右温度变化逐渐平稳,逐渐达到稳定状态。图 7-43(c)表明测点 6-1 安装 68 d 后钢筋受力为 14.9 MPa,测点 6-2 安装 68 d 后钢筋受力为 28.4 MPa,测点 6-2 的受力大于测点 6-1,可以认为井壁外侧的受力要大于井壁内侧。安装完成 40 d 后亦即井筒浇筑 40 d 后,钢筋受力趋于稳定,此时井壁结构受力趋于稳定。

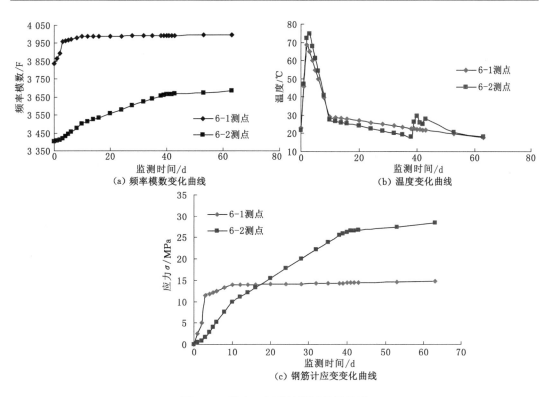

图 7-43   测点 6 钢筋计测试结果曲线

测点 3 与装载硐室顶板距离为 11.5 m,测点 3-1 位于装载硐室端壁一侧中心位置,测点 3-2 和测点 3-4 位于装载硐室侧墙中心位置,测点 3-3 位于主井装载硐室井筒壁侧。

图 7-44～图 7-47 为测点 3 钢筋计的测试结果,其中 3-1、3-2、3-3、3-4 为靠近井筒中心线侧的钢筋计,3-1′、3-2′、3-3′、3-4′为靠近一次支护结构侧的钢筋计。各测点钢筋计读数的变化趋势与测点 1 和测点 6 变化规律相同,只是达到稳定所需的时间不同。即随着钢筋计埋设时间的增长,频率模数呈增长趋势,且初期增长较快,一段时期后增长速率减缓。温度呈现先快速增长后下降,之后逐渐趋于平稳的趋势。钢筋计受力变化趋势与频率模数变化趋势基本相同。值得说明的是,测点 3-2 目前仍处于稳定增长的阶段,需再监测一段时间,观察其数值是否可以稳定以及何时稳定。

测点 4 与装载硐室顶板距离 19 m,测点 4-1 位于装载硐室端壁一侧中心位置,测点 4-2 和测点 4-4 位于装载硐室侧墙中心位置,测点 4-3 位于主井装载硐室井筒壁侧。

图 7-48～图 7-51 为测点 4 钢筋计的测试结果,其中 4-1、4-2、4-3、4-4 为靠近井筒中心线侧的钢筋计,4-1′、4-2′、4-3′、4-4′为靠近一次支护结构侧的钢筋计。各测点钢筋计读数的变化趋势与前述测点变化规律相同,只是由于测点安装时间相对较短(10 月 12 日至 11 月 17 日,总计 37 d),各测点测试结果仍未达到稳定,根据观测任务,课题组将继续对第 4 层位的测点进行观测。

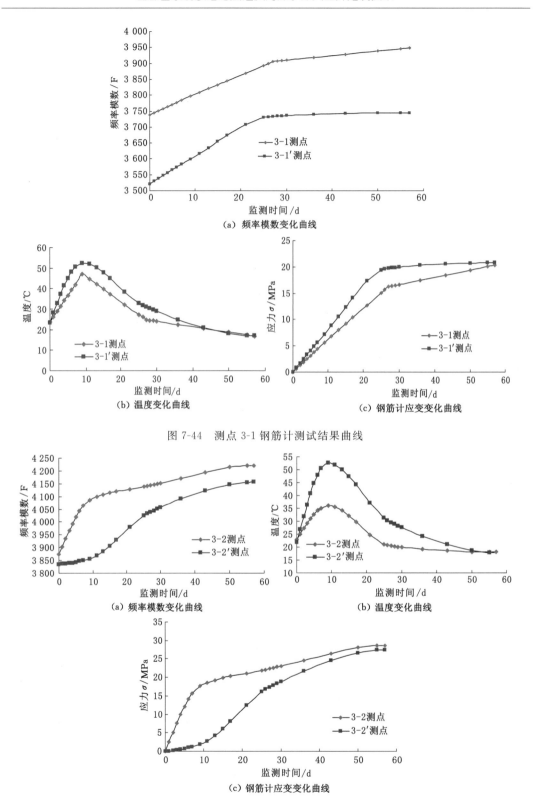

（a）频率模数变化曲线

（b）温度变化曲线

（c）钢筋计应变变化曲线

图 7-44　测点 3-1 钢筋计测试结果曲线

（a）频率模数变化曲线

（b）温度变化曲线

（c）钢筋计应变变化曲线

图 7-45　测点 3-2 钢筋计测试结果曲线

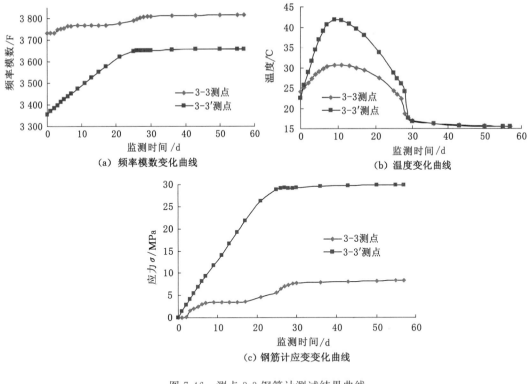

（a）频率模数变化曲线

（b）温度变化曲线

（c）钢筋计应变变化曲线

图 7-46　测点 3-3 钢筋计测试结果曲线

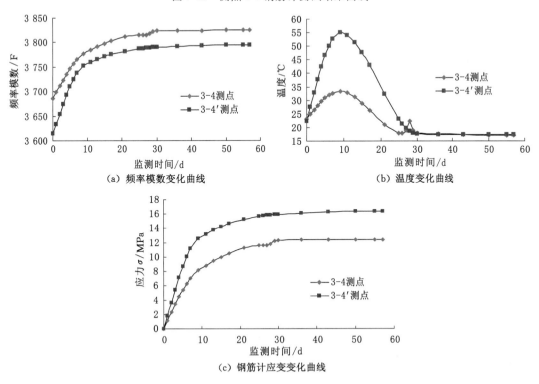

（a）频率模数变化曲线

（b）温度变化曲线

（c）钢筋计应变变化曲线

图 7-47　测点 3-4 钢筋计测试结果曲线

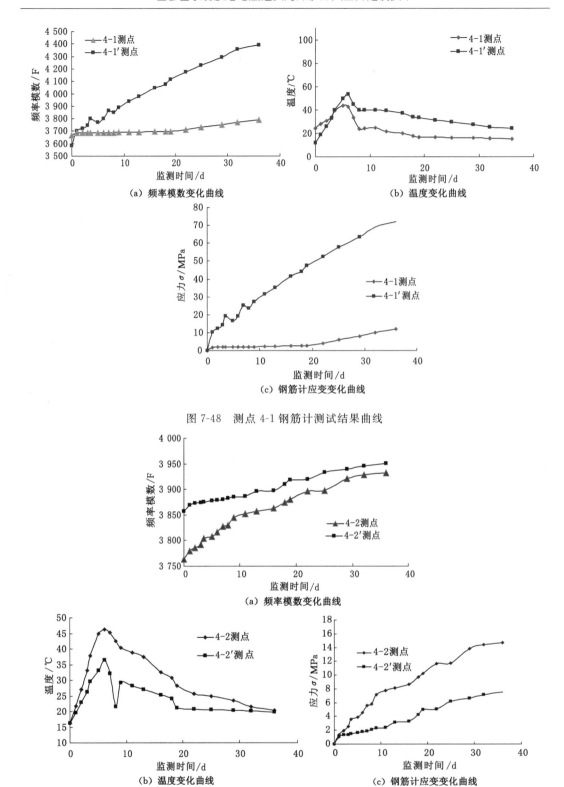

（a）频率模数变化曲线

（b）温度变化曲线

（c）钢筋计应变变化曲线

图 7-48　测点 4-1 钢筋计测试结果曲线

（a）频率模数变化曲线

（b）温度变化曲线

（c）钢筋计应变变化曲线

图 7-49　测点 4-2 钢筋计测试结果曲线

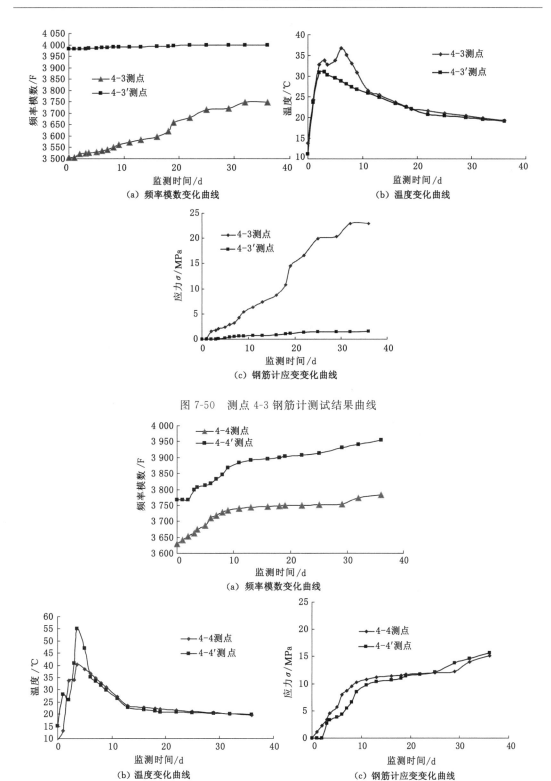

（a）频率模数变化曲线

（b）温度变化曲线

（c）钢筋计应变变化曲线

图 7-50 测点 4-3 钢筋计测试结果曲线

（a）频率模数变化曲线

（b）温度变化曲线

（c）钢筋计应变变化曲线

图 7-51 测点 4-4 钢筋计测试结果曲线

7.3.5　混凝土应变演化特征分析

由于应变计埋设在水工结构物或其他混凝土结构物中,计算混凝土应变时要同时考虑变形和温度的双重作用。具体计算公式为:

$$\varepsilon_\mathrm{m} = K\Delta F + b'\Delta T = K(F - F_0) + (b - a)(T - T_0) \tag{7-2}$$

式中　ε_m——被测结构物的应变量,10^{-6};

　　　a——被测结构物的线膨胀系数,$10^{-6}/℃$;

　　　K——应变计的测量灵敏度,$10^{-6}/F$;

　　　ΔF——应变计实时测量值相对于基准值的变化量,F;

　　　F——应变计的实时测量值,F;

　　　F_0——应变计的基准值,F;

　　　b——应变计的温度修正系数,$10^{-6}/℃$;

　　　ΔT——温度实时测量值相对于基准值的变化量,℃;

　　　T——温度的实时测量值,℃;

　　　T_0——温度的基准值,℃。

其中:K、b 均为常数,其值由混凝土应变计出厂时编号决定。

混凝土应变各测点的安装位置与钢筋计各测点安装位置大致相同,规定 X 方向为指向井筒中心线的方向,即井筒径向;Y 方向为沿井筒圆弧方向,即井筒切向;Z 方向为竖直方向,即井筒竖直方向。

图 7-52(a)表明测点 1 混凝土应变计的频率模数均随着监测时间的增加而增大,且前期变化较快,之后逐渐平稳。即二次支护初期钢筋受力变化剧烈,待混凝土水化热逐渐稳定,混凝土强度逐渐提高至其最大强度,且二次支护与初次支护相互作用逐渐稳定,钢筋受力逐渐趋于稳定,表现为混凝土应变计频率模数的逐渐平稳。图 7-52(b)表明测点 1 在安设 6 d 之内,温度急剧增高,这是由于混凝土浇筑后,1.2 m 厚的混凝土水化热的反应比较剧烈,因

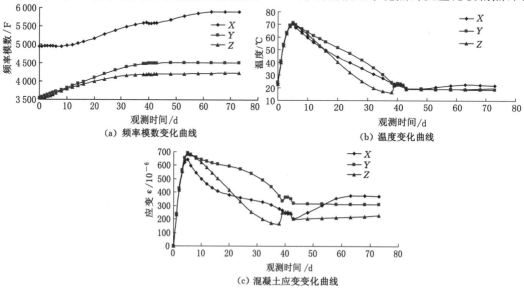

图 7-52　测点 1 测试结果曲线

此浇筑后,混凝土应变计的温度急剧升高。待混凝土水化热反应逐渐减弱,温度迅速降低,至观测 40 d 左右,温度变化逐渐平稳,逐渐达到稳定状态。图 7-52(c)表明测点 1 的混凝土应变变化趋势与温度变化趋势大致相同。测点 1 安装 73 d 后,现浇混凝土 X 方向应变为 371.2×10^{-6},Y 方向应变为 311.7×10^{-6},Z 方向应变为 228.8×10^{-6},即测点 1 井壁径向受力大于环向受力和轴向受力。

图 7-53 表明,测点 6 混凝土应变计的频率模数、温度和应变变化规律与测点 1 相同,仅是达到稳定的时间不同。测点 6 混凝土应变在安装 35～42 d 的时间内出现了较为明显的波动,可能是由于施工扰动所致或测试仪器不稳定所致,但其后数值逐渐平滑、稳定,混凝土稳定时间大约在 45 d。图 7-53(c)表明,测点 6 安装 73 d 后现浇混凝土 X 方向应变为 242.9×10^{-6},Z 方向应变为 247.4×10^{-6}。即测点 6 井壁径向受力小于轴向受力。

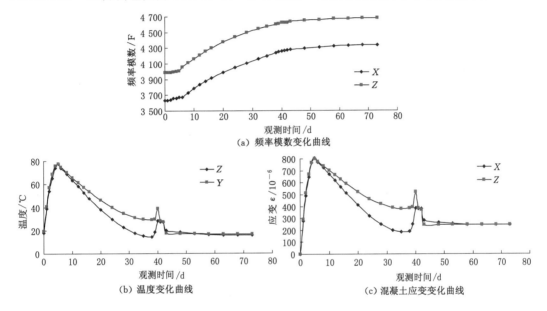

(a) 频率模数变化曲线

(b) 温度变化曲线

(c) 混凝土应变变化曲线

图 7-53 测点 6 测试结果曲线

图 7-54～图 7-57 表明第 3 层位测点的混凝土应变计的频率模数、温度和应变变化规律与前述测点相同,仅是达到稳定的时间不同。第 3 层位测点安装 57 d 后,3-1 位置现浇混凝土 X 方向应变为 58.5×10^{-6},Y 方向应变为 44.1×10^{-6},Z 方向应变为 14.9×10^{-6}。即测点 3-1 井壁径向受力大于切向受力和轴向受力。3-2 位置现浇混凝土 X 方向应变为 170.5×10^{-6},Y 方向应变为 186.6×10^{-6},Z 方向应变为 465.9×10^{-6}。即测点 3-2 井壁径向受力小于切向受力,远远小于轴向受力。3-3 位置现浇混凝土 X 方向应变为 233.8×10^{-6},Y 方向应变为 63.0×10^{-6},Z 方向应变为 124.9×10^{-6}。即测点 3-3 井壁径向受力大于轴向受力和切向受力。3-4 位置现浇混凝土 X 方向应变为 220.9×10^{-6},Y 方向应变为 265.2×10^{-6},Z 方向应变为 118.0×10^{-6}。即测点 3-4 井壁径向受力小于切向受力,大于轴向受力。

图 7-58～图 7-61 表明第 4 层位测点的混凝土应变计的频率模数、温度和应变变化规律与前述测点相同,仅是达到稳定的时间不同。第 4 层位测点安装 36 d 后,4-1 位置现浇混凝土 X 方向应变为 292.9×10^{-6},Y 方向应变为 152.2×10^{-6},Z 方向应变为 152.5×10^{-6}。

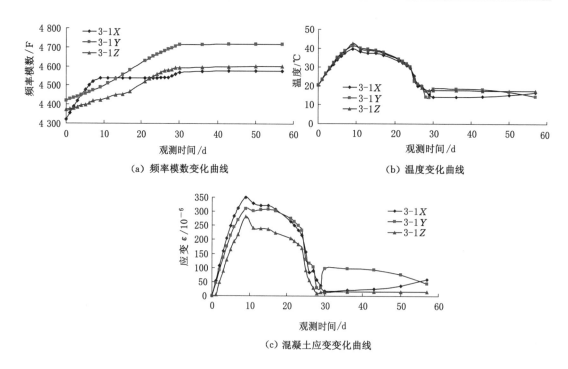

(a) 频率模数变化曲线

(b) 温度变化曲线

(c) 混凝土应变变化曲线

图 7-54　测点 3-1 测试结果曲线

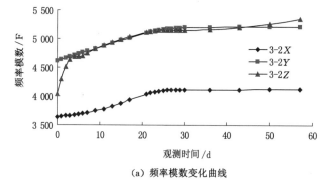

(a) 频率模数变化曲线

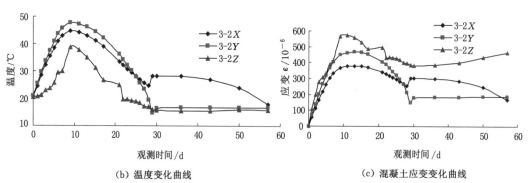

(b) 温度变化曲线

(c) 混凝土应变变化曲线

图 7-55　测点 3-2 测试结果曲线

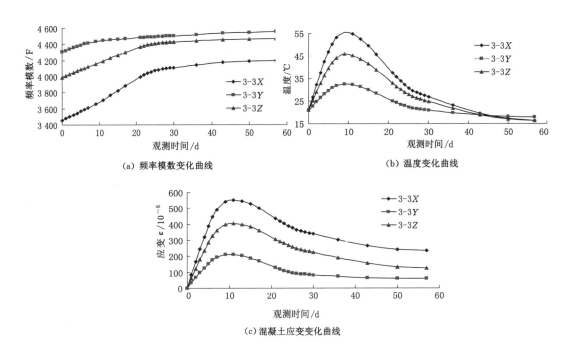

图 7-56 测点 3-3 测试结果曲线

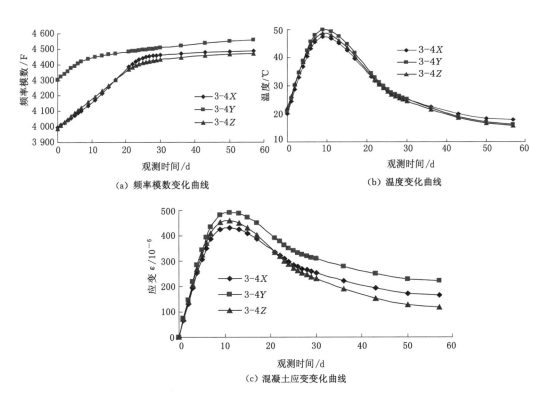

图 7-57 测点 3-4 测试结果曲线

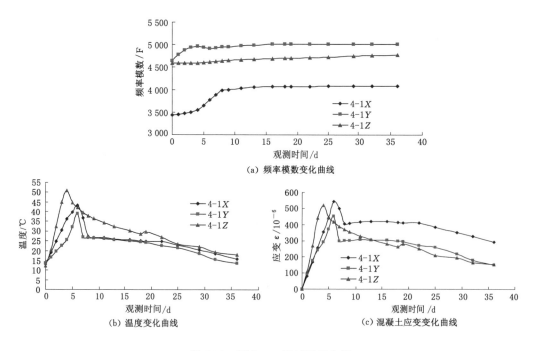

（a）频率模数变化曲线

（b）温度变化曲线

（c）混凝土应变变化曲线

图 7-58　测点 4-1 测试结果曲线

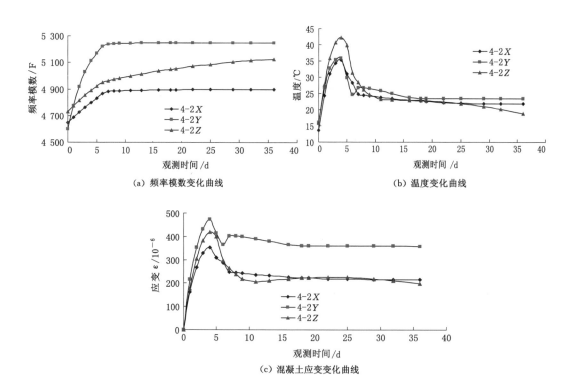

（a）频率模数变化曲线

（b）温度变化曲线

（c）混凝土应变变化曲线

图 7-59　测点 4-2 测试结果曲线

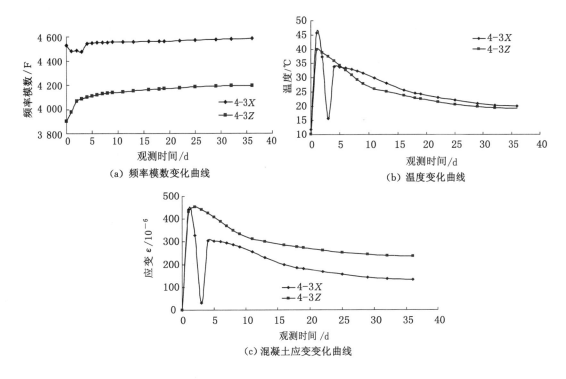

(a) 频率模数变化曲线

(b) 温度变化曲线

(c) 混凝土应变变化曲线

图 7-60 测点 4-3 测试结果曲线

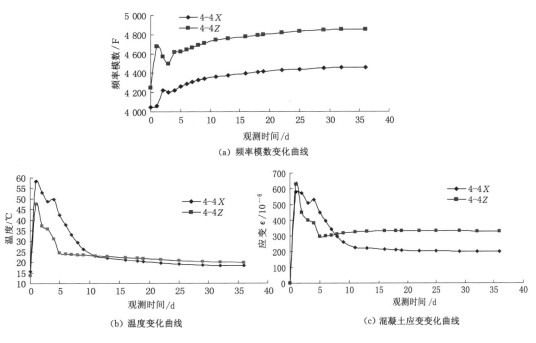

(a) 频率模数变化曲线

(b) 温度变化曲线

(c) 混凝土应变变化曲线

图 7-61 测点 4-4 测试结果曲线

即测点 4-1 井壁径向受力大于切向受力和轴向受力。4-2 位置现浇混凝土 X 方向应变为 214.5×10^{-6}，Y 方向应变为 358.8×10^{-6}，Z 方向应变为 197.9×10^{-6}。即测点 4-2 井壁轴向受力小于径向受力和切向受力。4-3 位置现浇混凝土 X 方向应变为 132.6×10^{-6}，Z 方向应变为 236.8×10^{-6}。即测点 4-3 井壁轴向受力大于径向受力。4-4 位置现浇混凝土 X 方向应变为 201.2×10^{-6}，Z 方向应变为 328.0×10^{-6}。即测点 4-4 井壁轴向受力大于径向受力。

7.3.6 锚杆受力演化特征分析

分别于 2014 年 9 月 4 日和 9 月 16 日在主井箕斗装载硐室顶板和距顶板 14 m 位置处埋设 MCS-400 型锚杆测力计 2 台，因初次支护后很短时间内即开始二次支护（现浇混凝土支护），因此课题组监测锚杆受力时间仅为安装后一周左右。

从图 7-62 和图 7-63 锚杆受力测试结果来看，锚杆受力呈现安装后迅速增加，之后逐渐变缓的趋势。顶板锚杆测力计安装完成 100 h 后其数值继续以较快的速度增加，此时要加强对顶板的监测，注意是否要加强顶板的支护。但从二次支护结构受力结果来看，二次支护充分发挥了支护结构与初次支护结构耦合作用的效果，井壁结构受力稳定，不会出现质量问题。

距顶板 14 m 位置处埋设的 MCS-400 型锚杆测力计读数结果表明，锚杆测力计安装完成 40 h 后，锚杆受力即趋于稳定，说明初次结构采用锚网索喷支护形式以及相应的支护参数是合适的。

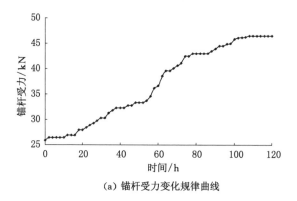

(a) 锚杆受力变化规律曲线

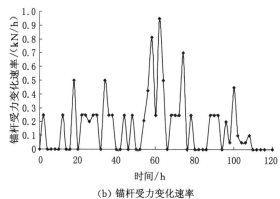

(b) 锚杆受力变化速率

图 7-62 硐室顶板锚杆受力测试结果

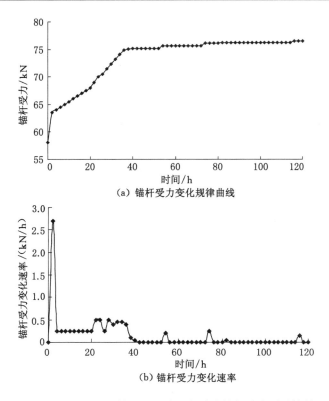

（a）锚杆受力变化规律曲线

（b）锚杆受力变化速率

图 7-63　距硐室顶板 14 m 处硐室端壁锚杆受力测试结果

7.4　箕斗装载硐室围岩支护综合分析结果

（1）结合箕斗装载硐室的工程地质条件,通过 FLAC³ᴰ 数值模拟软件对箕斗装载硐室施工过程进行稳定性分析,结果如下:

① 硐室上部主井施工后,由于距离箕斗装载硐室顶板 3~13 m 为砂质泥岩,而砂质泥岩属于较为软弱的围岩,力学性质较差,导致硐室上部主井左右两侧井筒壁距离箕斗装载硐室顶板 5~9 m 处围岩变形量较大,表面位移范围为 22.5~23.6 mm,同时这一区域主井井筒法向应力和切向应力较为明显,需要保证这一段区域的支护强度。

② 箕斗装载硐室施工后,硐室左右两帮中下部变形量更为明显,应力状态较差,围岩塑性区较为明显,这是由于受到箕斗装载硐室两帮围岩距离顶板 15 m 以下为煤、泥岩、砂质泥岩等软岩的影响。从钢筋混凝土砌碹受力分析可知,箕斗装载硐室帮部钢筋混凝土衬砌端壁壁角和井筒侧壁受力较为明显,法向应力极值为 4.13 MPa,切向应力极值为 1.77 MPa,需要保证这些区域钢筋混凝土砌碹的支护强度。从整体锚杆、锚索受力分布可知,箕斗装载硐室侧壁锚杆和锚索受力较为明显,从上到下锚杆和锚索受力逐渐增大,从距离箕斗装载硐室顶板 9 m 处直到底板,左右侧壁锚索开始接近其极限荷载,需要加强巡查,保证这一区域的锚索支护施工质量。

③ 箕斗装载硐室下部主井开挖和运输巷的施工对箕斗装载硐室影响不大。箕斗装载硐室下部主井施工后硐室底板围岩变形略有增加,硐室底板围岩塑性区范围略有增加,侧壁

塑性区最大厚度为 7.8 m,而硐室底板砌碹的受力明显增加,尤其是靠近主井井壁区域,需要保证这一区域的支护强度。运输巷施工后箕斗装载硐室前帮变形量略有增加,塑性区厚度略有增加,端壁砌碹受力略有增加,端壁角和左右侧壁角处需要适当增加钢纤维,以保证这一区域砌碹的强度,增强砌碹抗剪能力。从距离硐室顶板 9 m 以后前帮锚索轴力达到或接近其极限荷载,需要加强巡查,保证这一区域的锚索支护施工质量。

④ 为提高主井箕斗装载硐室钢筋混凝土衬砌的强度和抗剪能力,建议增加钢纤维,并得到了矿方和南京设计院的认可。

(2) 在箕斗装载硐室支护薄弱点设置矿压监测点,监测硐室围岩和支护结构的稳定性,通过井壁结构钢筋受力监测、现浇混凝土应变监测和锚杆受力监测,获得的主要结论如下:

① 各测点钢筋计和混凝土应变计的频率模数均随着监测时间的增加而增大,且初期变化较为剧烈,其原因在于二次支护初期混凝土水化热反应剧烈,混凝土应变变化剧烈,导致钢筋受力变化也十分迅速,待混凝土水化热逐渐稳定,混凝土强度逐渐提高至其最大强度,且二次支护与初次支护相互作用逐渐稳定,钢筋受力逐渐趋于稳定,表现为钢筋计频率模数的逐渐平稳,只是各测点变缓的时间不同,但最终各测点监测结果表明井壁结构受力会趋于稳定。

② 各测点钢筋计和混凝土应变计的温度变化规律为:埋设应变计 3～10 d 内,温度急剧增高,这是由于混凝土浇筑后,1.2 m 厚的混凝土水化热的反应比较剧烈,因此浇筑后温度急剧升高。待混凝土水化热反应逐渐减弱,温度迅速降低,15～30 d 温度变化逐渐平稳,逐渐达到稳定状态。

③ 各测点钢筋受力结果表明:钢筋受力变化较为剧烈的时间为安装完成 15～40 d 之内,一般安装完成 40 d 后,亦即井筒浇筑 40 d 后,钢筋受力趋于稳定,此时井壁结构受力趋于稳定。但各测点钢筋受力结果不尽相同,总体而言与初次支护相邻侧钢筋受力较大,靠近井筒临空侧钢筋受力相对较小。第 3 层位测点 3-2 和第 4 层位各测点暂时仍未稳定,需要继续观测。

④ 各测点混凝土应变计的监测结果表明:测点 1 井壁径向受力大于环向受力和轴向受力;测点 6 井壁径向受力小于轴向受力;测点 3-1 井壁径向受力大于切向受力和轴向受力;测点 3-2 井壁径向受力小于切向受力,远远小于轴向受力;测点 3-3 井壁径向受力大于轴向受力和切向受力;测点 3-4 井壁径向受力小于切向受力,大于轴向受力;测点 4-1 井壁径向受力大于切向受力和轴向受力;测点 4-2 井壁轴向受力小于径向受力和切向受力;测点 4-3 井壁轴向受力大于径向受力;测点 4-4 井壁轴向受力大于径向受力。

⑤ 锚杆受力测试结果表明:锚杆受力呈现安装后迅速增加,之后逐渐变缓的趋势。顶板锚杆测力计安装完成 100 h 后其数值继续以较快的速度增加,课题组认为硐室顶板的初次支护要加强。但从二次支护结构受力结果来看,二次支护充分发挥了支护结构与初次支护结构耦合作用的效果,井壁结构受力稳定。距顶板 14 m 位置处的锚杆测力计读数结果表明:锚杆测力计安装完成 40 h 后,锚杆受力即趋于稳定,说明初次结构采用锚网索喷支护形式以及相应的支护参数是合适的。

8 副井马头门支护与围岩稳定性分析

8.1 工程地质条件

8.1.1 3-1 煤层赋存条件

3-1 煤层是本区发育最好的煤层,全区赋存,煤层赋存深度 583.55～869.15 m,平均 731.54 m。煤层自然厚度 0.50(28-9 号孔)～10.05 m(1-1 号孔),平均厚度 6.24 m。煤层资源量采用厚度 0.80(28-2 号孔)～8.45 m(4-0 号孔),平均厚度 6.20 m。可采面积 181.05 km²,占井田面积的 99.3%。该煤层在 22-8→24-8→23-2→24-3→28-1 一线以东分岔为两个煤层(3-1上 和 3-1),煤层自然厚度变薄。分岔区煤层资源量采用厚度 0.50(28-9 号孔)～3.10 m(24-10 号孔),平均厚度 1.61 m;未分岔区煤层资源量采用厚度 3.20(20-9 号孔)～8.45 m(4-0 号孔),平均厚度 6.61 m。煤层厚度自井田南和北向中部有逐渐增大的趋势,特别是在中段的第 20～14 勘探线,煤层可采厚度基本在 6～7 m 之间,在第 14～7 勘探线,煤层可采厚度基本在 7～8 m,煤层厚度变化规律明显。煤层顶板岩性多为砂质泥岩,底板岩性多为砂质泥岩、泥岩。

8.1.2 围岩工程地质特征

副井马头门设计单侧长度 25.75 m,净宽 7.00 m,最大净高(近井筒侧)7.50 m,最小净高(远离井筒侧)4.95 m。围岩岩性包括:粗粒砂岩、细粒砂岩、粉砂岩、砂质泥岩、泥岩、煤等。各岩性的物理力学特性如下。

(1)顶板围岩

① 粗粒砂岩

真密度 2 575～2 668 kg/m³,平均 2 606 kg/m³;视密度 1 970～2 164 kg/m³,平均 2 100 kg/m³;含水率 0.25%～5.65%,平均 1.63%;孔隙率 16.27%～24.89%,平均 19.24%;内摩擦角 35°35′～41°50′,平均 38°54′;黏聚力 1.3～6.3 MPa,平均 3.0 MPa;普氏系数 0.46～2.68,平均 1.56;自然状态下抗压强度 4.50～26.20 MPa,平均 16.40 MPa;弹性模量(0.16～6.03)×10⁴ MPa,平均 0.98×10⁴ MPa;软化系数 0.13～0.78,平均 0.50;泊松比 0.10～0.44,平均 0.21。

② 砂质泥岩

真密度 2 524～2 656 kg/m³,平均 2 579 kg/m³;视密度 2 295～2 476 kg/m³,平均 2 409 kg/m³;含水率 1.27%～2.84%,平均 2.06%;孔隙率 4.44%～12.65%,平均 7.78%;内摩擦角 27°25′～32°26′,平均 29°44′;黏聚力 4.70～9.50 MPa,平均 6.73 MPa;普氏系数 2.06～4.87,平均 3.45;自然状态下抗压强度 20.20～47.80 MPa,平均 28.16 MPa;弹性模量(0.91～1.11)×10⁴ MPa,平均 1.01×10⁴ MPa;软化系数 0.09～0.97,平均 0.60;泊松比 0.09～0.22,平均 0.15。

③ 细粒砂岩

真密度 2 584～2 674 kg/m³,平均 2 641 kg/m³;视密度 2 112～2 270 kg/m³,平均 2 178 kg/m³;含水率 0.54%～6.80%,平均 2.27%;孔隙率 14.08%～20.49%,平均 17.52%;内摩擦角 32°20′～40°23′,平均 36°30′;黏聚力 1.80～6.20 MPa,平均 3.65 MPa;普氏系数 1.42～2.54,平均 1.81;自然状态下抗压强度 13.90～24.90 MPa,平均 17.70 MPa;弹性模量(0.33～9.66)×10⁴ MPa,平均 0.54×10⁴ MPa;软化系数 0.26～0.93,平均 0.48;泊松比 0.11～0.20,平均 0.15。

（2）煤

自然状态下抗压强度为 7.02～16.30 MPa,平均 11.16 MPa;普氏系数 0.86～1.66,平均 1.17。

（3）底板围岩

① 粉砂岩

真密度 2 592～2 706 kg/m³,平均 2 643 kg/m³;视密度 2 270～2 423 kg/m³,平均 2 349 kg/m³;含水率 0.24%～2.96%,平均 1.68%;孔隙率 10.33%～13.09%,平均 11.43%;内摩擦角 30°55′～37°02′,平均 33°50′;黏聚力 4.40～7.80 MPa,平均 6.10 MPa;普氏系数 2.14～4.35,平均 3.23;自然状态下抗压强度 21.00～42.70 MPa,平均 31.68 MPa;弹性模量(0.49～2.02)×10⁴ MPa,平均 1.19×10⁴ MPa;软化系数 0.08～0.89,平均 0.45;泊松比 0.11～0.33,平均 0.18。

② 泥岩

真密度 2 566～2 688 kg/m³,平均 2 627 kg/m³;视密度 2 343～2 406 kg/m³,平均 2 375 kg/m³;含水率 1.76%～4.42%,平均 3.09%;孔隙率 8.69%～10.49%,平均 9.59%;内摩擦角 32°16′～33°58′,平均 33°07′;黏聚力 3.90～5.10 MPa,平均 4.50 MPa;普氏系数 3.46～4.23,平均 4.00;自然状态下抗压强度 33.90～49.10 MPa,平均41.50 MPa;弹性模量(1.10～1.31)×10⁴ MPa,平均 1.21×10⁴ MPa;软化系数 0.37～0.58,平均 0.48;泊松比 0.22～0.26,平均 0.24。

③ 砂质泥岩

真密度 2 524～2 656 kg/m³,平均 2 579 kg/m³;视密度 2 295～2 476 kg/m³,平均 2 409 kg/m³;含水率 1.27%～2.84%,平均 2.06%;孔隙率 4.44%～12.65%,平均 7.78%;内摩擦角 27°25′～32°26′,平均 29°44′;黏聚力 4.70～9.50 MPa,平均 6.73 MPa;普氏系数 2.06～4.87,平均 3.45;自然状态下抗压强度 20.20～47.80 MPa,平均28.16 MPa;弹性模量(0.91～1.11)×10⁴ MPa,平均 1.01×10⁴ MPa,软化系数 0.09～0.97,平均 0.60;泊松比 0.09～0.22,平均 0.15。

8.2 主应力对弱胶结软岩马头门围岩稳定性影响

8.2.1 马头门围岩应力特征

马头门硐室开挖出现新的自由面,围岩应力受扰动的区域彼此叠加,初始地应力平衡应力被打破,造成地层应力重新分布,马头门扰动主应力叠加示意图如图 8-1 所示。一方面在应力条件一定的情况下,受马头门断面不规则的影响,不同硐室截面其应力集中的部位和塑性区范围不同,马头门变径段围岩的叠加应力值最大,产生的应力集中区在其围岩内部;另一方面,弱胶结围岩富含刚性颗粒,具有弱胶结、强度低、富含水、易风化、扰动敏感等特性,呈现出煤层顶底板岩层强度低于煤层强度的现象,弱胶结围岩含有蒙脱石、伊利石、高岭石等黏土矿物,遇水后泥化、崩解,具有一定的膨胀性,造成硐室与马头门围岩自承载能力极低、自稳能力差、自稳时间短。马头门开挖后易出现大变形、强底鼓、冒顶等矿山问题,严重影响矿井建设与安全高效生产。同时,地层最大主应力的大小变化和方向的偏转对马头门围岩的影响显著,不同的应力水平和位置关系其应力扰动范围不同。

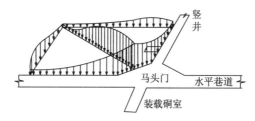

图 8-1　马头门扰动主应力叠加示意图

8.2.2　数值分析与对比方案

8.2.2.1　数值计算模型

根据煤矿副井马头门的设计方案,考虑马头门硐室开挖的影响范围,建立三维有限元计算模型进行马头门围岩稳定性数值分析。模型选自柱状图 640～840 m 部分,其中模拟水平巷道底板埋深为 740 m,马头门实际最大埋深 680 m 左右,直墙拱形,直墙高 2 m,拱半径 3 m,巷道宽 6 m、高 5 m;上部竖井直径 10 m,下方装载硐室直径 10 m、深 30 m;上部竖井与中井连接部分以平台锥面过渡,锥角 16.7°、高 3 m。马头门总体数值计算模型、竖井井壁及马头门支护结构模型网格划分如图 8-2 所示。

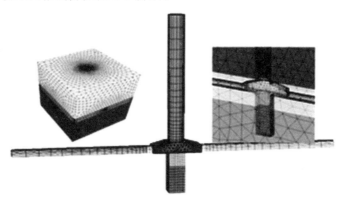

图 8-2　数值模拟计算模型网格划分

8.2.2.2　数值计算参数

副井马头门所处的地层岩性为砂质泥岩和细砂岩。根据现场工程地质勘察报告、初步设计资料和室内物理力学试验确定数值计算的物理力学参数,见表 8-1。

表 8-1　数值计算参数

岩性	E/GPa	$\rho/(g/cm^3)$	C/MPa	$\varphi/(°)$	σ_t/MPa
泥岩	1.00	2.43	0.98	31.2	0.35
粗砂岩	1.32	2.42	2.14	33.6	0.85
细砂岩	1.20	2.43	1.15	29.2	0.46
泥岩	1.15	2.41	1.06	31.8	0.32
细砂岩	1.24	2.42	1.21	29.2	0.37

8.2.2.3　数值分析对比方案

　　为研究马头门开挖后侧压力系数、埋深和最大水平主应力方向对马头门围岩关键点的位移场演化规律,围岩塑性区以及应力分布特征变化规律,模拟分析 20 种数值试验方案(表 8-2)。

表 8-2　数值试验方案

类别	数值试验方案				
侧压力系数	0.5	1	1.5	2	2.5
埋藏深度/m	200	400	600	800	1 000
夹角/(°)	0	10	20	30	40
	50	60	70	80	90

　　根据统计实测数据,侧压力系数 λ 值在 1 000 m 以上的深部,主要分布在 0.5～2.5 范围内。模型设计分析时取 0.5～2.5 共 5 种侧压力系数,马头门埋深为 700 m;取 200～1 000 m 共 5 种不同埋深,侧压力系数 λ＝1.0,进行数值分析;通过逐渐改变最大水平主应力与马头门巷道走向的夹角(图 8-3,夹角分别为 0°～90°共 10 种不同角度),取埋深为 700 m,侧压力系数为 1.2。

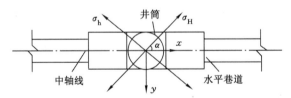

图 8-3　水平主应力与马头门夹角示意图

8.2.3　马头门围岩位移特征规律分析

8.2.3.1　不同 λ 条件下马头门围岩位移特征规律

　　图 8-4 为不同侧压力系数下马头门关键点位移随侧压力系数的变化规律。由图 8-4 可知:随着侧压力系数 λ 的不断增加,顶板 Z 方向最大位移由 0.23 m 增加至 1.30 m,最大位移相对变化率依次为 121.9%、75.6%、40.9%、3.23%,最大位移点出现在距马头门中心水平距离 5～10 m 范围内,即马头门与巷道过渡区;底板 Z 方向最大位移由 0.29 m 增加至 1.72 m,最大位移相对变化率依次为 109.5%、76.2%、36.1%、18.1%,最大位移点出现在

距马头门中心水平距离 5～10 m 范围内;装载硐室 X 方向最大位移由 0.20 m 增加至 1.66 m,最大位移相对变化率依次为 156.5%、89.9%、40.4%、20.16%,最大位移点出现在距马头门中心垂直距离 10 m;两帮 Y 方向最大位移由 0.32 m 增加至 1.82 m,最大位移相对变化率依次为97.3%、77.4%、41.0%、14.9%,最大位移点出现在马头门两帮中心位置。

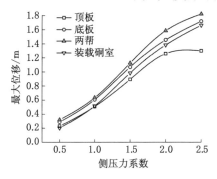

图 8-4　不同侧压力系数马头门关键点的最大位移

随着侧压力系数增大,马头门顶板、底板、两帮及装载硐室局部位移亦增加,最大位移相对变化率逐渐降低,$\lambda>1$ 时围岩位移明显高于 $\lambda<1$ 时的位移,水平应力影响显著;最大位移受侧压力系数的影响程度表现为两帮>底板>装载硐室>顶板,其中,马头门的巷道过渡区域和两帮为位移最大区域。

8.2.3.2　不同埋深条件下马头门位移规律

图 8-5 为不同埋深条件下马头门围岩位移变化规律。随着马头门埋深不断增加(200～1 000 m),顶板 Z 方向最大位移由 0.058 m 增加至 0.302 m,最大位移相对变化率依次为 68.5%、60.15%、47.3%、32.5%;底板 Z 方向最大位移由 0.077 m 增加至 0.36 m,最大位移相对变化率依次为 56.56%、59.58%、42.98%、30.56%;装载硐室 X 方向最大位移由 0.07 m 增加至 0.26 m,最大位移相对变化率依次为 48.00%、44.57%、33.33%、27.31%;两帮 Y 方向最大位移由 0.096 m 增加至 0.408 m,最大位移相对变化率依次为 52.34%、53.78%、37.70%、31.50%。

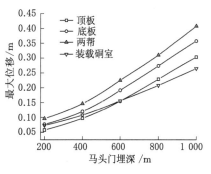

图 8-5　不同埋深马头门关键点的最大位移

随着埋藏深度的增加,马头门顶板、底板、两帮及装载硐室局部位移亦增加,围岩最大位移相对变化率逐渐降低,深度的增加对围岩变形影响程度降低,且受埋深的影响程度表现为两帮>底板>顶板>装载硐室,其中马头门的巷道过渡区域和两帮为位移最大区域。

8.2.3.3　不同夹角条件下马头门位移规律

图 8-6 为不同夹角条件下马头门围岩位移变化规律。马头门开挖后,受断面形状及尺寸的影响,随着夹角在 0°～90°范围内不断增加,顶板下沉量、底鼓量、两帮向巷道挤出的位移以及装载硐室水平位移并非出现单调递增趋势。顶板 Z 方向最大位移开始为 0.44 m,夹角为 70°时出现位移峰值为 1.14 m,之后又减小为 0.88 m;底板 Z 方向最大位移开始为 0.62 m,夹角为 70°时出现位移峰值为 1.38 m,之后又减小为 1.09 m;装载硐室 X 方向最大

位移由 0.89 m 增加至 1.45 m,夹角为 40°时出现横向最大位移,最大位移点出现在距马头门中心垂直距离 10 m 左右;两帮 Y 方向最大位移由 1.03 m 增加至 1.46 m,夹角为 40°时出现片帮最大位移,最大位移点在马头门两帮中心位置。

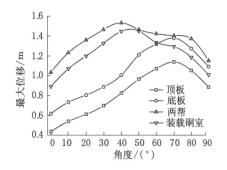

图 8-6　不同夹角时马头门关键点的最大位移

夹角为 40°左右两帮和装载硐室出现最大位移,马头门顶底板在夹角为 70°左右出现最大位移;马头门关键点的位移表现为两帮＞装载硐室＞底板＞顶板,其中马头门的顶板下沉量和底鼓量受夹角角度变化影响较大。

8.2.4　围岩应力场分布规律分析

8.2.4.1　不同 λ 条件下马头门围岩应力场分布规律

随着侧压力系数不断增加($\lambda=0.5\sim2.5$),马头门围岩最大主应力分布规律如图 8-7 所示。

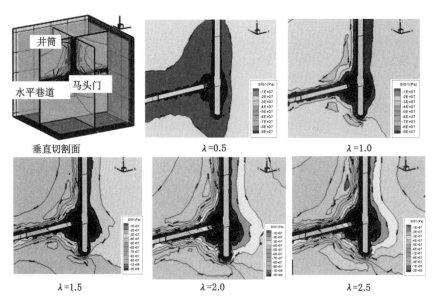

图 8-7　围岩最大主应力分布图

由图可知:马头门开挖以后,围岩原岩应力状态受到扰动,应力重新分布,切向应力增大,同时径向应力减小,并在硐室自由面处达到极限。由于马头门断面形状的复杂性,导致不同侧压力系数时马头门不同部位的应力集中系数和影响范围不同:当 $\lambda<1$ 时,马头门顶

板和底板围岩单元的最大主应力小于两帮围岩单元的最大主应力;当 $\lambda \geqslant 1$ 时,顶板和底板围岩单元的最大主应力大于两帮围岩单元的最大主应力,应力集中区从自由面向纵深迁移,马头门底板和两帮的围岩应力变化要比顶板围岩应力变化平缓;当 $\lambda = 2.5$ 时,马头门顶板围岩的最大主应力约为底板围岩最大主应力的 2 倍,应力集中区距马头门顶板自由面约 23 m,对马头门上部立井围岩的稳定性产生重要影响。由于围岩最大主应力为负值,为拉应力,弱胶结围岩抗拉强度非常低,马头门围岩破坏以受拉破坏为主。由以上分析可以看出,马头门断面形状的复杂性导致不同侧压力系数下围岩最大主应力的不同及围岩应力分布的变异性。

8.2.4.2　不同夹角条件下马头门围岩应力场分布规律

随着最大主应力方向与马头门间夹角 α 的不断增加,马头门围岩最大主应力分布规律如图 8-8 所示,马头门围岩应力集中系数随角度的演化规律如图 8-9 所示。

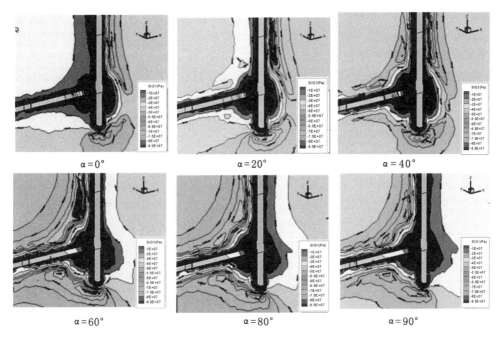

图 8-8　不同夹角条件下围岩最大主应力分布图

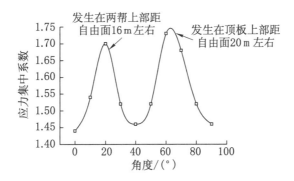

图 8-9　马头门围岩应力集中系数随角度的演化规律

由于马头门断面形状的复杂性,导致不同夹角时马头门围岩不同部位的应力集中系数和影响范围不同:在夹角 $\alpha = 0°$ 时,围岩应力集中系数和影响范围比其他夹角时更小,此时最有利于马头门围岩的稳定;随着夹角 α 的增大,马头门围岩最大主应力的分布受马头门断面形状的影响显著,当夹角 $\alpha = 20°$ 时,在马头门两帮上部距顶板自由面 16 m 区域产生应力集中区,应力集中系数为 1.70;随着夹角 α 的继续增加,马头门最大主应力区发生迁移,当夹角 $\alpha = 60°$ 时,在马头门顶板上部距顶板自由面 20 m 区域产生应力集中区,应力集中系数为 1.73;随着夹角 α 的继续增加,马头门围岩应力集中系数减小;当夹角 α 大于 50° 时的马头门顶底板的应力扰动范围约为夹角小于 50° 时的 2 倍,而马头门两帮的扰动范围相对变化平缓,与位移分析结果一致。因此,最大水平主应力与马头门走向平行时最有利于马头门的稳定,而夹角为 60° 时马头门围岩应力集中系数最大,最不利于马头门的稳定性,且应力集中区发生在马头门与竖井连接段附近,可能诱发马头门整体失稳。

综上所述:

(1) 随 λ 和 H 的增加,马头门围岩的最大位移和应力扰动区深度呈线性增加,围岩变形量受侧压力系数影响程度表现为两帮>底板>顶板,且 $\lambda \geqslant 1$ 时的位移明显高于 $\lambda < 1$ 时。

(2) 从马头门围岩最大主应力分布来看,随 λ 增大,马头门围岩应力梯度越来越高,应力集中系数也越来越大,马头门顶板围岩的应力集中程度大于底板和两帮。

(3) 马头门布置最危险的走向并非与最大水平主应力方向垂直,而是夹角 α 在 20° 与 60° 时,此时围岩应力集中系数最大,夹角 $\alpha = 0°$ 时,马头门围岩相对最稳定,围岩变形量受夹角变化影响程度表现为两帮>底板>顶板。

(4) 马头门围岩变形、扰动应力分布及应力集中程度受马头门断面形状的影响显著,夹角 α 与应力集中系数呈非线性关系。

8.3 副井马头门硐室支护设计

8.3.1 初步设计

副井马头门硐室设计主要依据:2008 年内蒙古煤炭建设工程(集团)总公司提供的"井筒检查钻孔勘探报告及主检孔工程地质综合柱状图"、《煤矿立井井筒及硐室设计规范》(GB 50384)、《混凝土结构设计规范》(GB 50010)。由于副井马头门硐室主要处于较软弱岩层中,设计采用复合支护方式。在硐室开挖后立即采用锚网喷(喷厚 100 mm)及锚索进行一次支护,再采用钢筋混凝土砌碹进行二次支护,如图 8-10 所示。

(1) 复合支护中一次支护采用锚网喷+锚索支护参数:

① 锚杆杆体为螺纹钢筋,其屈服强度 $\geqslant 335$ MPa,抗拉强度 $\geqslant 380$ MPa,锚固力 $\geqslant 80$ kN,布置方式为菱形布置,锚杆外露 100 mm,托盘选用 Q235 型钢,规格 150 mm × 150 mm × 8 mm,各断面顶板、帮部锚杆型号 $\phi 22$ mm × 2 500 mm,树脂锚固剂型号 MSCK23/80,锚杆采用端头锚固方式,每根锚杆配 1 支锚固剂。

② 锚索选用 $\phi 15.24$ mm × 7 500 mm 钢绞线,抗拉强度 1 860 MPa,锚固力 $\geqslant 150$ kN,托盘采用 Q235 型钢,规格 280 mm × 280 mm × 20 mm,外露 150 mm。

③ 钢筋网采用 $\phi 6$ mm 钢筋焊接,网格间排距 100 mm × 100 mm。

(2) 井筒及连接处采用混凝土强度等级为 C70,一次支护喷射混凝土强度等级为 C20。

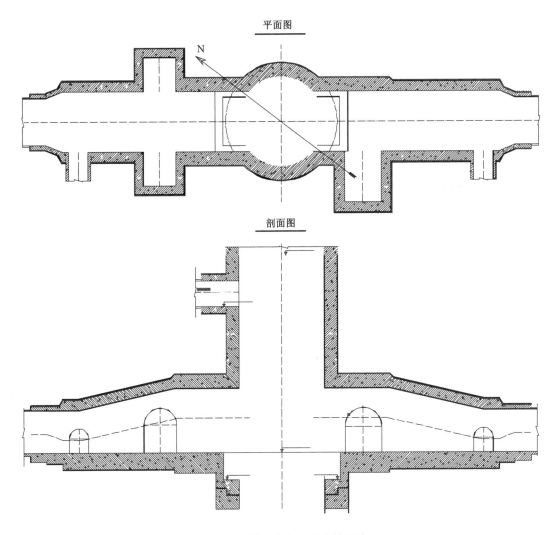

图 8-10　副井马头门硐室支护设计

（3）由于井筒冻结设施穿过该硐室，施工时必须采取有效措施处理冻结孔环形空间，严防邻近地层水导通至连接处。

8.3.2　马头门支护结构优化

副井马头门埋深为 680 m，现场实测该深度原岩应力中最大水平主应力达到 32.74 MPa，侧压力系数为 1.42；将最大主应力方向 NE52.5°投影到矿井开拓平面图中，竖井井筒的马头门与最大主应力夹角为 89°，基本为垂直；马头门围岩砂岩单轴抗压强度为 7.7～16.39 MPa，弱胶结围岩强度低。马头门采用复合支护，硐室开挖后立即进行一次支护，一次支护采用锚网喷（喷厚 100 mm）和锚索的支护形式，根据上述马头门围岩稳定性的数值计算结果，底鼓量大，提出一次支护增设底角锚杆；稳定后及时进行二次支护，二次支护采用全断面钢筋混凝土和钢纤维混凝土砌碹支护，并增设底板注浆锚杆和底板锚索。

复合支护中一次支护结构参数：一次支护喷射 100 mm 厚 C20 混凝土；钢筋网采用

$\phi6$ mm钢筋焊接,网格间排距为 100 mm$\times$100 mm。锚杆杆体为螺纹钢筋,与水平面夹角为 15°向上,屈服强度$\geqslant$335 MPa,抗拉强度$\geqslant$380 MPa,锚固力$\geqslant$80 kN;锚杆外露 100 mm,托盘选用 Q235 型钢,规格 150 mm$\times$150 mm$\times$8 mm;各断面顶板、两帮和底角锚杆采用端头锚固方式,型号为 $\phi22$ mm$\times$2 500 mm,底角锚杆与水平面夹角为 20°向下。锚索采用 $\phi21.6$ mm钢绞线,长度 12 m,锚固力$\geqslant$250 kN,预紧张拉力$\geqslant$130 kN;托盘采用 Q235 型钢,规格 280 mm$\times$280 mm$\times$20 mm,锚索外露 150 mm。

复合支护中二次支护结构参数:井筒及连接处采用 550 mm 厚 C50 钢纤维混凝土衬砌,底板采用 $\phi22$ mm$\times$3 000 mm 注浆锚杆;针对底板弱胶结泥岩泥化现象严重,底板采用 C50 钢筋混凝土防水。底板锚索采用 $\phi21.6$ mm 钢绞线,设计长度 12 m,每排为 3 根,锚固力 $\geqslant$250 kN,预紧张拉力$\geqslant$130 kN。

马头门与井筒连接处受软弱煤层的影响,围岩流变变形较大,锚杆和锚索受力较为明显,采用锚杆/锚索测力计测量;而砌碹法向受力较为明显,采用钢筋应力计和混凝土应变计监测钢筋混凝土砌碹的受力状态和围岩变形。监测布置如图 8-11 所示。

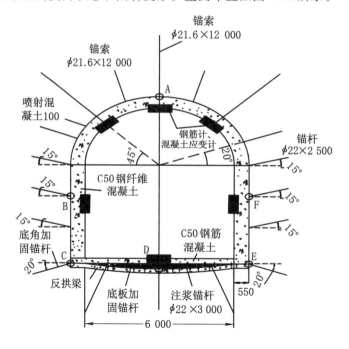

图 8-11　马头门优化支护图及监测点的布置(单位:mm)

根据数值计算结果,深部马头门的开挖,由于应力重分布,会在马头门顶部产生应力集中区,围岩出现流变压力作用,同时马头门上部管子道的施工也会对井筒的竖向变形、马头门硐室的径向变形和下部装载硐室的竖向变形产生影响。由于各硐室变形不协调,拐角处易产生应力集中发生破坏,而普通高强度混凝土衬砌由于水化热的影响易发生井壁开裂造成支护强度降低。因此,在侧压力较高情况下,宜采用钢纤维混凝土进行衬砌支护,深井马头门硐室支护结构优化的同时,必须对马头门上部连接处井筒井壁及下部的装载硐室进行加强支护。

8.4 副井马头门硐室稳定性数值模拟分析

8.4.1 副井马头门硐室模型建立

此次模拟选用 FLAC^{3D} 软件进行,根据岩石力学原理,开挖后的应力影响范围为开挖宽度的 3~5 倍,模型为关于 x 轴和 y 轴对称的 1/4 模型,设计尺寸为 30.35 m×20.40 m×42.80 m,如图 8-12 所示。

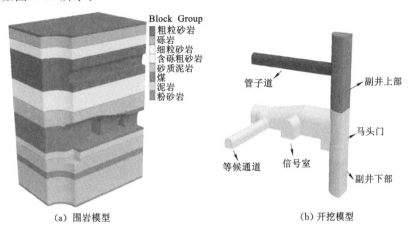

(a) 围岩模型   (b) 开挖模型

图 8-12 副井马头门模型

计算模型的尺寸一旦确定,计算网格的数目也相应确定,程序中为了减少因网格划分引起的误差,网格的长宽比应不大于 5,对于重点研究区域可以进行网格加密处理,远离巷道区域的单元尺寸接近 1 m,接近巷道区域和巷道开挖区域的尺寸为 0.2 m,模型一共划分为381 381 个单元和 228 797 个节点,如图 8-13 所示。

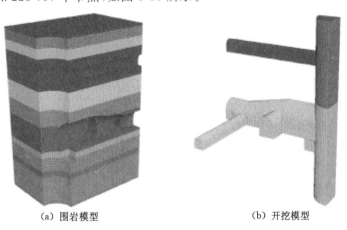

(a) 围岩模型   (b) 开挖模型

图 8-13 副井马头门硐室模型网格划分

副井马头门硐室模型从上到下依次为粗粒砂岩、砾岩、细粒砂岩、含砾粗砂岩、砂质泥岩、煤、泥岩、砂质泥岩、粉砂岩等。模型 X 边界限制 X 方向位移,模型 Y 边界限制 Y 方向位移,模型底板限制各个方向的位移,模型顶部限制水平方向的位移。本次模拟采用莫尔-

库仑本构关系,其物理力学参数如表 8-3 所示。结合副井马头门硐室设计,选定锚杆和锚索主要参数如表 8-4 所示,同时钢筋混凝土衬砌参数一次支护喷射混凝土选为 C20,二次支护钢筋混凝土砌碹选为 C70。

表 8-3 围岩物理力学参数

岩 性	密度/(kg/m³)	弹性模量/GPa	泊松比	黏聚力/MPa	内摩擦角/(°)	抗拉强度/MPa
粗粒砂岩	2 650	9.30	0.24	2.39	36.3	1.15
含砾粗砂岩	2 580	11.20	0.23	2.41	37.1	1.25
细粒砂岩	2 640	18.37	0.12	2.60	38.1	1.50
粉砂岩	2 537	7.67	0.21	2.50	37.2	1.20
泥岩	2 230	2.68	0.24	1.80	34.3	1.09
砂质泥岩	2 400	5.43	0.22	2.20	35.3	1.40
煤	1 460	2.83	0.18	2.10	28.6	1.00
砾岩	2 630	8.51	0.15	1.80	27.5	1.10

表 8-4 锚杆、锚索主要参数

名称	材料	尺寸/mm	间排距/mm	破断荷载/kN	预应力/kN
锚杆	螺纹钢筋	ϕ22×2 500	1 000×1 000	144	60
锚索	钢绞线	ϕ15.24×7 500	3 000×3 000	260	120

8.4.2 副井马头门硐室稳定性分析

结合副井马头门硐室施工组织设计,对马头门施工期间和长期稳定性进行分析,在副井马头门硐室设置 3 个监测断面,与副井井筒中心线距离为 9.25 m、19.125 m 和 27.0 m,分别监测顶板移近量、底板移近量和左帮移近量,如图 8-14 所示。

8.4.2.1 临时稳定性分析

(1)围岩稳定性分析

副井马头门开挖后硐室表面变形破坏,应力集中区向围岩深部转移,围岩表面位移量呈线性增加,施加支护后围岩变形量明显降低,逐渐趋于水平。由图 8-15 可知,监测断面 1 两帮监测点位移量大于顶板和底板监测点位移量,其中,两帮最大位移量为 38.62 mm,底板位移量次之,顶板位移量最小,仅为 17.99 mm。监测断面 2 底板监测点位移量大于顶板和两帮监测点位移量,其中,底板最大位移量为 31.55 mm。而监测断面 3 底板和顶板监测点位移量明显大于两帮位移量,其中,底板位移量最大,为 39.47 mm,顶板位移量次之,为 35.02 mm,而两帮位移量最小,仅为 17.70 mm。

副井马头门硐室围岩位移云图,如图 8-16 所示。在副井马头门硐室围岩中,副井与马头门的交接处位移量较大,为 40.87 mm,受到较为软弱的煤层影响,马头门 7-5 段两帮变形量较大,而顶底板位移量相对较小。进入马头门 5-3 段后,受到信号室和等候室通道支护的影响,两帮位移量明显降低,两硐室之间帮部位移量较大,为 35~40 mm。马头门 3-1 段变径段,围岩变形量明显增加,其中,两帮位移量最大,为 55.70 mm,顶底板位移量均超过 40 mm。由于副井马头门硐室处于煤层中,在相同支护强度下,两帮变形量较大,渡过 3-1

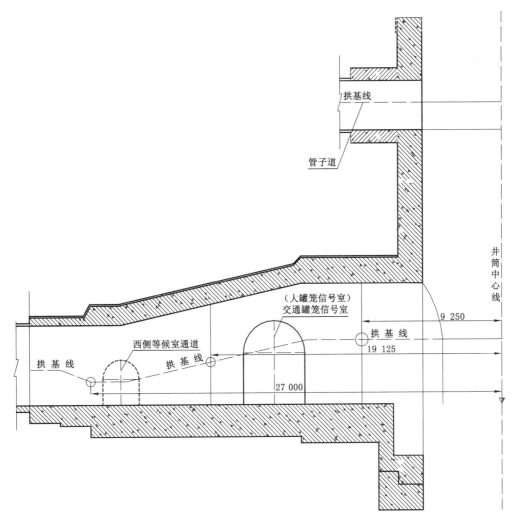

图 8-14　监测断面位置图

段进入普通巷道段,支护强度明显降低,位移量则明显增加。需要保证马头门硐室 3-1 段的锚固支护强度。

副井马头门硐室开挖后,在副井马头门硐室顶板围岩和管子道顶底板围岩深部区域形成较为明显的应力集中区,从围岩的最大主应力云图(图 8-17)可知,围岩最大主应力极值点位于副井马头门硐室顶板围岩和管子道底板围岩处,距离管子道底板为 3.2 m,距离副井井壁距离为 3.3 m,应力极值为 41.2 MPa,应力集中系数为 2.10。

从围岩的最小主应力云图 8-18 和塑性区分布图 8-19 可知,副井马头门硐室与副井井壁交叉处、马头门 7-5 段中部两帮和底板围岩应力状态较差,塑性区较为明显。马头门 7-5 段中部两帮和底板呈现较为明显的拉应力区域,拉应力极值为 0.85 MPa,与副井中心距离为 9.5 m。副井马头门硐室围岩主要发生塑性剪切破坏,其中,马头门 7-5 段底板围岩塑性区厚度最大,为 4.5 m,两帮围岩剪切破坏厚度次之,为 4 m,顶板剪切塑性区厚度最小,为 2 m。马头门 5-3 段底板围岩塑性区厚度最大,为 3.5 m,两帮围岩剪切破坏厚度次之,为 3.3 m,顶板剪切塑性区厚度最小,为 2.2 m。马头门 3-1 段底板围岩塑性区厚度最大,为

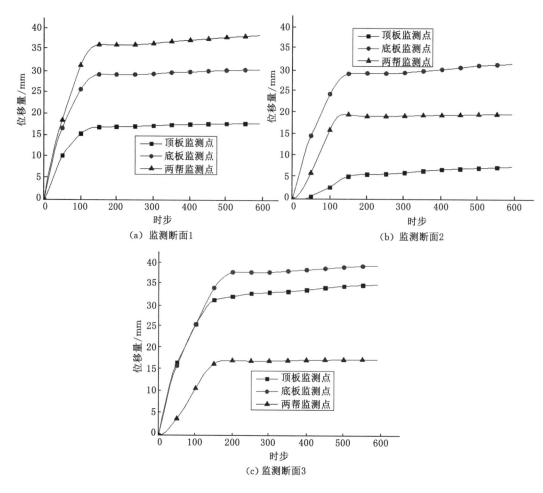

图 8-15　副井马头门硐室围岩位移监测曲线

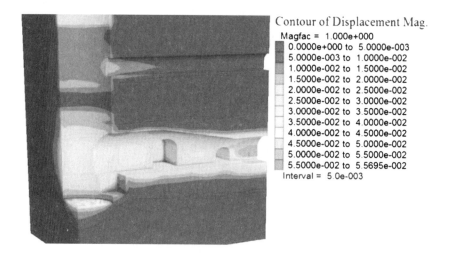

图 8-16　围岩位移云图

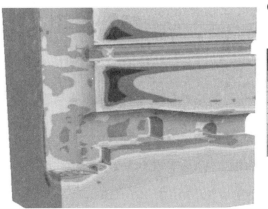

Contour of SMin

Magfac = 1.000e+000
Gradient Calculation
Effective stresses
　-4.1214e+007 to -4.0000e+007
　-4.0000e+007 to -3.5000e+007
　-3.5000e+007 to -3.0000e+007
　-3.0000e+007 to -2.5000e+007
　-2.5000e+007 to -2.0000e+007
　-2.0000e+007 to -1.5000e+007
　-1.5000e+007 to -1.0000e+007
　-1.0000e+007 to -5.0000e+006
　-5.0000e+006 to 0.0000e+000
　 0.0000e+000 to 2.2873e+006
Interval = 5.0e+006

图 8-17　围岩最大主应力云图

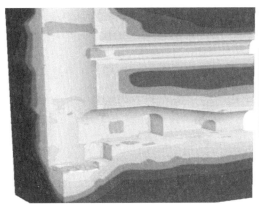

Contour of SMax

Magfac = 1.000e+000
Gradient Calculation
Effective stresses
　-1.7169e+007 to -1.5000e+007
　-1.5000e+007 to -1.2500e+007
　-1.2500e+007 to -1.0000e+007
　-1.0000e+007 to -7.5000e+006
　-7.5000e+006 to -5.0000e+006
　-5.0000e+006 to -2.5000e+006
　-2.5000e+006 to 0.0000e+000
　 0.0000e+000 to 2.5000e+006
　 2.5000e+006 to 2.9465e+006
Interval = 2.5e+006

图 8-18　围岩最小主应力云图

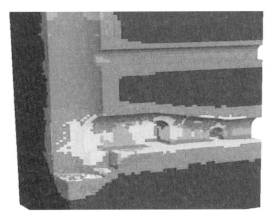

Block State
None
shear-n shear-p
shear-n shear-p tension-p
shear-n tension-n shear-p tension-p
shear-p
shear-p   tension-p
shear-n shear-p   tension-p

图 8-19　围岩塑性区分布

3.8 m,两帮围岩剪切破坏厚度次之,为3.5 m,顶板剪切塑性区厚度最小,为2.7 m。由于两帮塑性区较大,建议在马头门3-1段两帮施加帮锚索支护,锚索的长度为5 m左右即可。

(2)支护结构稳定性分析

① 钢筋混凝土砌碹受力分析

从副井马头门硐室钢筋混凝土砌碹法向应力分布图8-20可知,砌碹法向应力主要集中在马头门硐室两帮,其中,法向应力极值位于马头门3-1段变径处,最大法向应力为6.27 MPa,马头门硐室和副井交接处帮部应力范围为4.0~5.0 MPa,7-5段和5-3段均出现较为明显的高应力区。从副井马头门硐室钢筋混凝土砌碹切向应力分布图8-21可知,副井井壁与马头门硐室交接处、马头门两帮与信号室和等候室通道接触处剪应力较为明显,其中,副井马头门3-1边界变径处砌碹切向应力最大,为4.03 MPa,而在副井马头门硐室拐角处应力较大,为3.0~4.0 MPa。

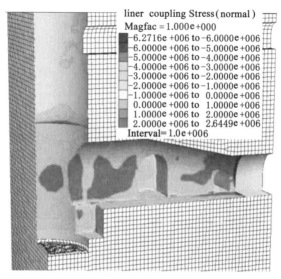

图8-20 钢筋混凝土砌碹法向应力分布图

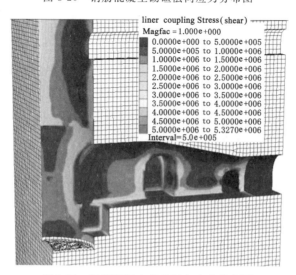

图8-21 钢筋混凝土砌碹切向应力分布图

② 锚杆锚索受力分析

从整体锚杆轴力分布图 8-22 可知,副井马头门两帮锚杆受力大于顶板锚杆,副井马头门 3-1 边界处帮锚杆受力最大,为 134.4 kN,需要强化马头门 3-1 段变径处锚杆支护密度,减少锚杆荷载,或者施加帮锚索支护,并建议锚索长度不小于 4 m。马头门两帮锚杆受力从 7-1 段逐渐增加,在副井井壁侧锚杆轴力极值为 77.19 kN,副井马头门 7-5 段锚杆轴力极值为 82.19 kN,而 5-3 段锚杆轴力极值为 87.22 kN,均小于其极限荷载,所以副井马头门锚杆受力较为合理。

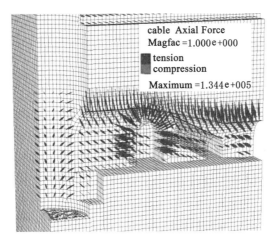

图 8-22　锚杆轴力分布图

锚索将顶板深部与巷道浅部岩体相连,能够限制深部围岩离层变形,支护效果较好。从锚索轴力分布图 8-23 可知,副井侧壁锚索受力大于马头门顶板锚索。副井侧壁锚索主要支护区域是煤层,而煤层较为软弱,力学性质较差,变形较大,所以副井侧壁锚索受力较为明显,为 208.7 kN,而副井马头门顶板锚索受力较小,7-1 段从 139.5 kN 逐步增加至 170.2 kN,锚索受力较为合理,所以需要保证副井井壁锚索施工质量。

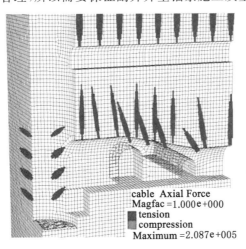

图 8-23　锚索轴力分布图

8.4.2.2 长期稳定性分析

（1）围岩稳定性分析

随着副井马头门硐室围岩逐步稳定，由图 8-24 可知，顶板围岩变形增量较大，而底板和两帮变化较小。监测断面 1 两帮监测点位移量大于顶板和底板监测点位移量，其中，两帮最大位移量为 40.98 mm，几乎没有增加，底板也相似，而顶板位移量从 17.0 mm 缓慢增加到 24.6 mm 后趋于稳定。监测断面 2 和监测断面 3 与监测断面 1 围岩变形相类似，只有顶板位移量增加较为明显，增加幅度不大于 10 mm，围岩整体稳定性较好。副井马头门硐室围岩位移云图，如图 8-25 所示，在副井马头门硐室围岩中，副井与马头门的交接处位移量持续增加，为 50.0 mm，受到较为软弱的煤层影响，马头门 7-5 段两帮变形量较大，而顶底板位移量相对较小。进入马头门 5-3 段后，受到信号室和等候室通道支护的影响，两帮位移量明显降低，两硐室之间帮部位移量较大，为 40～45 mm。马头门 3-1 变径段两帮位移量最大，为 58.9 mm，顶底板位移量均超过 45 mm。

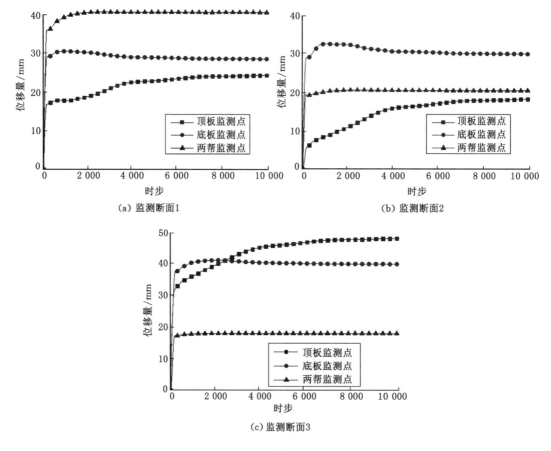

（a）监测断面1 （b）监测断面2

（c）监测断面3

图 8-24　围岩位移监测曲线

副井马头门硐室开挖后，在副井马头门硐室顶底板围岩和管子道顶底板围岩深部区域均形成较为明显的应力集中区，从围岩最大主应力云图 8-26 可知，围岩最大主应力极值点位于管子道底板围岩处，距离管子道底板 3.3 m，距离副井井壁 3.3 m，应力极值为 41.77 MPa，应力集中系数为 2.12。马头门顶板应力集中点距离顶板 3.0 m，距离副井井壁

3.2 m,应力极值为 40.63 MPa,应力集中系数为 2.06。马头门底板应力集中点距离底板 5.3 m,距离副井井壁 3.4 m,应力极值为 37.06 MPa,应力集中系数为 1.88。

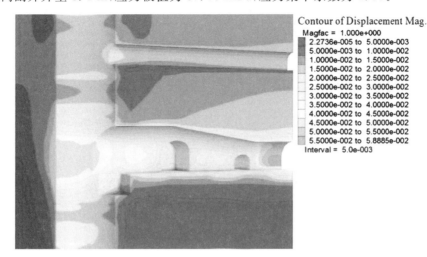

图 8-25　围岩位移云图

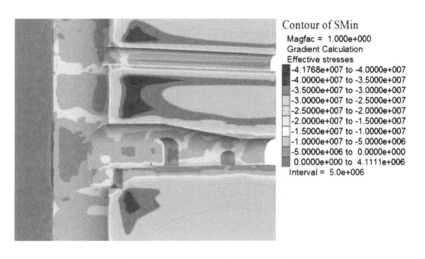

图 8-26　围岩最大主应力云图

从围岩的最小主应力云图 8-27 和塑性区分布图 8-28 可知,副井马头门硐室与副井井壁交接处、马头门 7-5 段中部两帮和底板围岩应力状态较差,塑性区较为明显。副井与马头门交接处从马头门顶板到距离拱基线以下 9.3 m 呈现较为明显的拉应力状态,最大拉应力为 1.15 MPa,而马头门 7-5 段中部两帮和底板呈现较为明显的拉应力状态,拉应力极值为 1.11 MPa,与副井中心距离为 9.5 m。副井马头门硐室围岩主要发生塑性剪切破坏,其中,马头门 7-5 段底板和两帮围岩塑性区厚度变化不大,只有顶板剪切塑性区厚度增加较为明显,为 2.7 m。马头门 5-3 段底板围岩塑性区厚度最大,为 3.6 m,两帮围岩剪切破坏厚度次之,为 3.4 m,顶板剪切塑性区厚度最小,为 2.5 m。马头门 3-1 段两帮围岩剪切破坏厚度最大,为 3.9 m,底板围岩塑性区厚度次之,为 3.7 m,顶板剪切塑性区厚度最小,为 2.8 m。由于两帮塑性区较大,需要在两帮施加帮锚索支护,锚索的长度为 5 m 左右即可。

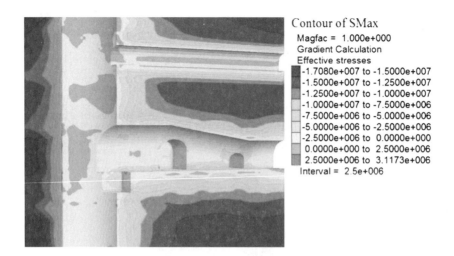

图 8-27　围岩最小主应力云图

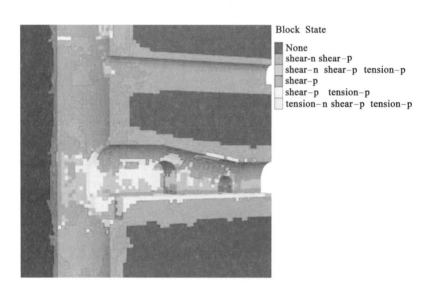

图 8-28　围岩塑性区分布图

（2）支护结构稳定性分析

① 钢筋混凝土砌碹受力分析

从副井马头门硐室钢筋混凝土砌碹法向应力分布图 8-29 可知，砌碹法向应力主要集中在马头门硐室两帮，其中，法向应力极值位于马头门硐室 3-1 段变径处，最大法向应力为 9.50 MPa。

对于马头门硐室而言，7-6 段砌碹内出现应力集中区域，距离副井中心线为 5.8 m，法向应力极值为 5.39 MPa；6-5 段砌碹内出现应力较为集中区域，距离副井中心线为 8.2 m，法向应力极值为 6.62 MPa；马头门与等候硐室通道顶部砌碹法向应力较大，为 6.51 MPa。

从副井马头门硐室钢筋混凝土砌碹切向应力分布图 8-30 可知，副井井壁与马头门硐室交接处、马头门两帮与信号室和等候硐室通道交接处顶部剪应力较为明显，其中，马头门与副井交接处的顶部砌碹切向应力最大,为 8.40 MPa,副井马头门 3-1 边界变径处砌碹切向应力较大,为 6.34 MPa,副井马头门硐室与信号室、等候硐室通道围岩处的切向应力为4.0~6.0 MPa。

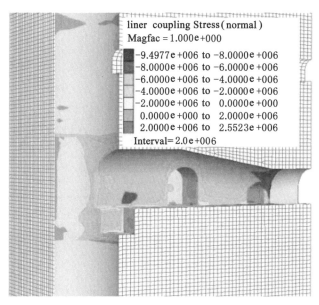

图 8-29　钢筋混凝土砌碹法向应力分布图

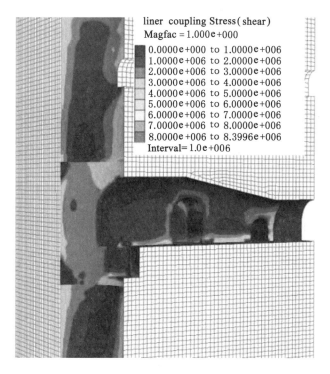

图 8-30　钢筋混凝土砌碹切向应力分布图

② 锚杆锚索受力分析

从整体锚杆轴力分布图 8-31 可知,副井马头门硐室两帮锚杆受力大于顶板锚杆,副井马头门 7-3 段锚杆轴力最大值为 110.3 kN,小于其极限荷载,锚杆受力较为合理,而 3-1 变径处帮锚杆受力已经达到锚杆极限荷载,建议加强马头门 3-1 段变径处锚杆支护密度,减小单个锚杆荷载,或者施加帮锚索支护,锚索长度不小于 4 m。

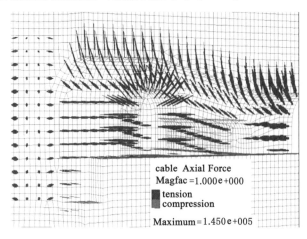

图 8-31 锚杆轴力分布图

锚索将顶板深部与巷道浅部岩体相连,能够限制深部围岩离层变形,支护效果较好。从锚索轴力分布图 8-32 可知,副井侧壁锚索轴力最大,为 249.4 kN,接近其极限荷载,明显大于马头门顶板锚索。副井马头门顶板锚索受力较小,7-1 段从 129.5 kN 逐步增加至169.4 kN,锚索受力较为合理,所以需要保证副井井壁锚索的施工质量或者增加锚索的支护密度。

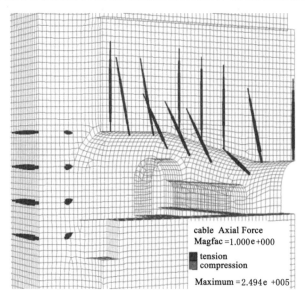

图 8-32 锚索轴力分布图

8.5　现场监测内容及监测方法

8.5.1　现场监测内容

（1）钢筋应力监测

拟采用 VWR-32、VWR-25 型钢筋应力计对副井马头门硐室监测点进行监测，可根据实际情况进行测试仪器位置调整，监测所用仪器如图 7-36 所示。

（2）混凝土应变监测

拟采用 VWS-10 型混凝土应变计对副井马头门硐室监测点进行监测，所用仪器如图 7-37 所示。根据实际情况和以往经验，测试大硐室混凝土应变时需将其固定在绑扎好的钢筋笼上，混凝土浇筑完成后进行测试。

8.5.2　井下自动采集模块介绍

考虑到副井马头门硐室测点安装后人员长时间无法到达采集数据，因此埋设仪器时开始安装自动采集模块，同时自动离线采集数据，保证了数据采集的连续性。本次监测采用 GDA1801(4) 型振弦采集模块，通信方式为 RS485，内置高能电池（亦可外部供电），采集时间为 200 d，采集频率为 2 次/d，单点存储数据可达 2 000 组，外部采用铁盒保护，每四个采集模块为一组。

振弦采集模块具有测量精度高、抗干扰能力强的优点，它将测量、传输及供电功能集成在一个模块里，模块采用金属外壳，有效防护电磁干扰，体积小巧，移动方便，传输距离无限，可实现单点和群点的任意组合，同时省去了信号传输电缆和自动测量单元，数据能直接传输给计算机，使得系统组网简便、快捷、经济。

8.5.3　现场测点安装情况

根据已有经验和前期数值模拟分析所获得的结论，此次监测在南北马头门硐室共设置 4 个监测断面，设计监测断面位置如图 8-33 所示，各监测断面测点分布如图 8-34 所示，其中 1 和 2 监测断面测点布置完全相同。各测点钢筋混凝土砌碹内预埋钢筋计和混凝土应变计，监测结构受力状况，监测断面各测点设计参数及设备现场安装时间见表 8-5。

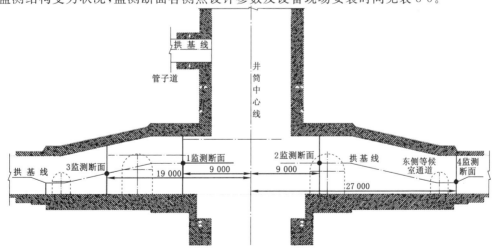

图 8-33　各监测断面位置图

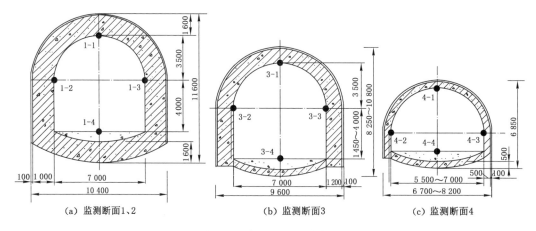

（a）监测断面1、2　　　　（b）监测断面3　　　　（c）监测断面4

图 8-34　各监测测点分布图

表 8-5　测点设计参数及设备安装时间表

设备安装日期	各监测断面测点	距中心线距离/m	监测内容	拟采用监测设备
2014-10-23—2014-11-4	1(1-1、1-2、1-3、1-4)	9	交接处钢筋混凝土砌碹受力状态	VWR-32、VWR-25 型钢筋应力计；VWS-10 型混凝土应变计
2014-10-23—2014-11-4	2(2-1、2-2、2-3、2-4)	9		
2015-01-14—2015-01-20	3(3-1、3-2、3-3、3-4)	19		
2015-01-16—2015-01-27	4(4-1、4-2、4-3、4-4)	27		

监测所埋钢筋计均在砌碹钢筋笼内外侧环向布置，用字母 w、n 表示，个别测点直墙处仅设置内侧钢筋计，具体所埋设仪器型号见表 8-6。

表 8-6　各测点埋设钢筋计型号

测点编号	钢筋计型号	测点编号	钢筋计型号	测点编号	钢筋计型号	测点编号	钢筋计型号
1-1w	RG000015	2-1w	RG000279	3-1w	RC001033	4-1w	RC001043
1-1n	RG000013	2-1n	RG000291	3-1n	RC001012	4-1n	RC001029
1-2w	RE001216	2-2w	RE001223	3-2	RC001113	4-2w	RC001060
1-2n	RE001247	2-2n	RE001203	3-3	RC001108	4-2n	RC001036
1-3w	RE001198	2-3w	RE001207	3-4w	RG000031	4-3w	RE001225
1-3n	RE001235	2-3n	RE001253	3-4n	RG000042	4-3n	RE001219
1-4w	RG000300	2-4w	RG000301			4-4w	RE001205
1-4n	RG000157	2-4n	RG000041			4-4n	RE001227

混凝土应变各测点的安装位置与钢筋计各测点安装位置相同，并规定各测点 X、Y、Z 按照右手螺旋法则布置，Y 方向始终沿硐室轴向方向，Z 方向始终为竖直方向，X 方向与 YZ 面垂直，混凝土应变计型号见表 8-7。测试埋设仪器安装照片、测点读数照片及自动采集模块安装如图 8-35 所示。

表 8-7　各测点埋设混凝土应变计型号

测点编号	应变计型号	测点编号	应变计型号	测点编号	应变计型号	测点编号	应变计型号
1-1x	SA010408	2-1x	SA010775	3-1x	SA010659	4-1x	SA010488
1-1y	SA010468	2-1y	SA010579	3-1y	SA010419	4-1y	SA010776
1-1z	SA010723	2-1z	SA010407	3-1z	SA010689	4-1z	SA010591
1-2x	SA010754	2-2x	SA010500	3-2x	SA010679	4-2y	SA010437
1-2y	SA010734	2-2y	SA010748	3-2y	SA010403	4-2z	SA010662
1-3x	SA010344	2-3x	SA010421	3-2z	SA010356	4-3x	SA010750
1-3y	SA010414	2-3y	SA010676	3-3x	SA010572	4-3y	SA010762
1-3z	SA010536	2-3z	SA010586	3-3y	SA010560	4-3z	SA010452
1-4x	SA010666	2-4x	SA010765	3-3z	SA010406	4-4x	SA010428
1-4y	SA010562	2-4y	SA010475	3-4x	SA010392	4-4z	SA010773
				3-4z	SA010781		

图 8-35　仪器安装、数据测试与自动采集模块安装

8.6　钢筋受力状态监测

此次马头门硐室监测共设置 1、2、3、4 共 4 个断面,分布于马头门南北两侧,同时每一直墙半圆拱断面设置 4 个测点,具体布设如图 8-33 和图 8-34 所示。依据现场情况和之前经验,监测频率前期较高,后期逐渐降低,安装自动采集模块后每天采集两次离线数据。此次埋设的大量仪器中除个别仪器因施工破坏未能监测到数据或数据采集时间较短外,其余仪器数据采集正常。

图 8-36 至图 8-51 为各断面测点钢筋计测试结果,其中各图(a)均表示测试仪器所测得的钢筋计频率模数变化规律,各图(b)表示钢筋计应力变化规律。

由于应变计埋设在水工结构物或其他混凝土结构物中,假设应变计仅受轴力作用,应力与输出的频率模数呈如下线性关系:

$$\sigma_m = K\Delta F = K(F - F_0) \tag{8-1}$$

式中　σ_m——钢筋计的测量值,MPa;

　　　K——钢筋计的测量灵敏度,$10^{-6}/F$,其值由钢筋计型号决定;

ΔF——钢筋计实时测量值相对于基准值的变化量，F；

F——钢筋计的实时测量值，F；

F_0——钢筋计的基准值，F。

8.6.1　断面 1 钢筋应力监测

监测断面 1 在距离井筒中心线北侧 9 m 位置，测点 1-1 位于马头门拱形断面顶板位置，测点 1-2 和测点 1-3 位于拱形断面两帮位置，且对称布置，测点 1-4 位于拱形断面反底拱位置处。具体布设如图 8-34(a)所示。

图 8-36(a)~图 8-39(a)表明测点 1-1w、1-2w、1-3w、1-4w 钢筋的频率模数均随着监测时间的增加而减小，且初期减小较快，而测点 1-1n、1-3n、1-4n 趋势则相反。各测点在观测 90~100 d 后，钢筋计的频率模数逐渐趋于平缓，即二次支护初期钢筋受力变化剧烈，待混凝土强度逐渐提高至其最大强度，且砌碹支护与初次支护相互作用逐渐稳定后，钢筋受力逐渐趋于稳定，表现为钢筋计频率模数逐渐趋于平稳。图 8-36(b)~图 8-39(b)表明各测点外侧钢筋安装后受力逐渐增大，在 70 d 左右时钢筋所受压力达到峰值，此后逐渐趋于稳定。

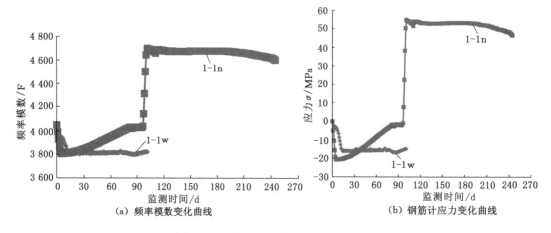

图 8-36　测点 1-1 钢筋计测试结果曲线

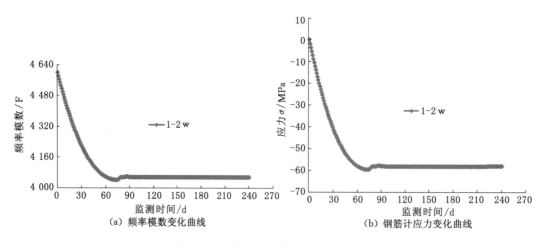

图 8-37　测点 1-2 钢筋计测试结果曲线

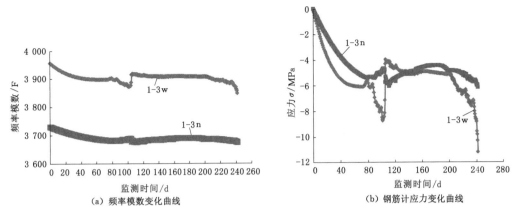

图 8-38 测点 1-3 钢筋计测试结果曲线

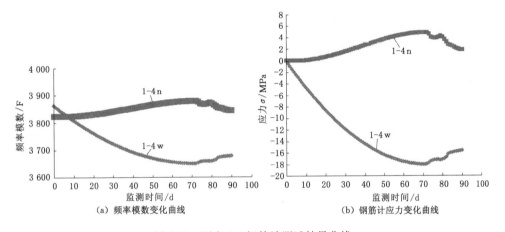

图 8-39 测点 1-4 钢筋计测试结果曲线

内侧钢筋受力规律则不一致,其中,测点 1-4 内侧钢筋逐渐增大,随后拉力趋于稳定;测点 1-3 内侧钢筋受压,但应力值较小;测点 1-1 内侧钢筋开始时受压,90 d 后逐渐转为受拉,在 101 d 时拉力达到峰值,其值为 54.8 MPa,此后拉力趋于稳定,同时应力值略降低。

综上可知,断面 1 各测点中,左帮外侧钢筋受力最大,最大压力为 -59.6 MPa,拱顶内侧钢筋拉力最大,即拱顶内侧环向钢筋受力极值为 54.8 MPa。

8.6.2 断面 2 钢筋应力监测

监测断面 2 在距离井筒中心线南侧 9 m 位置,测点 2-1 位于马头门拱形断面顶板位置,测点 2-2 和测点 2-3 位于拱形断面两帮位置,且对称设置,测点 2-4 位于拱形断面反底拱位置。具体布设如图 8-34(a)所示。

图 8-40(a)～图 8-43(a)表明各测点外侧钢筋的频率模数大体上均是随着监测时间的增加而减小,随后在监测 90～100 d 后逐渐趋于稳定,且初期减小较快,后期在稳定值附近波动;除 2-1n 外,2-2n、2-3n、2-4n 钢筋模数变化趋势同样是随着时间的增加而减小,随后逐渐趋于平稳状态。整体而言,外侧钢筋频率模数较内侧数值大一些。同样的,各测点在观测 90～100 d 后,钢筋计的频率模数逐渐趋于平缓,即砌碹支护与初次支护围岩应力相互作用逐渐稳定时,钢筋受力同样趋于稳定,表现为钢筋计频率模数的逐渐趋于平稳。

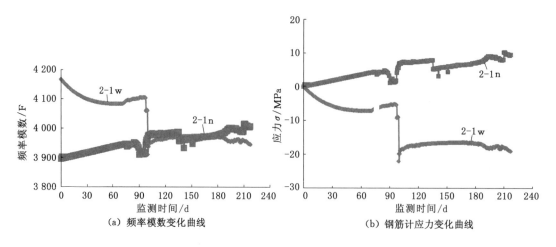

（a）频率模数变化曲线　　　　（b）钢筋计应力变化曲线

图 8-40　测点 2-1 钢筋计测试结果曲线

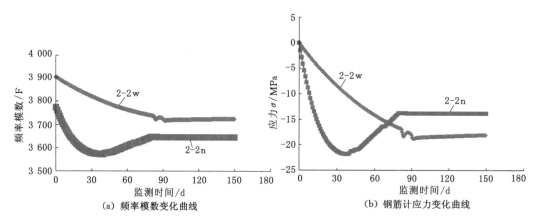

（a）频率模数变化曲线　　　　（b）钢筋计应力变化曲线

图 8-41　测点 2-2 钢筋计测试结果曲线

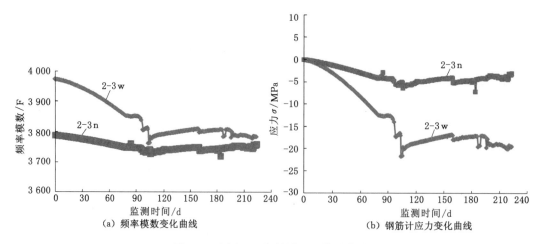

（a）频率模数变化曲线　　　　（b）钢筋计应力变化曲线

图 8-42　测点 2-3 钢筋计测试结果曲线

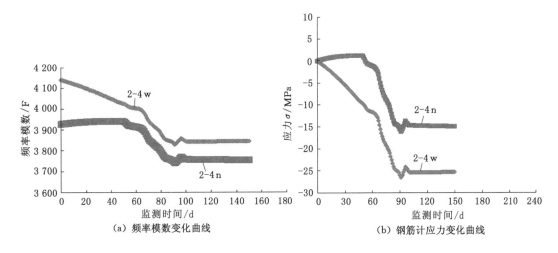

　　(a) 频率模数变化曲线　　　　　　　　　　(b) 钢筋计应力变化曲线

图 8-43　测点 2-4 钢筋计测试结果曲线

　　图 8-40(b)～图 8-43(b)表明各测点外侧钢筋安装后受力逐渐增大,在 90～100 d 时钢筋所受应力达到峰值,峰值范围为－26～－20 MPa,此后应力值趋于稳定。内侧钢筋受力规律则不一致,其中,测点 2-1 内侧钢筋应力逐渐增大,随后拉力趋于稳定,拉力值在 10 MPa 附近徘徊;测点 2-2 内侧钢筋应力先增加到最大值－22 MPa,随后有所回升,并最终趋于稳定状态;测点 2-4 内侧钢筋受力开始在零值附近,此后压力逐渐增大,于 90 d 后趋于稳定。

　　综上可知,断面 2 钢筋压力最大值出现在反底拱处,即 2-4w 处压力最大为－26.6 MPa,拱顶处内侧钢筋拉力值最大为 10.3 MPa。

8.6.3　断面 3 钢筋应力监测

　　监测断面 3 在距离井筒中心线北侧 19 m 位置,测点 3-1 位于马头门拱形断面顶板位置,测点 3-2 和测点 3-3 位于拱形断面两帮位置,且对称设置,测点 3-4 位于拱形断面反底拱位置。具体布设如图 8-34(b)所示。

　　图 8-44(a)～图 8-47(a)中,除测点 3-2 外,其余各点外侧钢筋受力趋势大体相同,即安装后应力先急剧降低到最低点,随后缓慢攀升,最后在稳定点上下振荡。拱顶与反底拱位置处内侧钢筋频率模数变化不一,前者急剧增加,随后趋于稳定,而后者先急剧下降,随后又抬升,超过初始值后呈下降趋势,最后趋于稳定状态。

　　从图 8-44(b)～图 8-47(b)可知,压应力普遍较小,最大压应力极值出现在拱顶外侧钢筋处,为－23.3 MPa,即靠近初次支护一侧受压较大。拉应力较大部位出现在拱顶处内侧钢筋和右帮处钢筋,拉应力极值分别为 158 MPa 和 170 MPa。比较两帮钢筋受力发现,右帮受力明显较左帮大,可知该监测断面处右帮所受地应力应大于左帮。

8.6.4　断面 4 钢筋应力监测

　　监测断面 4 在距离井筒中心线南侧 27 m 位置,测点 4-1 位于马头门拱形断面顶板位置,测点 4-2 和测点 4-3 位于拱形断面左右两帮位置,且对称设置,测点 4-4 位于拱形断面反底拱位置。具体布设如图 8-34(c)所示。

　　在图 8-48(a)～图 8-51(a)中,除测点 4-1 外,其余各测点外侧钢筋受力趋势大体相同,即安装后先急剧降低,25 d 左右时开始缓慢下降,115 d 时又开始缓慢下降,并逐渐趋于稳

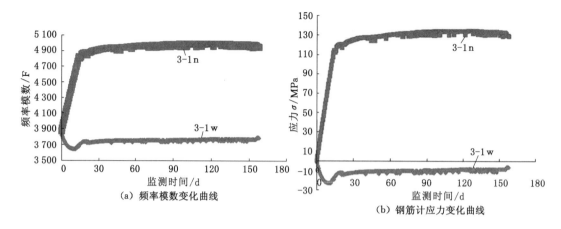

图 8-44　测点 3-1 钢筋计测试结果曲线

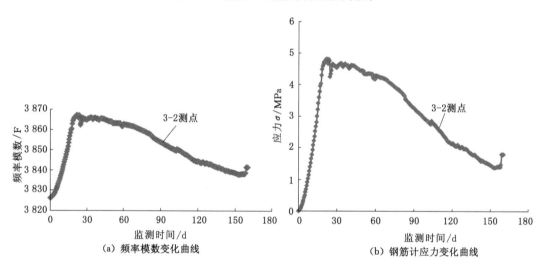

图 8-45　测点 3-2 钢筋计测试结果曲线

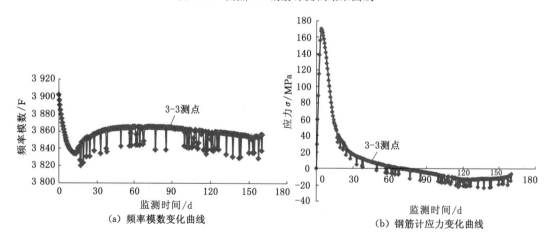

图 8-46　测点 3-3 钢筋计测试结果曲线

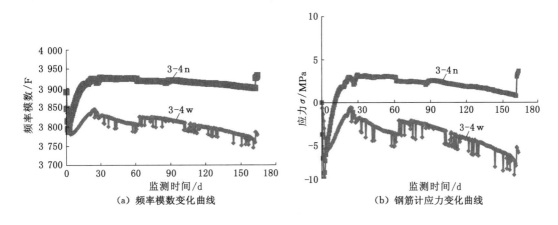

（a）频率模数变化曲线　　　　（b）钢筋计应力变化曲线

图 8-47　测点 3-4 钢筋计测试结果曲线

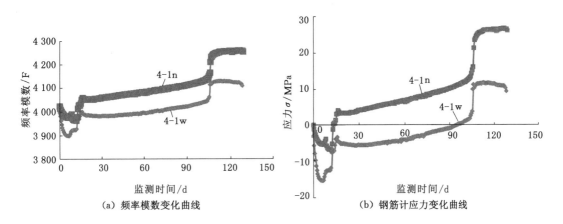

（a）频率模数变化曲线　　　　（b）钢筋计应力变化曲线

图 8-48　测点 4-1 钢筋计测试结果曲线

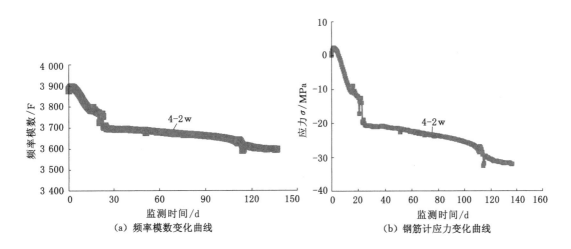

（a）频率模数变化曲线　　　　（b）钢筋计应力变化曲线

图 8-49　测点 4-2 钢筋计测试结果曲线

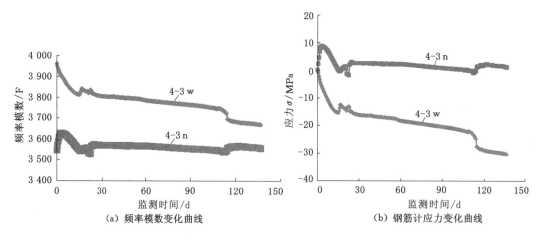

图 8-50　测点 4-3 钢筋计测试结果曲线

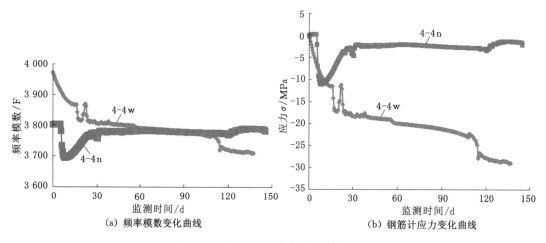

图 8-51　测点 4-4 钢筋计测试结果曲线

定。而拱顶处外侧钢筋受力则是安装后急速下降,7 d 后开始急速回升,12 d 后缓慢上升,125 d 后逐步趋于稳定状态。各测点内侧钢筋受力曲线中拱顶和反底拱变化较一致,即先急剧下降,后急剧上升,随后缓慢上升,不同的是拱顶上升幅度较大,反底拱则较小。从图 8-48(b)~图 8-51(b)可知,左右两帮和反底拱最大压应力相差不大,均为 -30 MPa 左右,最大拉应力同样出现在拱顶内侧钢筋处,数值为 26.8 MPa。

　　综上 4 个监测断面各测点受力最大处分别是:最大压应力出现在 1 断面左帮外侧钢筋处,最大值为 -59.6 MPa,拉应力较大部位出现在 3 断面拱顶处内侧钢筋和右帮处钢筋,拉应力极值分别为 158 MPa 和 170 MPa。总体而言,最大拉应力发生在拱顶内侧钢筋处,最大压应力发生位置较为分散,各监测断面均不一致,由于设计钢筋拉压应力均为 300 MPa,而最大监测拉应力为 170 MPa,小于钢筋设计抗拉强度,因此从钢筋受力方面可知,在目前支护结构下马头门硐室受力状态是安全、稳定的。

8.7　混凝土受力状态监测成果

图 8-52 至图 8-67 为各断面测点应变计测试结果，各图(a)均表示测试仪器所测得的应变计频率模数变化规律，各图(b)均表示测试仪器所测得的应变计温度变化规律，各图(c)均表示采用式(8-2)所获得的应变计应变变化规律。

由于应变计埋设在水工结构物或其他混凝土结构物中，要同时考虑变形和温度的双重作用，其应变具体计算公式为：

$$\varepsilon_m = K\Delta F + b'\Delta T = K(F - F_0) + (b - a)(T - T_0) \tag{8-2}$$

式中　ε_m——被测结构物的应变量，10^{-6}；

　　　K——应变计的测量灵敏度，$10^{-6}/F$；

　　　ΔF——应变计实时测量值相对于基准值的变化量，F；

　　　F——应变计的实时测量值，F；

　　　F_0——应变计的基准值，F；

　　　b——应变计的温度修正系数，$10^{-6}/℃$；

　　　a——被测结构物的线膨胀系数，$10^{-6}/℃$；

　　　ΔT——温度实时测量值相对于基准值的变化量，℃；

　　　T——温度的实时测量值，℃；

　　　T_0——温度的基准值，℃。

其中，K、b 均为常数，其值由混凝土应变计出厂时编号决定。

8.7.1　断面 1 混凝土应变监测

监测断面 1 在距离井筒中心线北侧 9 m 位置，测点 1-1 位于马头门拱形断面顶板位置，测点 1-2 和测点 1-3 位于拱形断面左右两帮位置，且对称布置，测点 1-4 位于拱形断面反底拱位置。具体布设如图 8-34(a)所示。

图 8-52(a)～图 8-55(a)表明断面 1 测点混凝土应变计轴向、切向和径向应变变化趋势均为前期剧烈，随后逐渐趋于平稳，但轴向和其他两个方向应变变化趋势相反。两帮测点各方向变化趋势一致，表现为沿硐室轴向频率模数先急剧增加，后趋于稳定，径向则完全相反，不同的是，各曲线拐点发生的时间不同。

图 8-52(b)～图 8-55(b)表明各测点的温度变化趋势基本一致，均为安设 5 d 左右时，温度急剧增加到峰值，峰值均在 59 ℃左右，这是由于混凝土浇筑后，大体积混凝土剧烈水化热反应的结果，待混凝土水化热反应逐渐减弱，应变计温度随之降低，至观测 60～90 d 时，各测点温度变化逐渐趋于平稳状态。

由图 8-52(c)得出，拱顶沿硐室轴向混凝土应变先急剧增大到峰值 -226 $\mu\varepsilon$，随后缓慢增加到稳定状态；径向应变先急剧增加到峰值 411.8 $\mu\varepsilon$，接着缓慢下降到稳定值 185 $\mu\varepsilon$，最后趋于稳定；切向应变先急剧增加到峰值 394.8 $\mu\varepsilon$，随后下降，稳定于 348 $\mu\varepsilon$ 附近。由图 8-53(c)、图 8-54(c)可知，两帮沿硐室轴向应变值趋势相同，先急剧增大到极值，随后回落，最终处于稳定状态，轴向最大应变值为 185.8 $\mu\varepsilon$；左帮和右帮径向应变变化趋势一致，但稳定后压应变值不同，前者在 -110 $\mu\varepsilon$ 左右，而后者在 -30 $\mu\varepsilon$ 左右。由图 8-55(c)可知，反底拱沿硐室轴向应变开始迅速增大到峰值 181.6 $\mu\varepsilon$，接着急剧下降到最小值 72.9 $\mu\varepsilon$，并于

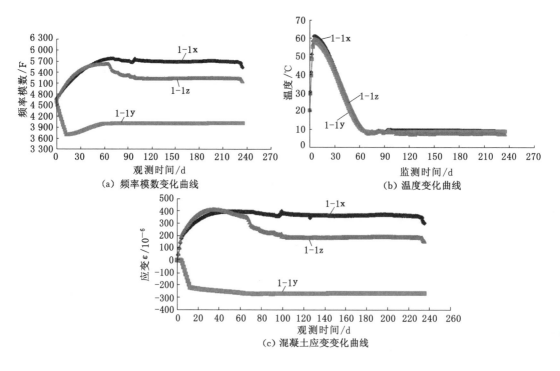

图 8-52　测点 1-1 测试结果曲线

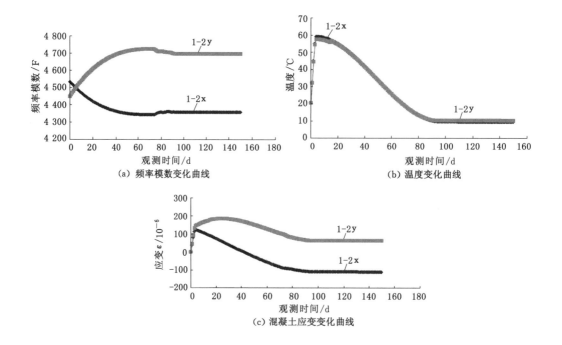

图 8-53　测点 1-2 测试结果曲线

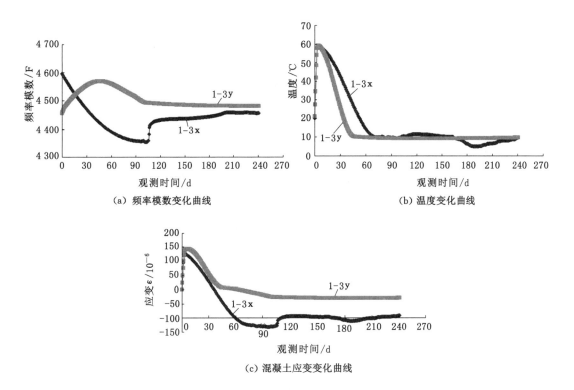

（a）频率模数变化曲线　　　　　　　（b）温度变化曲线

（c）混凝土应变变化曲线

图 8-54　测点 1-3 测试结果曲线

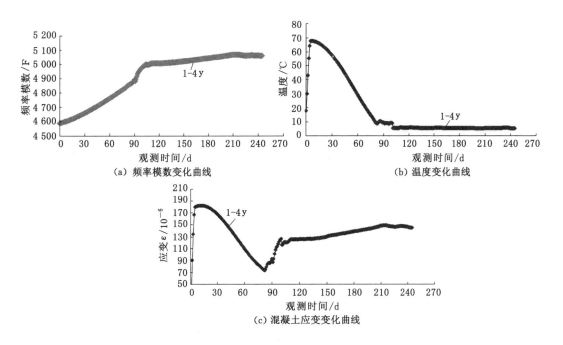

（a）频率模数变化曲线　　　　　　　（b）温度变化曲线

（c）混凝土应变变化曲线

图 8-55　测点 1-4 测试结果曲线

82 d后迅速回升到146 $\mu\varepsilon$附近,最后趋于稳定状态。

由以上分析可知,拱顶位置处混凝土受拉力较大,径向应变峰值为411.8 $\mu\varepsilon$,切向应变峰值为394.8 $\mu\varepsilon$,对于压应变而言,最大值同样出现在拱顶位置,其值为-226 $\mu\varepsilon$。

8.7.2 断面2混凝土应变监测

监测断面2在距离井筒中心线南侧9 m位置,测点2-1位于马头门拱形断面顶板位置,测点2-2和测点2-3位于拱形断面两帮位置,且对称设置,测点2-4位于拱形断面反底拱位置。具体布设如图8-34(a)所示。

由图8-56(a)可知,测点2-1混凝土应变计切向、轴向和径向应变变化趋势均为前期剧烈,100 d左右时逐渐趋于平稳,但切向频率模数先急剧增长,随后趋于稳定,轴向和径向则是开始缓慢下降,然后趋于稳定。由图8-57(a)、图8-58(a)可知,左右两帮频率模数变化不一致,左帮轴向先下降再稳定,而右帮则略微增长,随后保持不变;在径向上,两者变化趋势刚好相反。右帮切向模数则呈下降趋势。由图8-59(a)可知,沿硐室轴向频率模数先急剧降低,后开始回升,最后趋于稳定状态。

图8-56(b)~图8-59(b)表明各测点的温度变化趋势同样一致,均为安设5 d左右时,温度急剧增加到峰值,峰值均在59 ℃左右,这是由于混凝土浇筑后,大体积混凝土剧烈水化热反应的结果,待混凝土水化热反应逐渐减弱,应变计温度随之降低,至观测90 d左右时,各测点温度逐渐稳定在10 ℃左右。

由图8-56(c)得出,拱顶沿硐室轴向、径向应变变化趋势一致,混凝土应变先是受拉,拉应力最大达到120 $\mu\varepsilon$,而后迅速转为受压,最后处于平稳状态,其中轴向应变稳定在-114 $\mu\varepsilon$左右,切向应变稳定在-30 $\mu\varepsilon$左右。切向应变与另外两个方向应变相反,首先受拉,快速增加后趋于稳定,拉应变值在248.4 $\mu\varepsilon$左右。

由图8-57(c)、图8-58(c)可知,左帮轴向应变先为拉应变,后转为压应变,压应变极值为

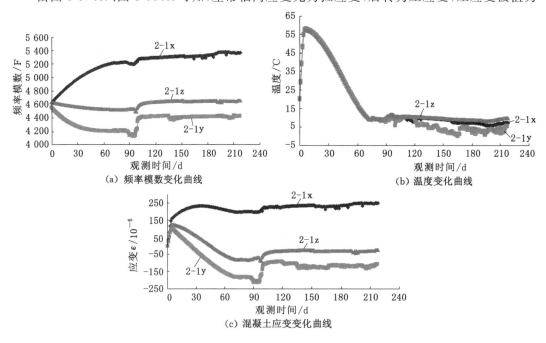

(a) 频率模数变化曲线 (b) 温度变化曲线

(c) 混凝土应变变化曲线

图8-56 测点2-1测试结果曲线

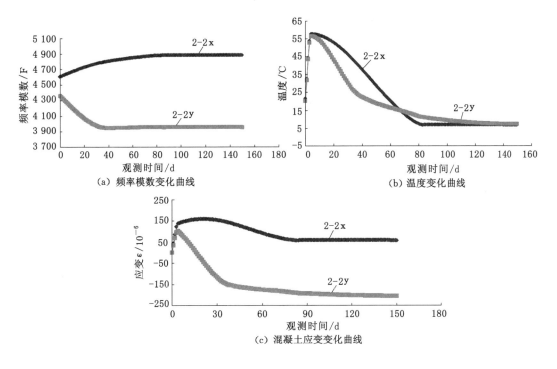

图 8-57 测点 2-2 测试结果曲线

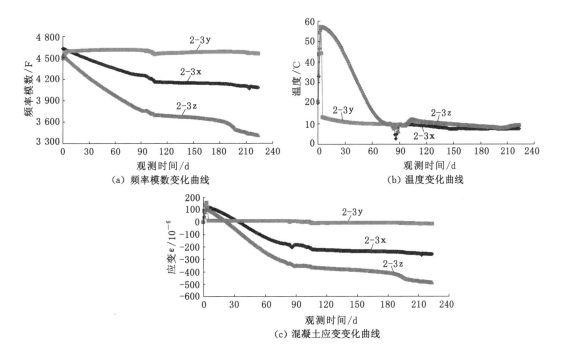

图 8-58 测点 2-3 测试结果曲线

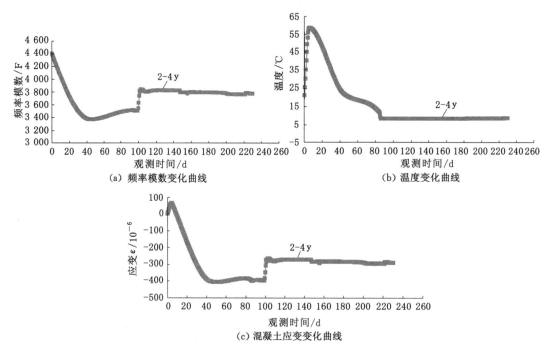

（a）频率模数变化曲线　　　　　　　　　　（b）温度变化曲线

（c）混凝土应变变化曲线

图 8-59　测点 2-4 测试结果曲线

－205.7 $\mu\varepsilon$，径向应变变化趋势与测点 2-1 一致，始终为拉应变，极值为 156.6 $\mu\varepsilon$；右帮混凝土受拉应变较左帮大，先表现为拉应变，后转为压应变，而切向应变较轴向应变大，切向开始受拉应变极值为 105.8 $\mu\varepsilon$，后期压应变极值为－486.7 $\mu\varepsilon$，监测到 223 d 时应变值还在增大，而且有进一步增加的可能。由图 8-59(c) 可知，反底拱沿硐室轴向应变开始迅速增大到拉应变峰值 64.6 $\mu\varepsilon$，接着急剧下降到压应变最大值－406.5 $\mu\varepsilon$，并于 100 d 左右迅速降低至－300 $\mu\varepsilon$ 附近，后期趋于稳定状态。

由以上分析可知，拱顶位置处混凝土受拉力较大，切向应变峰值 248.4 $\mu\varepsilon$，对于压应变而言，最大切向应变出现在右帮位置，其值为－486.7 $\mu\varepsilon$，而且截至 223 d 时，数值仍有进一步增大的可能。

8.7.3　断面 3 混凝土应变监测

监测断面 3 在距离井筒中心线北侧 19 m 位置，测点 3-1 位于马头门拱形断面顶板位置，测点 3-2 和测点 3-3 位于拱形断面两帮位置，且对称设置，测点 3-4 位于拱形断面反底拱位置。具体布设如图 8-34(b) 所示。

由图 8-60(a) 可知，断面 3 拱顶测点混凝土应变计切向、轴向和径向应变变化趋势均为前期剧烈，20 d 左右时逐渐趋于平稳，但切向频率模数先急剧下降，随后趋于稳定，轴向和径向则是开始急剧增加，然后趋于稳定，三者 152 d 后模数都有所下降。由图 8-61(a)、图 8-62(a) 可知，左右两帮频率模数变化不一致，左帮轴向和切向模数先急剧下降，再缓慢上升，后趋于稳定，而右帮切向模数则先快速增长，然后处于平稳状态，后缓慢减小；在径向上，左帮模数同样先快速增加，后趋于稳定状态。由图 8-63(a) 可知，反底拱沿硐室径向和切向应变变化同样先快速增加后趋于稳定。

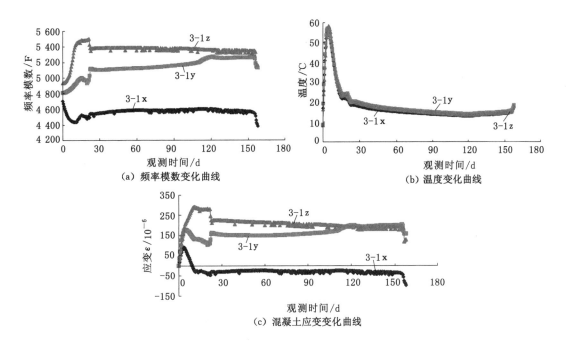

（a）频率模数变化曲线　　　　　（b）温度变化曲线

（c）混凝土应变变化曲线

图 8-60　测点 3-1 测试结果曲线

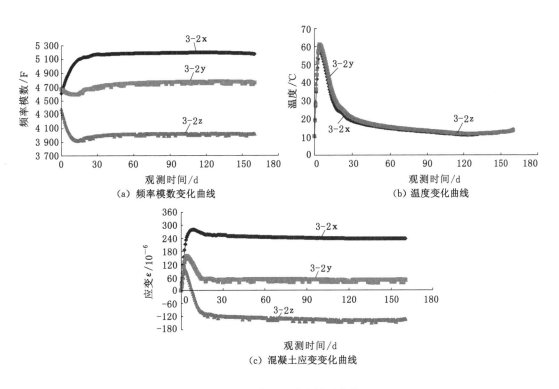

（a）频率模数变化曲线　　　　　（b）温度变化曲线

（c）混凝土应变变化曲线

图 8-61　测点 3-2 测试结果曲线

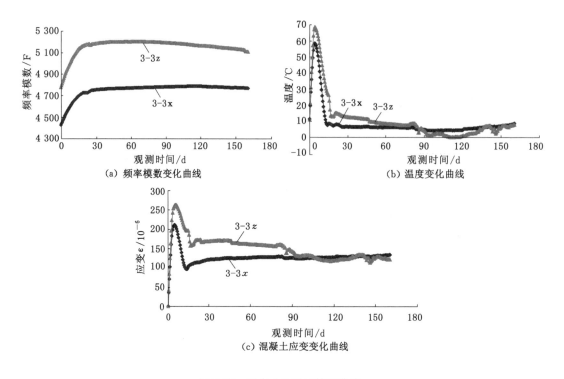

图 8-62　测点 3-3 测试结果曲线

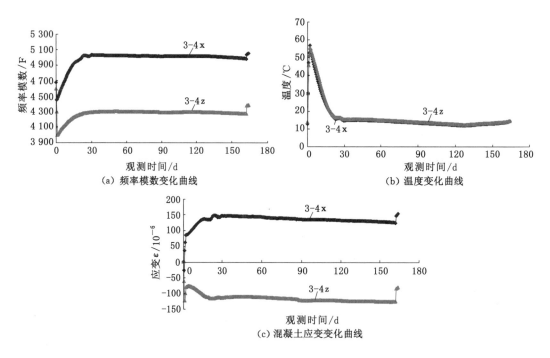

图 8-63　测点 3-4 测试结果曲线

图 8-60(b)～图 8-63(b)表明各测点的温度变化趋势基本一致,均为安设 5 d 左右时,温度急剧增加到峰值,峰值均在 60～70 ℃ 左右,这是混凝土浇筑后,大体积混凝土剧烈水化热反应的结果,待混凝土水化热反应逐渐减弱,应变计温度随之降低,至观测 15 d 左右时,各测点温度逐渐稳定在 10 ℃ 左右。

由图 8-60(c)得出,拱顶沿硐室轴向、径向应变变化趋势一致,混凝土应变先是受拉,拉应力最大分别达到 291.5 $\mu\varepsilon$、178.0 $\mu\varepsilon$,而后拉应力开始缓慢下降,并最终达到稳定状态。拱顶切向应变先迅速小幅受拉,而后快速转为受压,最后处于压应力状态,虽然应变值不大,但可能会进一步增长。由图 8-61(c)、图 8-62(c)可知,两帮各个方向应变值变化趋势一致,均为开始迅速增长,继而快速下降,监测后期趋于平稳状态,而且趋于稳定的时间较短。在 15～20 d 时间后即趋于稳定。监测期内左帮径向拉应变最大值为 280.2 $\mu\varepsilon$,切向最大压应变值为 −148.8 $\mu\varepsilon$。由图 8-63(c)可知,反底拱沿硐室切向和径向应变变化趋势相反,切向最大拉应变值为 147.3 $\mu\varepsilon$,径向最大压应变值为 −127.3 $\mu\varepsilon$。

由以上分析可知,拱顶位置处混凝土受拉应力较大,轴向应变峰值为 291.5 $\mu\varepsilon$,对于压应变而言,最大切向应变出现在左帮位置,其值为 −148.8 $\mu\varepsilon$。

8.7.4 断面 4 混凝土应变监测

监测断面 4 在距离井筒中心线南侧 27 m 位置,测点 4-1 位于马头门拱形断面顶板位置,测点 4-2 和测点 4-3 位于拱形断面两帮位置,且对称设置,测点 4-4 位于拱形断面反底拱位置。具体布设如图 8-34(c)所示。

由图 8-64(a)可知,断面 4 拱顶测点混凝土应变计切向应变、径向应变变化趋势一致,前期均急剧下降,7 d 后开始缓慢上升,监测后期趋于稳定,而轴向应变则先迅速上升,然后略下降,后期趋于平稳。由图 8-65(a)、图 8-66(a)可知,左帮径向应变先迅速增长,随后趋于稳定;右帮轴向应变先缓慢增长,后趋于稳定,其他两个方向前期小幅变化后,监测后期数值缓慢下降。由图 8-67(a)可知,反底拱沿硐室径向应变同样先快速下降,而后迅速回升,趋于稳定后开始呈缓慢下降趋势,轴向先小幅下降,后逐渐回升,最后趋于稳定状态。

图 8-64(b)～图 8-67(b)表明各测点的温度变化趋势一致,均为安设 4 d 左右时,温度急剧增加到峰值,这是由于混凝土浇筑后,大体积混凝土剧烈水化热反应造成的结果,待混凝土水化热反应逐渐减弱,应变计温度随之降低,至观测 15～20 d 左右时,各测点温度逐渐稳定在 10 ℃ 左右。

由图 8-64(c)得出,拱顶沿硐室径向应变值前期急剧增加,7 d 后开始稳定,105 d 时开始缓慢增大,最终应变值稳定在 −350 $\mu\varepsilon$ 左右,压应变最大值为 −356.1 $\mu\varepsilon$;轴向应变先急剧增大,后趋于稳定,最大拉应变为 162.2 $\mu\varepsilon$。由图 8-65(c)、图 8-66(c)可知,左帮切向应变先急剧增大,后稍缓增大,最后应变值达到最大值 390.4 $\mu\varepsilon$ 后稳定,不再增长;右帮轴向和径向受力不大,而切向应变则不断增大,最大值为 −116.6 $\mu\varepsilon$。由图 8-67(c)可知,反底拱沿硐室轴向、切向应变变化趋势相同,不再赘述,其中拉应变最大值为 112.7 $\mu\varepsilon$;径向应变先快速增加,后缓慢增加,至监测 140 d 时,压应变最大值为 −156.8 $\mu\varepsilon$,且有进一步增加的可能性。

由以上分析可知,拱顶位置处混凝土受拉应力较大,轴向应变峰值为 162.2 $\mu\varepsilon$,对于压应变而言,最大径向应变同样出现在拱顶位置,其值为 −356.1 $\mu\varepsilon$。

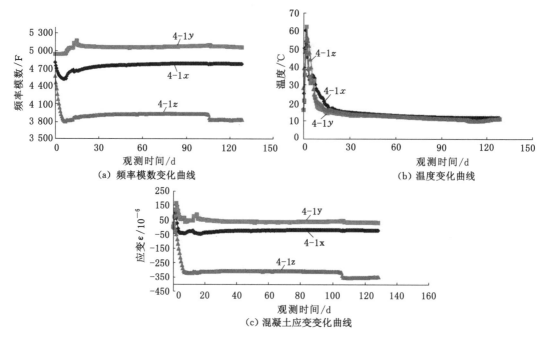

（a）频率模数变化曲线　　　　（b）温度变化曲线

（c）混凝土应变变化曲线

图 8-64　测点 4-1 测试结果曲线

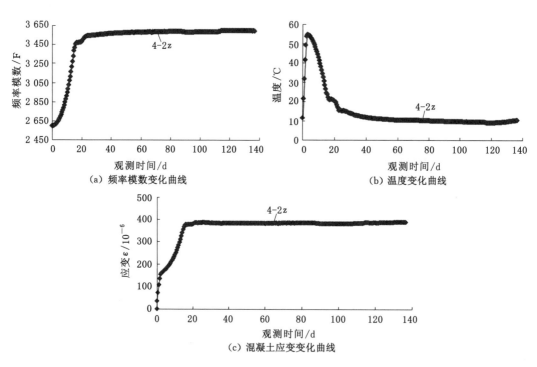

（a）频率模数变化曲线　　　　（b）温度变化曲线

（c）混凝土应变变化曲线

图 8-65　测点 4-2 测试结果曲线

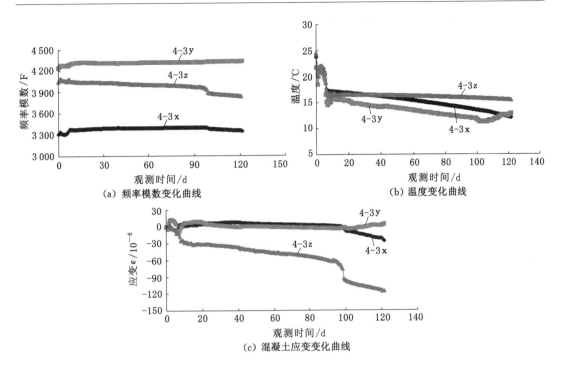

(a) 频率模数变化曲线   (b) 温度变化曲线

(c) 混凝土应变变化曲线

图 8-66 测点 4-3 测试结果曲线

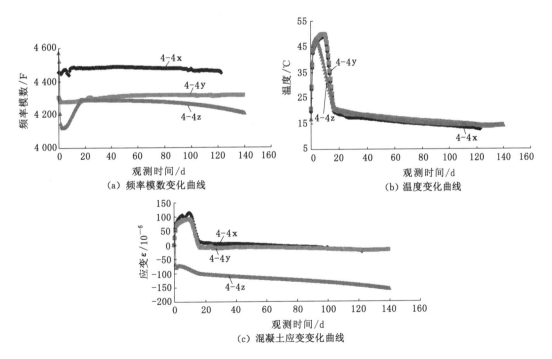

(a) 频率模数变化曲线   (b) 温度变化曲线

(c) 混凝土应变变化曲线

图 8-67 测点 4-4 测试结果曲线

8.8 副井马头门硐室围岩支护综合分析

通过上述马头门硐室砌碹支护结构钢筋应力监测、混凝土应变监测,获得主要结论如下:

(1)超过 6 个月的副井马头门硐室钢筋受力和混凝土应变监测结果表明:副井马头门拱顶部位和反底拱处受力较大,拱顶钢筋最大拉应力为 158 MPa,拱顶处混凝土拉应变最大值为 411.8 $\mu\varepsilon$。总体而言,监测期内钢筋和混凝土受力数值处于安全允许范围内,支护结构处于安全稳定状态,且钢筋受力最大值未达设计值 335 MPa 的 50%,尚有较大的安全富余。

(2)钢筋受力大致经历以下三个阶段:① 急剧增加阶段。在混凝土浇筑初期产生的大量水化热,使得混凝土内部产生大量温度压应力,造成环向钢筋压应力急剧增长,这在大量监测曲线图中均有体现。② 缓慢变化阶段。在随后的时间内,混凝土在凝固过程中要收缩,而钢筋则阻止混凝土收缩,从而使混凝土受拉,钢筋受压,同时地应力也将作用于砌碹支护结构,在二者共同作用下,钢筋受力总体上表现为缓慢变化状态。③ 稳定状态。该阶段钢筋受力主要取决于地应力作用,当砌碹支护结构与初次支护(根本上是地应力)相互作用逐渐稳定,钢筋受力逐渐趋于稳定状态。

(3)各断面钢筋受力较大值如表 8-8 所示,由表可知,在各个监测断面中拱顶内侧钢筋处受拉力均较大,其最大拉应力达到 158 MPa;右帮在断面 3 处钢筋拉应力达到170 MPa,较其他截面数值大,因此后期马头门硐室施工时应对该处位置加强监测。

表 8-8　钢筋应力极值统计表　　　　　　　　　　　单位:MPa

断面	拱顶		左帮		右帮		反底拱	
	外侧	内侧	外侧	内侧	外侧	内侧	外侧	内侧
断面 1	—	54.8	−59.6	—				
断面 2		10.3					−26.6	
断面 3	−23.3	158				170		
断面 4		26.8	−32.6					

(4)从各断面监测曲线来看,混凝土受力经历阶段与钢筋受力大体相同,不再赘述。一般而言,对于混凝土应变,虽然钢筋混凝土结构在约束条件下,混凝土的开裂极限拉应变得到较大提高,但目前监测中马头门硐室拱顶处混凝土最大拉应变已达到 411.8 $\mu\varepsilon$,因此局部可能已出现混凝土裂缝。经现场观察,拱顶小范围区域内未监测部位已出现了少许渗漏水现象,这种现象表明一些未监测到的区域拉应力较大,混凝土结构内部可能已出现裂纹,建议矿方后期加强巡视。

(5)各断面混凝土应变较大值如表 8-9 所示,由表可知,在各断面拱顶位置处混凝土应变较大,同钢筋受力监测结果一致,同时反底拱混凝土受力总体上也较大,后期运行中同样应加强监测。

表 8-9　混凝土应变较大数值统计表　　　　　单位:με

断面	拱顶			左帮			右帮			反底拱		
	切向 X	轴向 Y	径向 Z	径向 X	轴向 Y	切向 Z	径向 X	轴向 Y	切向 Z	切向 X	轴向 Y	径向 Z
断面 1	394.8	−226	411.8	—	—	—	—	—	—	—	181.6	—
断面 2	248.4	—	—	—	—	—	—	—	−486.7	—	−406.5	—
断面 3	—	291.5	—	—	—	−148.8	—	—	—	147.3	—	−127.3
断面 4	—	162.2	−356.1	—	—	—	—	—	—	112.7	91.8	−156.8

综上所述,根据钢筋受力和混凝土应变监测数据可知,副井马头门硐室拱顶部位和反底拱处总体受力较大,因此后期施工扰动时应加强巡视监测。结合现场监测,对矿方提出以下建议:

(1)马头门支护设计强度较高,可适当考虑降低支护密度,可将一次支护锚杆、锚索间排距适当扩大。

(2)经现场观察,拱顶个别区域出现渗漏水情况,推测知砌碹支护结构已出现裂纹,因此建议后期再建类似马头门硐室时,考虑适度添加钢纤维等增强混凝土延性的材料,防止混凝土结构出现裂缝。

(3)同时需要注意的是,后续马头门硐室附近巷道、硐室扰动施工时,建议矿方应加强对拱顶部位的监测,同时考虑到右帮地应力较大,矿井投产使用后应继续进行监控量测,确保正常生产时马头门硐室结构安全。

参 考 文 献

[1] 巴川.深井井筒装备快速装配方法研究[D].唐山:华北理工大学,2017.

[2] 蔡海兵,程桦,荣传新,等.复杂条件下深井马头门围岩稳定性分析及支护结构优化[J].采矿与安全工程学报,2015,32(2):298-304.

[3] 蔡美峰,冀东,郭奇峰.基于地应力现场实测与开采扰动能量积聚理论的岩爆预测研究[J].岩石力学与工程学报,2013,32(10):1973-1980.

[4] 蔡美峰.深部开采围岩稳定性与岩层控制关键理论和技术[J].采矿与岩层控制工程学报,2020,2(3):5-13.

[5] 曹玉涛,庞博.冻结法施工井筒壁间注浆技术[J].中国矿山工程,2020,49(2):68-70.

[6] 曾凡彪,谭国龙,张彦奇.大型矿井建井期间改绞方法研究[J].山东煤炭科技,2015(4):105-106.

[7] 陈传东,刘东亮,时奎德.安里煤矿副井壁间注浆加固技术应用[J].能源技术与管理,2014,39(6):158-159.

[8] 陈红蕾.富水砂层水平冻结孔钻孔工艺研究[J].山西建筑,2017,43(1):111-112.

[9] 陈骏,陈岐范,康一强,等.深厚表土层立井冻结壁稳定性上限分析[J].河南理工大学学报(自然科学版),2020,39(5):18-23.

[10] 陈雷,王金军,施田程,等.YHT型摩擦提升机调绳装置在井筒设备检修时的运用[J].煤矿现代化,2016(3):48-49.

[11] 陈湘生.深冻结壁时空设计理论[J].岩土工程学报,1998,20(5):13-16.

[12] 陈新年,奚家米,张琨.井筒超深冻结孔封孔缓凝水泥浆性能研究[J].煤炭科学技术,2015,43(3):6-9.

[13] 陈志杰.冻结施工条件下立井井壁混凝土性能劣化机理与评价[D].北京:北京科技大学,2016.

[14] 陈志勇,姚直书,何超.煤矿主井箕斗装载硐室支护结构优化及受力监测分析[J].煤炭技术,2014,33(10):307-308.

[15] 程桦,蔡海兵,荣传新,等.深立井连接硐室群围岩稳定性分析及支护对策[J].煤炭学报,2011,36(2):261-266.

[16] 程桦.乳化沥青壁间注浆材料的研究[J].建井技术,1996,17(4):17-19.

[17] 范雨炯,陈运.千米立井综合机械化配套施工[J].建井技术,2014,35(3):14-16.

[18] 高峰.立井施工设施选用与布置[J].科技风,2011(2):122.

[19] 韩博,宁方波,王桦,等.西部侏罗系深基岩立井井壁冻结压力实测与分析[J].建井技术,2015,36(5):27-30.

[20] 韩涛.富水基岩单层冻结井壁受力规律及设计理论研究[D].徐州:中国矿业大学,2011.

［21］何满潮,李国峰,任爱武,等.深部软岩巷道立体交叉硐室群稳定性分析[J].中国矿业大学学报,2008,37(2):167-170.

［22］洪伯潜.我国深井快速建井综合技术[J].煤炭科学技术,2006,34(1):8-11.

［23］纪洪广,蒋华,宋朝阳,等.弱胶结砂岩遇水软化过程细观结构演化及断口形貌分析[J].煤炭学报,2018,43(4):993-999.

［24］纪洪广,邹静.原始地应力场测量竖井马头门稳定性分析与设计优化[J].中国矿业,2010,19(5):55-57.

［25］姜浩亮.混凝土水化热对井壁和冻结壁的影响研究[D].淮南:安徽理工大学,2007.

［26］康红普,王国法,姜鹏飞,等.煤矿千米深井围岩控制及智能开采技术构想[J].煤炭学报,2018,43(7):1789-1800.

［27］李博融.白垩系地层冻结井筒岩石物理力学特性及温度场研究[D].西安:西安科技大学,2016.

［28］李功洲,陈道翀,高伟.厚600 m以上冲积层冻结壁厚度设计方法研究[J].煤炭科学技术,2020,48(1):150-156.

［29］李功洲,高伟,李方政.深井冻结法凿井理论与技术新进展[J].建井技术,2020,41(5):10-14.

［30］李瑞.立井井筒冻结施工质量控制[J].煤炭技术,2019,38(11):32-33.

［31］李翔,王金安,张少杰.复杂地质体三维数值建模方法研究[J].西安科技大学学报,2012,32(6):676-681.

［32］李新平,汪斌,周桂龙.我国大陆实测深部地应力分布规律研究[J].岩石力学与工程学报,2012,31(增刊1):2875-2880.

［33］李学彬,曲广龙,杨春满,等.弱胶结巷道新型聚合物喷层材料及其喷射支护技术研究[J].采矿与安全工程学报,2019,36(1):95-102.

［34］李学彬,杨春满,王波,等.西部弱胶结软岩巷道新型聚合物喷层支护研究[J].煤炭科学技术,2017,45(12):76-80.

［35］梁正召,龚斌,吴宪锴,等.主应力对洞室围岩失稳破坏行为的影响研究[J].岩石力学与工程学报,2015,34(增刊1):3176-3187.

［36］刘国申,梁祖军.大直径超千米深立井快速施工[J].建井技术,2019,40(1):8-10.

［37］刘其兴.冻结法凿井施工设备的完善[J].江苏煤炭,1995,20(4):25-27.

［38］刘泉声,黄诗冰,崔先泽,等.深井煤矿硐室底臌控制对策与监测分析[J].岩土力学,2015,36(12):3506-3515.

［39］刘志强,等.矿井建设技术[M].北京:科学出版社,2018.

［40］刘志强,洪伯潜,龙志阳.矿井建设科研成就60年[J].建井技术,2017,38(5):1-6.

［41］刘志强,王博,杜健民,等.新型单平台凿井井架在深大立井筒施工中的应用[J].煤炭科学技术,2017,45(10):24-29.

［42］刘志强.竖井掘进机凿井技术及装备研究[J].中国矿业,2017,26(5):137-141.

［43］鲁海涛.长绳悬吊抓岩机稳车电控系统设计及改进[J].建井技术,2007,28(6):28-30.

［44］马传银,庄小青.立井井筒机械化快速施工设备选型配置技术[J].能源技术与管理,2017,42(3):143-146.

[45] 孟庆彬,韩立军,乔卫国,等.极弱胶结地层开拓巷道围岩演化规律与监测分析[J].煤炭学报,2013,38(4):572-579.

[46] 孟庆彬,韩立军,乔卫国,等.赵楼矿深部软岩巷道变形破坏机理及控制技术[J].采矿与安全工程学报,2013,30(2):165-172.

[47] 孟庆才,李渊毅.小直径千米立井2套单钩提升快速施工技术[J].建井技术,2017,38(6):16-19.

[48] 孟祥瑞,彭瑞,赵光明,等.深井软岩巷道声发射地应力测试及变形失稳机理[J].煤炭学报,2016,41(5):1078-1086.

[49] 庞涛.特厚表土层冻结井壁内外力分布规律实测研究[D].淮南:安徽理工大学,2009.

[50] 祁和刚,蒲耀年.深立井施工技术现状及发展展望[J].建井技术,2013,34(5):4-7.

[51] 乔卫国,吕言新,林登阁,等.深井厚冲积层软岩马头门稳定性控制技术研究[J].煤炭科学技术,2012,40(3):24-27.

[52] 任强,高伟,彭伟,等.红庆梁煤矿冻结井筒壁间注浆时机研究[J].煤炭工程,2014,46(10):106-108.

[53] 宋朝阳,纪洪广,刘阳军,等.弱胶结围岩条件下邻近巷道掘进扰动影响因素[J].采矿与安全工程学报,2016,33(5):806-812.

[54] 宋朝阳,纪洪广,孙利辉.高地应力深立井井筒围岩应力演化与变形规律及支护分析[J].煤炭工程,2016,48(10):45-48.

[55] 宋朝阳,纪洪广,孙利辉.煤岩冲击倾向性指标试验研究进展[J].地下空间与工程学报,2015,11(增刊2):401-407.

[56] 宋朝阳,纪洪广,张月征,等.主应力对弱胶结软岩马头门围岩稳定性影响[J].采矿与安全工程学报,2016,33(6):965-971.

[57] 宋朝阳,刘志强,谭杰,等.深厚冲积层人工冻土力学性能试验研究[J].煤炭工程,2018,50(9):107-111.

[58] 宋朝阳,谭杰,宁方波.深部砂岩地层中井壁结构稳定性分析[J].建井技术,2018,39(2):26-31.

[59] 宋朝阳.弱胶结砂岩细观结构特征与变形破坏机理研究及应用[D].北京:北京科技大学,2017.

[60] 孙洪峰.冻结造孔质量控制[J].煤矿现代化,2013(2):31-32.

[61] 孙利辉.西部弱胶结地层大采高工作面覆岩结构演化与矿压活动规律研究[D].北京:北京科技大学,2017.

[62] 汪平生.基于孔扩张理论的深立井围岩与井筒相互作用研究[D].徐州:中国矿业大学,2018.

[63] 王斌,江恩武,程志彬.全深冻结立井井壁注浆堵水技术[J].建井技术,2013,34(5):8-10.

[64] 王桂伍.深井地应力测量分析与巷道布置优化研究[J].煤炭技术,2016,35(11):57-60.

[65] 王国法,刘峰.中国煤矿智能化发展报告(2020年)[M].北京:科学出版社,2020.

[66] 王海军.浅谈冻结段壁后及壁间注浆封堵地层水[J].中州煤炭,2009(6):99-100.

［67］王金安,李飞.复杂地应力场反演优化算法及研究新进展［J］.中国矿业大学学报,
　　　2015,44(2):189-205.

［68］王金安,赵明喆,李波.适应地应力场的极松软地层井筒合理布置［J］.地下空间与工程
　　　学报,2014,10(增刊2):2025-2030.

［69］王鹏,林斌,侯海杰,等.冻结管布置形式对冻结壁温度场发展规律影响研究［J］.煤炭
　　　科学技术,2019,47(12):38-44.

［70］王鹏越,张小美,龙志阳,等.千米深井基岩快速掘砌施工工艺研究［J］.建井技术,
　　　2011,32(增刊1):26-28.

［71］王再举,姚直书,邓昕,等.冻结井筒外壁受力信息化施工监测及分析［J］.安徽理工大
　　　学学报(自然科学版),2013,33(2):62-66.

［72］吴金健.千米深井大硐室围岩动态响应及控制关键技术研究［D］.淮南:安徽理工大
　　　学,2011.

［73］向东辉.深井大断面井筒壁间注浆加固技术研究［J］.煤矿现代化,2017(6):33-35.

［74］肖俊.井筒装备安装提升系统设计及应用［J］.煤炭技术,2014,33(8):261-263.

［75］肖瑞玲.立井施工技术发展综述［J］.煤炭科学技术,2015,43(8):13-17.

［76］辛嵩,等.矿井热害防治［M］.北京:煤炭工业出版社,2011.

［77］徐辉东,杨仁树,刘林林,等.大直径超深立井凿井新型提绞装备研究及应用［J］.煤炭
　　　科学技术,2015,43(7):89-92.

［78］徐刘逊,蔡海兵,曹广勇,等.白垩系地层深立井冻结壁形成规律数值模拟［J］.煤炭技
　　　术,2019,38(3):20-23.

［79］杨更社,荣腾龙,奚家米,等.煤矿立井冻结壁温度场演化规律数值模拟分析［J］.地下
　　　空间与工程学报,2016,12(2):420-425.

［80］杨瀚.厚表土层立井井筒冻结施工设计［J］.煤炭科技,2019,40(5):62-64.

［81］杨立云,徐辉东,张鲁鲁,等.新型凿井提升系统在煤矿井筒施工中的应用［J］.煤炭科
　　　学技术,2016,44(4):114-118.

［82］杨仁树,付晓强,杨立云,等.冻结立井爆破冻结壁成形控制与井壁减振研究［J］.煤
　　　学报,2016,41(12):2975-2985.

［83］杨伟光,冯旭海,田乐.冻结孔环形空间充填材料密度试验研究［J］.煤炭科学技术,
　　　2014,42(增刊1):19-20.

［84］杨战标.深部软弱围岩流变应力恢复法地应力测量技术及应用［J］.煤炭工程,2016,
　　　48(7):71-74.

［85］姚直书,程桦,黄小飞.特厚冲积层冻结井壁受力机理与设计优化［J］.西安科技大学学
　　　报,2010,30(2):169-174.

［86］姚直书,王再举,程桦.冻结壁融化期间井壁受力变形分析与壁间注浆机理［J］.煤炭学
　　　报,2015,40(6):1383-1389.

［87］姚直书,赵丽霞,程桦,等.深厚表土层冻结井筒高强钢筋混凝土内壁设计优化与实测
　　　分析［J］.煤炭学报,2019,44(7):2125-2132.

［88］袁海平,王金安,蔡美峰.复杂地应力场几何跨尺度反演与重构方法研究［J］.采矿与安
　　　全工程学报,2011,28(4):589-595.

［89］袁升礼.深埋软岩大断面硐室变形与稳定性分析［D］.阜新:辽宁工程技术大学,2017.

［90］张红亚.冻结深立井钢筋混凝土井壁温度场与温度应力研究［D］.合肥:合肥工业大学,2013.

［91］张荣立,何国纬,李铎.采矿工程设计手册［M］.北京:煤炭工业出版社,2003.

［92］张双运,管仲信.矿山深立井掘砌施工监理控制［J］.建井技术,2013,34(5):42-45.

［93］张涛,杨维好,陈国华,等.大体积高性能混凝土冻结井壁水化热温度场实测与分析［J］.采矿与安全工程学报,2016,33(2):290-296.

［94］张涛.深厚复杂地层中冻结井壁温度场演化规律研究［D］.徐州:中国矿业大学,2018.

［95］张月征,纪洪广,宋朝阳.初始应力场岩体稳定性与冲击地压动力灾害相关性研究［J］.金属矿山,2015(8):13-19.

［96］张振戈.冻结孔质量控制及安全快速施工技术［J］.煤炭工程,2012,44(4):27-28.

［97］赵秀臣.矿山建设工期优化原则和方法［J］.化工矿物与加工,2017,46(4):50-52.

［98］郑孝儒,李高锋,蒲拴云,等.雅店煤矿副立井预埋注浆管壁间注浆实践［J］.陕西煤炭,2016,35(5):65-67.

［99］周道海.立井超深冻结孔置换水泥浆封孔防水技术研究［D］.西安:西安科技大学,2015.

［100］周勇,王金安.西部极松软围岩条件下大断面巷道合理间距研究［J］.煤矿安全,2016,47(9):225-228.

［101］FAN L M,MA X D. A review on investigation of water-preserved coal mining in Western China［J］. International journal of coal science & technology,2018,5(4):411-416.

［102］SONG Z Y,JI H G,LIU Z Q,et al. Study on the critical stress threshold of weakly cemented sandstone damage based on the renormalization group method［J］. International journal of coal science & technology,2020,7(4):693-703.

［103］WASANTHA P L P,RANJITH P G,ZHAO J,et al. Strain rate effect on the mechanical behaviour of sandstones with different grain sizes［J］. Rock mechanics and rock engineering,2015,48(5):1883-1895.